Lehr- und Handbücher zu
Geld, Börse, Bank und Versicherung

Herausgegeben von
Universitätsprofessor Dr. Guido Eilenberger

Realoptionen als Investitionskalkül

Bewertung von Investitionen unter Unsicherheit

Von

Dr. Florian Meise

R. Oldenbourg Verlag München Wien

Meinen Eltern und meinem Bruder in Liebe und Dankbarkeit

Die Deutsche Bibliothek - CIP-Einheitsaufnahme

Meise, Florian:
Realoptionen als Investitionskalkül : Bewertung von Investitionen
unter Unsicherheit / von Florian Meise. – München ; Wien :
Oldenbourg, 1998
    (Lehr- und Handbücher zu Geld, Börse, Bank und Versicherung)
    ISBN 3-486-24514-7

© 1998 R. Oldenbourg Verlag
Rosenheimer Straße 145, D-81671 München
Telefon: (089) 45051-0, Internet: http://www.oldenbourg.de

Gedruckt auf säure- und chlorfreiem Papier
Gesamtherstellung: WB-Druck, Rieden

ISBN 3-486-24514-7

INHALTSVERZEICHNIS

ABBILDUNGSVERZEICHNIS

ABKÜRZUNGSVERZEICHNIS

Abb.	Abbildung
bbl.	Barrel
bbl/d	Barrels per day
BCF	Billion Cubic Feet
BOPM	Binomial Option Pricing Model
BPW	Bruttoprojektwert
BSOPM	Black/Scholes Option Pricing Model
CAPM	Capital Asset Pricing Model
DCF	Discounted Cash Flow
DM	Deutsche Mark
EKW	Erweiterter Kapitalwert
E&P	Exploration und Produktion
et al.	et alii (und andere)
EV	Electric Vehicle
FuE	Forschung und Entwicklung
GM	General Motors
hrsgg.	herausgegeben
km	Kilometer
KW	Kohlenwasserstoffe
Mio.	Millionen
MIT	Massachusetts Institute of Technology
Mrd.	Milliarde
NCY	Net Convenience Yield
o.V.	ohne Verfasser
p.a.	per annum
PKW	Passiver Kapitalwert
RO	Realoption
USA	United States of America
USD	United States Dollar
vgl.	vergleiche
WACC	Weighted Average Cost of Capital

VORWORT

Henry Ford hat einmal gesagt: „If you need a new machine and don´t buy it, you pay for it without getting it."[1] Dieses Zitat des Automobilkönigs weist auf die zentrale Bedeutung von Investitionen für die Wettbewerbsfähigkeit von Unternehmen hin: Sie prägen den Bestand an kritischen Ressourcen und die Kostenposition des Unternehmens. Investitionen sind die Grundlage erfolgreicher Wettbewerbsstrategien, entscheiden also über die Fähigkeit des Unternehmens, langfristige Erfolgspotentiale aufzubauen und auszuschöpfen.[2] Die Qualität der Investitionsentscheidungen des Unternehmens bestimmt damit seine langfristige Überlebenschance.[3] Die Bedeutung der betrieblichen Investitionsentscheidung geht dabei über das einzelne Unternehmen hinaus: Investitionen stellen „ ... eine der wesentlichen Grundlagen des technischen Fortschrittes und damit der Erhöhung des Lebensstandards dar und zählen somit zu den dominierenden Faktoren der sozialen Entwicklung."[4]

Aus dieser überragenden Bedeutung unternehmerischer Investitionsentscheidungen erklärt sich das starke Interesse der Wissenschaft, ökonomisch sinnvolle Investitionskalküle zu entwickeln, die den Entscheidungsträgern brauchbare Hilfen bei der Allokation von Ressourcen bieten können. Ausgehend von der Kritik an den in der Praxis entstandenen „statischen Verfahren" wurden die sog. dynamischen Verfahren entwickelt, die v.a. in Form der Kapitalwertmethode weitgehend als „State-of-the-Art" gelten.[5]

---

[1]   Zitiert nach: Pike, R./B. Nale (Finance, 1993), S. 157.
[2]   Vgl. z.B. Collis, D.J./C.A. Montgomery (Strategy, 1996) und die Ausführungen in Kapitel 2 zum „*Resource-based View*". Auch *Eilenberger* unterstreicht: "Investitionen bestimmten in hohem Maße über Erfolg oder Mißerfolg der Unternehmung." Eilenberger, G. (Finanzwirtschaft, 1994), S. 133. Siehe auch Perridon, L./Steiner, M. (Finanzwirtschaft, 1995), S. 28.
[3]   *Bierich/Funk* - selbst in der Führung großer Unternehmen tätig - betonen: "Investitions-entscheidungen sind aufgrund ihres langfristigen Charakters strategische Entscheidungen. ... Durch Investitionen werden ... strategisch bedeutsame Erfolgspotentiale geschaffen." Bierich, M./J. Funk (Investitionsentscheidungen, 1995, S. 950).
[4]   Perridon, L./Steiner, M. (Finanzwirtschaft, 1995), S. 28.
[5]   *Ross et al.* schreiben: „In fact, because the Net Present Value approach uses cash flows rather than profits, uses all the cash flows, and discounts the cash flows properly, it is hard to find any theoretical fault with it." Ross, S.A.et al. (Corporate Finance, 1993), S. 227.

Allerdings werden in der Unternehmenspraxis häufig Entscheidungen beobachtet, die aus Sicht der theoretischen Erkenntnisse über optimale Investitionsentscheidungen als *irrational* bezeichnet werden müssen. So rechnen Unternehmen oft mit Kalkulationszinssätzen, die weit über den eigentlichen Kapitalkosten liegen, und führen damit theoretisch vorteilhafte Investitionen nicht durch.[6] Gleichzeitig übergehen Entscheidungsträger häufig gerade bei strategisch bedeutsamen Investitionen bewußt die Ergebnisse der Investitionsrechnung. Die Unternehmensführung entscheidet sich „aus strategischen Gründen" für die Durchführung einer Investition und ignoriert deren negativen Kapitalwert.

Die Wissenschaft „erklärt" dies durch den Hinweis, daß die Investitionsrechnung nicht alle relevanten Faktoren erfassen könne, und daher auch „qualitative Aspekte" ins Kalkül einzubeziehen seien.[7] Manche Autoren folgern sogar, daß quantitative Ansätze bei wichtigen Investitionsentscheidungen grundsätzlich unangebracht seien.[8] Sie schlagen vor, solche Entscheidungen ausschließlich auf „unternehmerisches Gespür" zu stützen - eine Empfehlung, die sowohl theoretisch als auch praktisch unbefriedigend ist: Eine Investitionsrechnung, die die Entscheidungsträger im Unternehmen gerade bei den entscheidenden Fragestellungen nicht unterstützen kann, kommt einer Kapitulationserklärung der anwendungsorientierten Betriebswirtschaftslehre gleich. Gleichzeitig könnte jede beliebige Investition mit einem banalen Hinweis auf ihre „unternehmerische Notwendigkeit" oder „strategische Bedeutung" „gerechtfertigt" werden. Die Warnung *Eilenbergers* ist deshalb berechtigt: „ ... die Wirkungen von Investitionen auf die Zukunft der Unternehmung [erscheinen] als derart komplex und gravierend, daß die Intuition und das Fingerspitzengefühl allein als Entscheidungsgrundlage nicht ausreichen."[9]

---

[6]   Manager wählen oft bewußt Kalkulationszinssätze, die das Drei- bis Vierfache der Kapitalkosten des Unternehmens betragen. Vgl. Summers, L.H. (Incentives, 1987), S. 300; Dertouzos, M.L. et al. (America, 1990), S. 61; Hayes, R.H./D.A. Garvin (Tomorrow, 1989), S. 70. Vgl. für die Ergebnisse einer empirischen Untersuchung in deutschen Unternehmen Prietze, O./A. Walker (Kapitalisierungszinsfuß, 1995), v.a. S. 209 ff.

[7]   So betont z.B. *Altrogge* den „ ... Grundsatz für rationale Entscheidungen", daß „ ... nur das sinnvoll Rechenbare gerechnet werden soll und daß alle anderen Charakteristika daneben in den Entscheidungsprozeß eingehen sollen." Altrogge, G. (Investition, 1994), S. 1.

[8]   Hayes, R./W. Abernathy (Managing, 1980); Hayes, R./D. Garvin (Tomorrow, 1982).

[9]   Eilenberger, G. (Finanzwirtschaft, 1994), S. 134.

Die Bedeutung qualitativer Kriterien ist unbestritten. Die These der vorliegenden Arbeit ist es aber, daß zumindest ein Teil des Erklärungsnotstandes auf einer *grundlegenden konzeptionellen Schwäche* der herkömmlichen Investitionsrechnung beruht: Die meisten dieser Ansätze arbeiten implizit mit der *Fiktion eines passiven Investors*, der nach der einmal getroffenen Investitionsentscheidung nur noch die resultierenden Zahlungsströme entgegennimmt, ohne sonst in irgendeiner Form aktiv zu sein - ähnlich dem Käufer festverzinslicher Wertpapiere.[10] Dieses Bild trifft aber auf das Management moderner Unternehmen nicht zu. Die Unternehmensführung kann - und wird - auf nicht antizipierte Entwicklungen *reagieren*, also auf der Grundlage neuer Informationen Anpassungsmaßnahmen ergreifen. Solche *Handlungsspielräume* geben dem Management die Möglichkeit, auch *nach* der ursprünglichen Investitionsentscheidung aktiv die Vorteilhaftigkeit der Investition zu beeinflussen, und stellen unter bestimmten Umständen eine wesentliche Komponente des Investitionswertes dar. Die Vernachlässigung dieses Wertbestandteiles durch die herkömmlichen Verfahren führt zu einer *systematischen Unterbewertung* von Investitionsprojekten, die Handlungsspielräume beinhalten. Da dies gerade Projekte von entscheidender Bedeutung wie z.B. Forschungs- und Entwicklungsvorhaben, Markteintrittsentscheidungen oder Joint Ventures sind, verleitet die herkömmliche Investitionsrechnung zu folgenschweren Fehlentscheidungen.

Ansätze, die Handlungsspielräume explizit erfassen wollen - hier ist v.a. das Entscheidungsbaumverfahren zu nennen - scheiterten bisher an grundlegenden Problemen. Ziel der vorliegenden Arbeit ist es, diese Probleme auf dem Wege einer Analogie zu lösen, die sich in der modernen Finanzierungstheorie findet: Handlungsspielräume beinhalten das Recht, aber nicht die Verpflichtung des Unternehmens, bestimmte Handlungen zu ergreifen. Damit weisen sie *eine zumindest konzeptionelle Ähnlichkeit zu Finanzoptionen* auf, die das Recht, aber nicht die Verpflichtung des Inhabers zur Optionsausübung verbriefen. Deshalb soll hier untersucht werden, inwieweit Handlungsspielräume in Analogie zu Finanzoptionen als *Realoptionen*, d.h. als

---

[10] „Our standard discounted cash flow models typically evaluate projects as if they were simply black boxes that automatically produce cash flows with no human involvement". Kensinger, J.W. (Value,

Optionen auf reale Aktiva interpretiert und - nach eventuell notwendigen Anpassungen - mit Hilfe der für Finanzoptionen zur Verfügung stehenden Modelle bewertet werden können.[11] Gelänge dies, wäre ein großer Schritt zum besseren Verständnis einer wichtigen Wertkomponente von Investitionen getan, auf dem die Entwicklung angemessener Entscheidungshilfen aufbauen könnte.

Im Zuge dieser Arbeit wird zunächst in *Kapitel 1* geprüft, unter welchen Bedingungen Handlungsspielräume tatsächlich eine Wertkomponente von Investitionen sind, und ob zu erwarten ist, daß in der Praxis Investitionsentscheidungen unter diesen Bedingungen fallen - nur dann ist eine eventuelle Vernachlässigung von Handlungsspielräumen in der herkömmlichen Investitionsrechnung überhaupt relevant. Da diese Prüfung positiv ausfällt, wird in *Kapitel 2* untersucht, inwieweit herkömmliche Ansätze der Investitionsrechnung Handlungsspielräume erfassen. Dabei werden v.a. die Kapitalwertmethode, das Entscheidungsbaumverfahren und die Risikoanalyse dargestellt und kritisch gewürdigt. Ein konkretes - wenn auch stark vereinfachtes - Entscheidungsproblem hilft, die Schlußfolgerungen zu veranschaulichen. *Kapitel 3* entwickelt die Idee der Interpretation von Handlungsspielräumen als Optionen auf reale Aktiva, präzisiert diese konzeptionelle Analogie und ihre Grenzen, und prüft die Anwendbarkeit der für Finanzoptionen entwickelten Bewertungsmodelle auf Realoptionen. *Kapitel 4* als zentraler Teil der Arbeit stellt zunächst eine grundlegende Systematik dar, die es erlaubt, Realoptionen nach bewertungsrelevanten Aspekten zu klassifizieren. Dieser Systematik folgend werden wesentliche Arbeiten zu den einzelnen Klassen vorgestellt, Bewertungsmodelle entwickelt und auf zwei Fallstudien aus der Unternehmenspraxis angewendet. *Kapitel 5* würdigt schließlich die Ergebnisse der Untersuchung in bezug auf die Bewertung von Investitionsprojekten und optimale Investitionsstrategien, zeigt die Grenzen der Realoptionsmodelle und weitere notwendige Forschungsschritte auf und stellt die Integration strategischer Überlegungen in die Investitionsrechnung dar, die vom Realoptionsansatz geleistet wird.

1987), S. 31.
[11] Diese Idee geht auf *Myers* zurück. Vgl. Myers, S.C. (Determinants, 1977).

Ich möchte die Gelegenheit nutzen, um denjenigen Menschen zu danken, die wesentlich zum Zustandekommen dieses Buches beigetragen haben. Hier ist zunächst Herr Prof. Dr. Guido Eilenberger zu nennen, der immer wieder entscheidende Hilfestellungen und Anregungen gab. Danken möchte ich auch meinen Freunden, die sich trotz großer eigener Arbeitsbelastung stets Zeit für meine Probleme nahmen. Hier ist an erster Stelle Herr Franz Benstetter, M.A., zu nennen, der mich in unzähligen Diskussionen durch kritisches und kompetentes Nachfragen dazu zwang, meine Überlegungen zu präzisieren. Zudem verbesserte er das Manuskript in stilistischer und struktureller Hinsicht. Frau Rechtsreferendarin Kerstin Zscherpe und Herr Dr. Roman Rittweger, M.B.A., nahmen die Mühe des Korrekturlesens auf sich. Vor allem möchte ich aber meiner Familie danken: Meiner Mutter Inge, meinem Vater Jörg und meinem Bruder Matthias. Ihnen ist dieses Buch gewidmet.

1   DIE BEDEUTUNG VON HANDLUNGSSPIELRÄUMEN

Eine eventuelle Vernachlässigung von Handlungsspielräumen durch die herkömmliche Investitionsrechnung ist nur dann von Bedeutung, wenn solche Reaktionsmöglichkeiten tatsächlich wertvolle Elemente von realen Investitionsvorhaben darstellen. In diesem Kapitel werden daher zunächst die Bedingungen untersucht, unter denen Handlungsspielräume von Bedeutung sind, und auf ihre Relevanz im realen Unternehmensumfeld geprüft. Anschließend wird die Bedeutung von Handlungsspielräumen präzisiert, indem gezeigt wird, wie Handlungsspielräume durch die Schaffung asymmetrischer Risikoprofile den Wert von Investitionen erhöhen.

1.1   UNSICHERHEIT UND IRREVERSIBILITÄT ALS DETERMINANTEN DER BEDEUTUNG VON HANDLUNGSSPIELRÄUMEN

1.1.1   DER ZUSAMMENHANG ZWISCHEN UNSICHERHEIT, IRREVERSIBILITÄT UND DER BEDEUTUNG VON HANDLUNGSSPIELRÄUMEN

Die Investitionsentscheidung des Unternehmens wäre in zwei Fällen trivial:

- *Bei vollständiger Information des Entscheidungsträgers:* Wenn alle relevanten Daten mit Sicherheit bekannt sind, reduziert sich die Entscheidung auf ein mechanisches Errechnen der besten Alternative. Anpassungen der ursprünglichen Entscheidung sind nicht erforderlich.

- *Bei völliger Reversibilität der Entscheidung:* Eine Entscheidung, die jederzeit ohne Kosten revidiert werden kann, kann risikolos getroffen werden.[1]

---

[1] *Arrow* hat gezeigt, daß ein Unternehmen seine Investitionsentscheidung bei völliger Reversibilität ausschließlich auf momentane Faktorpreise und -grenzproduktivitäten stützen kann (Arrow, K.J. (Capital Policy, 1964)). Es investiert, bis seine *momentane* Faktorgrenzproduktivität gleich den Faktorkosten ist. Langfristige Prognosen über Entwicklungen anderer Faktoren sind dann nicht erforderlich: „The [optimal] decision as to the stock of capital to be held at any instant of time is myopic, being independent of future developments in technology, demand, or anything else; forecasts for only the most immitate future are needed, and then only as to capital goods prices." (Arrow, K.J. (Capital Policy, 1964), S. 3). Im Falle vollkommener Irreversibilität muß das Unternehmen dagegen Prognosen über die langfristige Entwicklung der Nachfrage, technologische Veränderungen, Wettbewerbsverhalten u.ä. aufstellen - eine fundierte Analyse der Investitionsentscheidung wird erforderlich (Arrow, K.J. (Irreversible Investment, 1968). Vgl. auch Ghemawat, P. (Commitment, 1991), S. 34 f.

In diesen Szenarien wäre zwar die (zusätzliche) Möglichkeit wertlos, auf neue Informationen durch aktives Management zu reagieren. Handlungsspielräume wären ohne Bedeutung und könnten zu Recht vernachlässigt werden. Allerdings würde sich in dann auch die Durchführung eines quantitativen Entscheidungskalküls auf eine triviale Zinseszinsrechnung reduzieren bzw. ganz erübrigen. Die traditionelle Investitionsrechnung geht also implizit ebenfalls von Unsicherheit und Irreversibilität der Investitionsentscheidung aus. Da Handlungsspielräume und die Investitionsrechnung als solche unter denselben Voraussetzungen relevant sind, kann bereits hier festgehalten werden, *daß Handlungsspielräume in Investitionskalkülen nicht vernachlässigt werden können* - spielen Investitionsrechenverfahren eine Rolle, dann sind notwendigerweise auch eventuell vorhandene Handlungsspielräume von Bedeutung.

Damit steht und fällt die Bedeutung von Handlungsspielräumen wie auch der Investitionsrechnung insgesamt mit der Relevanz von Unsicherheit und Irreversibilität in der Unternehmenspraxis. Diese Relevanz wird im folgenden genauer untersucht.

1.1.2   DIE RELEVANZ VON UNSICHERHEIT UND IRREVERSIBILITÄT FÜR REALE INVESTITIONSENTSCHEIDUNGEN

1.1.2.1   UNSICHERHEIT

Unsicherheit liegt vor, wenn der Entscheidungsträger nicht über vollkommene Information verfügt, also nicht *sowohl* den tatsächlichen Umweltzustand *als auch* die unter diesem Zustand durch eine Entscheidung erreichte Handlungskonsequenz kennt.[2] *Arrow* bezeichnet Unsicherheit pointiert als „negative measure of information".[3]

Unsicherheit bildet den entscheidungstheoretischen Oberbegriff für *Risiko* (der Entscheidungsträger kann eine Wahrscheinlichkeitsverteilung der unsicheren Umweltzustände angeben) und *Ungewißheit* (eine solche Wahrscheinlichkeitsverteilung ist nicht bekannt).[4] Ungewißheit spielt allerdings in der wissenschaftlichen Diskussion nur eine untergeordnete Rolle, da die Ableitung entsprechender Entscheidungsmodelle auf

---

[2]   Bamberg, G./A.G. Coenenberg (Entscheidungslehre, 1994), S. 14 ff.
[3]   Arrow, K.J. (Economics, 1985)
[4]   Vgl. hierzu Bamberg, G./A.G. Coenenberg (Entscheidungslehre, 1994), S. 23.

grundsätzliche Probleme stößt.[5] Auch in der vorliegenden Arbeit werden Entscheidungshilfen für den Risikofall entwickelt und die Begriffe „Unsicherheit" und „Risiko" synonym verwendet.[6]

Nach den primären Ursachen lassen sich externe und interne Unsicherheit unterscheiden.

Externe Unsicherheit entsteht aus Komplexität und Dynamik der Elemente der Unternehmensumwelt, also der Verhältnisse auf den Märkten für Arbeit, Rohstoffe, Betriebsmittel, Kapital und Absatzprodukte, sowie der technologischen, rechtlich-politischen, wirtschaftlichen und sozio-kulturellen Umwelt.[7]

Die *Komplexität* der Unternehmensumwelt äußert sich z.B. in globalem Wettbewerb und Deregulierung, die die Anforderungen an die Wettbewerbsstrategie dramatisch erhöhen, in zunehmend unüberschaubaren rechtlichen Rahmenbedingungen, v.a. auf den Gebieten des Arbeits- und Steuerrechts, oder in der Notwendigkeit, den Ansprüchen einer immer größeren Zahl gesellschaftlicher Gruppen gerecht zu werden. Die zunehmende *Dynamik* der Umwelt schlägt sich in immer schnelleren technischen, wirtschaftlichen und sozialen Veränderungen nieder.[8] Anzeichen sind u.a.[9]: Kürzere Produktlebenszyklen und Innovationszeiten sowie zunehmender Innovationsdruck, die Unternehmen dazu zwingen, weitaus häufiger als früher wichtige Investitionsentscheidungen zu treffen; starke Schwankungen von Faktorkosten, Wechselkursen und Zinssätzen[10]; Umbrüche in der Informationstechnologie; Änderungen des Verbraucher-

---

[5] "Die rationale Lösung von Entscheidungsproblemen bei völliger Unkenntnis über die relevanten Faktoren ist natürlich unmöglich ...". Perridon, L./M. Steiner (Finanzwirtschaft, 1995), S. 97.

[6] Entsprechend dem dynamischen Charakter der zu entwickelnden Modelle wird diese Risikosituation aber nicht durch Wahrscheinlichkeitsverteilungen, sondern durch *stochastische Prozesse* der unsicheren Variablen dargestellt. Vgl. dazu die in Kapitel 3 und 4 vorgestellten Modelle.

[7] Vgl. z.B. Marr, R. (Umwelt, 1989) und Schreyögg, G. (Umfeld, 1993) für eine ausführliche Untersuchung der verschiedenen Umweltelemente.

[8] Hierzu und zum folgenden Welge, M.K. (Planung, 1985), S. 38.

[9] Vgl. Peters, T. (Chaos, 1988), S. 18 ff.; Marr, R. (Umwelt, 1989), S. 79 ff.; Will, T. (Flexibilität, 1993), S. 247. Vgl. auch Wössner, M. (Flexibilität, 1989) und Meffert, H. (Flexibilität, 1985).

[10] Vgl. Eilenberger, G. (Währungsmanagement, 1990), sowie ders., (Finanzierungsentscheidungen, 1987).

verhaltens, die sich in Stichworten wie „Wertewandel", „Polarisierung" und „Megatrends" niederschlagen; u.v.a.m.

Interne Unsicherheit bezieht sich auf unternehmensinterne Tatbestände wie z.b. die erhöhte Fluktuation kritischen Management Know-hows - ein besonders dramatisches Beispiel ist der Fall Lopez und der resultierende Rechtsstreit zwischen General Motors/Opel und Volkswagen - oder die zukünftige Motivation und Kreativität der Mitarbeiter. Diese Unsicherheit wird durch die zunehmende interne Komplexität von Unternehmen verschärft: Viele Unternehmen verfolgen eine Wachstums- und Diversifikationspolitik, die neben steigender Größe und Differenziertheit auch geringere Reagibilität und Transparenz nach sich zieht.[11,12]

Nicht *alle* Unternehmen werden durch Dynamik und Komplexität von Umwelt und internen Verhältnissen vor schwierige Herausforderungen gestellt - es gibt Ausnahmen.[13] Dennoch ist offensichtlich, daß das Umfeld, in dem heute Investitionsentscheidungen getroffen werden müssen, in vielen Unternehmen durch hohe Unsicherheit gekennzeichnet ist. *Drucker* sprach schon Ende der sechziger Jahre vom „*Zeitalter der Diskontinuitäten".*[14] *Hammer* präzisiert: „Evolutionäre Entwicklungen, Trendbrüche und Quantensprünge charakterisieren ... die aktuellen Probleme der Führung industrieller Unternehmen. Absatz- und Beschaffungsmärkte, Technik, Gesetzgebung, Wettbewerb, Werte u.a.m. zeigen eine Dynamik, die zusätzliche Anforderungen an die Unternehmensführung stellt."[15] Damit läßt sich mit *Perridon/Steiner* folgern: „In der Realität sind Entscheidungen, insbesondere Investitionsentscheidungen, fast ausschließlich bei unvollkommener Information zu treffen."[16]

---

[11] Welge, M.K. (Planung, 1985), S. 38.
[12] Dabei wird das Ausmaß an Unsicherheit wesentlich durch den *Neuigkeitsgrad* der anstehenden Entscheidung beeinflußt: Eine routinemäßige Ersatzbeschaffung wirft ungleich weniger Probleme auf als die erstmalige Erschließung eines neuen Absatzmarktes.
[13] Ein klassisches Beispiel sind die deutschen Energieversorgungsunternehmen, deren Umwelt traditionell stabil ist. Allerdings läßt die Entwicklung in anderen Staaten, v.a. in den USA, auch hier grundlegende Veränderungen erwarten.
[14] Drucker, P. (Discontinuity, 1969).
[15] Hammer, R.M. (Planung, 1992), S. 2. *McCann/Selsky* sehen gar eine Situation der „Hyperturbulenz". (McCann, J.E./J. Selsky ((Hyperturbulence, 1984)).
[16] Perridon, L./M. Steiner (Finanzwirtschaft, 1995), S. 95.

1.1.2.2 IRREVERSIBILITÄT

Irreversibilität - also der Umstand, daß eine Entscheidung nicht einfach beliebig revidiert werden kann und das Unternehmen daher in einem bestimmten Maß festlegt - ist die zweite notwendige Voraussetzung für die Gefahr von Fehlinvestitionen.[17]

Eine erste wichtige Ursache der Irreversibilität liegt in der *Spezifität* von Investitionen.[18] Diese Eigenschaft bezeichnet das Ausmaß, in dem ein Gut nur durch ein Unternehmen (Unternehmensspezifität) oder eine Branche (Branchenspezifität) genutzt werden kann.

Die meisten Marketingausgaben oder die Vermittlung speziellen Wissens an Arbeitnehmer sind Beispiele für *unternehmensspezifische* Investitionen.[19] Solche Investitionen können naturgemäß nicht durch Verkauf an andere Unternehmen rückgängig gemacht werden, da sie nur für das investierende Unternehmen von Nutzen sind.

Branchenspezifität liegt z.B. bei einer Spezialanlage zur Herstellung von Automobilkomponenten vor, die nicht zur Produktion anderer Güter verwendet werden kann. Die Investitionsausgaben können nicht etwa durch Veräußerung an andere Automobilzulieferer rückgängig gemacht werden, da potentielle Käufer erkennen, daß es sich um eine schlechte Investition handelt - der Wert der Anlage ist für alle Unternehmen der Branche in etwa gleich gering.

Ein zweiter Grund für die Irreversibilität von Investitionen liegt in der oft beobachteten *Ineffizienz von Märkten für gebrauchte Realgüter*, die *Akerlof* am Beispiel des Gebrauchtwagenmarktes als Phänomen der „*Adversen Selektion*" beschrieb[20]: Die Käufer sind nicht in der Lage, die Qualität der angebotenen Güter differenziert einzuschätzen und zahlen deshalb nur einen Kaufpreis, der der *Durchschnitts*qualität des Angebotes entspricht. Verkäufer mit überdurchschnittlich gutem Angebot akzeptieren

---

[17] Perridon, L./M. Steiner (Finanzwirtschaft, 1995), S. 98. Ebenso Jacob, H. (Flexibilitätsüberlegungen, 1967), S. 1; ders., (Problem, 1967), S. 156 ff.; ders., (Unsicherheit, 1974), S. 300 f.

[18] Vgl. z.B. Dixit, A.K./R.S. Pindyck (Approach, 1995), S. 109 f. und Ghemawat, P. (Commitment, 1991).

[19] Vgl. Picot, A./H. Dietl (Transaktionskostentheorie, 1990)

diesen Preisabschlag nicht und ziehen sich vom Markt zurück. Die Durchschnittsqualität und damit der von den Käufern gebotene Preis sinkt, weitere Anbieter verlassen den Markt. Diese Abwärtsspirale führt in letzter Konsequenz zum völligen Marktzusammenbruch. Diese Marktineffizienz erklärt, warum selbst nichtspezifische Güter oft nur zu Preisen weit unter ihren Anschaffungskosten verkauft werden können.

Weitere Ursachen von Irreversibilität sind in *politischen und juristischen Restriktionen* zu suchen. So können Kapitalkontrollen die Desinvestition von Auslandsinvestitionen unmöglich machen, arbeitsrechtliche Schranken stehen dem schnellen Abbau von Investitionen in Humankapital entgegen. Schließlich kann auch der *Druck der öffentlichen Meinung* Investitionsentscheidungen faktisch irreversibel machen. So dürfte ein Unternehmen Schwierigkeiten haben, einmal installierte Umweltschutzanlagen oder soziale Einrichtungen aufzugeben.

1.1.2.3   DIE PERSPEKTIVE DES „RESOURCE-BASED VIEWS": UNSICHERHEIT UND IRREVERSIBILITÄT ALS NOTWENDIGE RAHMENBEDINGUNGEN WICHTIGER INVESTITIONSENTSCHEIDUNGEN

Neben den bisher erwähnten empirischen Anzeichen gibt es einen logisch zwingenden Grund dafür, daß Unsicherheit und Irreversibilität prägende Faktoren wichtiger Investitionsentscheidungen darstellen: Sie sind notwendige Voraussetzungen für den Aufbau strategischer Erfolgspotentiale, bilden also gleichsam die Kehrseite von Wettbewerbsvorteilen und langfristigem Unternehmenserfolg. Dieser Zusammenhang wird v.a. vom sog. *„Resource-based View"* der strategischen Unternehmensführung betont.[21]

Die Vertreter des „Resource-based Views" rücken die *kritischen Ressourcen* des Unternehmens in den Mittelpunkt der Betrachtung. Diese Ressourcen sind materielle und immaterielle Aktiva sowie Fähigkeiten des Unternehmens, wie z.B. Image, Marken,

---

[20]   Akerlof, G.A. (Lemons, 1970). Für einen Überblick über das „Lemons"-Problem und die Informationsökonomie im allgemeinen vgl. Varian, H.R. (Mikroökonomik, 1991), S. 565 ff.

[21]   Vgl. z.B. Wernerfelt, B. (View, 1984); Barney, J.B. (Strategic, 1986); Ghemawat, P. (Commitment, 1991); Peteraf, M.A. (Cornerstones, 1993); Collis, D.J./C.A. Montgomery (Strategy, 1996). Zur Entwicklung der Theorie der strategischen Unternehmensführung vgl. Collis, D.J./C.A. Montgomery (Strategy, 1996), S. 21 ff.

Kundentreue, Größenvorteile, Humankapital, Know-how oder Vertriebskanäle.[22] Dabei spielen in unterschiedlichen Geschäftsfeldern jeweils verschiedene Ressourcen eine entscheidende Rolle. Die Abstimmung der Ressourcen des Unternehmens mit den drei Elementen des sog. „Triangle of Corporate Advantage" - seinen   Strategien und Geschäftsfeldern, den Systemen, Strukturen und Prozessen sowie der Vision und den Zielen - wird zum Schlüssel des Unternehmenserfolges.[23]

Nachhaltige Wettbewerbsvorteile lassen sich aus dieser Perspektive auf Asymmetrien in der Ressourcenbasis der Wettbewerber zurückführen. Solche Asymmetrien wären allerdings unter vollkommener Information nicht möglich - jeder Wettbewerber würde einfach die beste Ressourcenkombination aufbauen und die optimale Strategie realisieren. Nur unter Unsicherheit sind Wettbewerbsvorteile und damit nachhaltige Performance-Unterschiede denkbar.[24] Investitionen in Ressourcen, die auf die Schaffung von Wettbewerbsvorteilen und damit von ökonomischem Wert[25] abzielen, *müssen* daher nahezu definitionsgemäß unter Unsicherheit erfolgen. Gleichzeitig sind Ressourcen dauerhafte, spezifische Faktoren, die nicht auf gut funktionierenden Märkten gehandelt werden können.[26] Investitionen zur Schaffung von Vorteilen in der Ressourcenbasis sind damit weitestgehend irreversibel.

Investitionen in Ressourcen legen als „dynamic constraint" die zukünftigen Handlungs-möglichkeiten des Unternehmens fest, indem sie die Voraussetzungen zur Verfolgung bestimmter Strategien schaffen. Da der Aufbau von Ressourcen Zeit braucht, ein Ressourcennachteil also nicht „über Nacht" aufgeholt werden kann, schränkt die Fest-

---

[22]   Verwandt, aber nicht identisch, ist der Begriff der „*Core Competencies*" des Unternehmens. Vgl. z.B. Prahalad, C.K./G. Hamel (Core, 1991).

[23]   Dieses Konzept geht auf *Collis/Montgomery* zurück. Vgl. Collis, D.J./C.A. Montgomery (Strategy, 1996), S. 13 ff.

[24]   So betonen *Collis/Montgomery*: „... it is important to recognize the role uncertainty plays in creating the opportunity for strategic gain. If ... all decisions were made with perfect information, strategies would converge and excess returns would not be possible." Collis, D.J./C.A. Montgomery (Strategy, 1996), S. 48 f.

[25]   Hier zeigt sich auch die Verbindung zwischen den Ansätzen der Strategieforschung und der Investitionsrechnung: Positive Kapitalwerte resultieren letztendlich aus Wettbewerbsvorteilen und den resultierenden Marktunvollkommenheiten. Vgl. z.B. Brealey, R.A./S.C. Myers (Finance, 1991), S. 243 ff.

legung auf bestimmte Ressourcen das Unternehmen auf bestimmte Strategien ein, und sperrt es gleichzeitig von Strategien aus, die auf anderen kritischen Ressourcen beruhen.

Damit steht das Unternehmen vor einem grundlegenden *Dilemma*[27]: Einerseits legen irreversible Investitionen in die Ressourcenbasis die zukünftigen Handlungsmöglichkeiten des Unternehmens und damit die möglichen Strategien, die es ergreifen kann, fest.[28] Diese Festlegung muß aus ihrem Sinn heraus - der Schaffung von Wettbewerbsvorteilen - in einem Umfeld hoher Unsicherheit fallen und birgt damit die Gefahr, „auf das falsche Pferd zu setzen". Unterläßt das Unternehmen andererseits diese Investitionen, läuft es Gefahr, den Aufbau kritischer Ressourcen zu versäumen, die für zukünftige erfolgreiche Strategien benötigt werden, und daher von diesen Erfolgspotentialen ausgesperrt zu werden.[29] Will die Unternehmensführung nachhaltige Performance-Unterschiede erzielen, *muß* sie also irreversible, unsichere Investitionsentscheidungen treffen.[30] Sie bewegt sich damit in einem Spannungsfeld zwischen den Gefahren einer Festlegung bei Unsicherheit und Irreversibilität und der Notwendigkeit genau dieser Festlegung, um die durch Unsicherheit und Irreversibilität entstehenden Chancen zu nutzen.[31]

---

[26] Sie werden daher auch als „Sticky Factors" bezeichnet. Vgl. z.B. Porter, M.E. (Nations, 1990), S. 77 und Ghemawat, P. (Commitment, 1991), S. 18 f.

[27] Vgl. auch Collis, D.J./C.A. Montgomery (Strategy, 1996), S. 48 f.

[28] *Ghemawat* nennt hier „Lock-In", „Lock-Out", „Lags" und „Inertia" als Mechanismen einer solchen Festlegung und unterstreicht gleichzeitig deren Bedeutung: „Commitment-intense choices set, by virtue of their greater irreversibility, the context for the far more numerous and less commitment-intense choices that follow them. ... They are crucial in the sense that they have the most potential to influence the organization´s future opportunities." Ghemawat, P. (Commitment, 1991), S. 43 und S. 46.

[29] Beispiele für ein solches „Lock-Out" lassen sich leicht finden: So führt ein unterlassenes Forschungsprogramm zu einem nicht mehr aufholbaren Know-How Nachteil (vgl. z.B. Cohen, W.M./D. Levinthal (Capacity, 1990); ein verspäteter Markteintritt kann einen fundamentalen Nachteil in kritischen Ressourcen (wie z.B. Image, Kundentreue, Erfahrungskurveneffekte und Größenvorteile) im Vergleich zum „First Mover" bewirken - ein besonders drastisches Beispiel bietet die Entwicklung der europäischen Mikroelektronik-Industrie.

[30] „... costly-to-reverse commitments to durable, specialized factors are necessary for sustained differences in the performance of competing organizations, ...". Ghemawat, P. (Commitment, 1991), S. Xi.

[31] Vgl. auch Dixit, A.K./R.S. Pindyck (Approach, 1995), S. 110. Ebenso Perridon, L./M. Steiner (Finanzwirtschaft, 1995), S. 98.

1.2 DER BEITRAG VON HANDLUNGSSPIELRÄUMEN ZUR BEWÄLTIGUNG VON UNSICHERHEIT UND IRREVERSIBILITÄT

1.2.1 MÖGLICHE STRATEGIEN ANGESICHTS UNSICHERHEIT UND IRREVERSIBILITÄT

Die These der bisherigen Ausführungen ist es, daß (jedenfalls die wesentlichen) Investitionsentscheidungen der Unternehmenspraxis in einem Umfeld hoher Unsicherheit und Irreversibilität getroffen werden müssen. Die Unternehmensführung kann diese Herausforderung durch passive oder aktive Strategien zu handhaben versuchen. Dabei bieten sich verschiedene Möglichkeiten an:

- Risikomeidung
- Verringerung kritischer Abhängigkeiten
- Antizipation
- Kontrolle
- Aufbau von Handlungsspielräumen

Risikomeidung stellt die Extremform passiver Strategien dar. So könnte das Unternehmen z.b. nur Geschäftsfelder betreiben, die durch ein relativ stabiles Umfeld gekennzeichnet sind, oder es könnte die Risiken durch den Abschluß derivater Finanzkontrakte reduzieren - ein Ansatz, der z.b. von vielen Unternehmen der Rohstoffindustrie verfolgt wird. Eine andere Form der Risikomeidung sind langfristige Liefer- und Abnahmeverträge.

Diese Strategie bedeutet allerdings einen Verzicht auf die Erfolgspotentiale, die in der unsicheren Umwelt enthalten sind, und ist mit der Existenzberechtigung des Unternehmens als Institution zur Ausnützung von Marktchancen schwer vereinbar.

Das bekannteste Beispiel für die zweite passive Strategie - die *Verringerung kritischer Abhängigkeiten* - bildet die Diversifikationsstrategie[32]: Das Unternehmen reduziert das Risiko, indem es seine Aktivitäten über ein Portfolio möglichst unterschiedlicher Geschäftsfelder streut. Allerdings zeigt ein Überblick über empirische Studien, daß

Diversifikation keinen wesentlichen Beitrag zum Unternehmenserfolg leisten kann.[33] Die Sinnhaftigkeit einer Diversifikationsstrategie wird durch Erkenntnisse der modernen Finanztheorie weiter in Frage gestellt, nach der eine Diversifikation der Unternehmensaktivitäten den Unternehmenswert für einen gut diversifizierten Investor nicht erhöhen kann, weil dieser mit Hilfe des Kapitalmarktes selbst besser diversifizieren kann.[34]

Das Management kann allerdings auch versuchen, die Herausforderung durch Unsicherheit und Irreversibilität *aktiv anzunehmen*. Denkbar ist hier der Versuch, zukünftige Entwicklungen zu *antizipieren*. In diesem Zusammenhang spielt die Verbesserung des betrieblichen Informationssystems, v.a. der Aufbau von sog. strategischen Frühwarnsystemen zur Erhöhung der Reaktionszeit, eine entscheidende Rolle.[35] Bei großer Umweltunsicherheit stößt dieser Ansatz allerdings an enge Grenzen, wie *Galbraith* bemerkt: „Wenn der Markt unsicher und im voraus wenig bekannt ist, kann man auch nicht planen."[36]

Eine zweite aktive Strategie ist die *Kontrolle* wesentlicher Teile der Beschaffungs- und Absatzmärkte. Die angestrebte Kontrolle des Erdölmarktes durch die OPEC zeigt sowohl die grundsätzliche Möglichkeit als auch die Problematik dieser Strategie auf. Eine Variante der Kontrollstrategie ist die vertikale Integration, durch die der Einfluß des Unternehmens auf Beschaffungs- und/oder Absatzmärkte ausgedehnt werden soll.

Eine Mischform zwischen aktiven und passiven Strategien besteht in der *Schaffung von Handlungsspielräumen*, also von Reaktionsmöglichkeiten auf zukünftige unerwartete Ereignisse: Das Unternehmen verzichtet auf Antizipation und Kontrolle und läßt die Entwicklungen insoweit passiv auf sich zukommen. Gleichzeitig baut es aber Handlungsspielräume auf, die es in die Lage versetzen, aktiv auf neue Informationen zu reagieren. Diese Strategie wird im folgenden genauer untersucht.

---

[32] Marr, R. (Umwelt, 1989), S. 99 f.
[33] Vgl. die Metastudie von Schüle, F. (Diversifikation, 1992). Eine jüngere empirische Untersuchung von *Mork et al.* kommt z.B. zum Ergebnis, daß Diversifikationsstrategien von US-Unternehmen in den 80ern den Aktionären schadeten. Mork, R. et al. (Objectives, 1990).
[34] Vgl. z.B. Ross, S.A. et al. (Finance, 1993), S. 846 f.
[35] Zur Bedeutung strategischer Frühwarnsysteme vgl. Ansoff, H.I. (Managing, 1976).

1.2.2 DIE SCHAFFUNG ASYMMETRISCHER RISIKOPROFILE DURCH HANDLUNGSSPIELRÄUME

Die Schaffung und Ausnützung von Handlungsspielräumen, d.h. von Reaktions-möglichkeiten auf neue Informationen, zur Steigerung des Unternehmenswertes ist eine Kernfunktion der Unternehmensführung: „Managers expect to take an active role in guiding a project throughout its life, in an ongoing effort to adapt to changing conditions and use the assets under their care to the fullest potential."[37] In der Literatur wird die Strategie des Aufbaus von Handlungsspielräumen unter dem Stichwort „*Flexibilität"* diskutiert. Flexibilität kann dabei verstanden werden als „... die Eignung eines Tuns, einer Sache oder eines Systems, unter wechselnden Bedingungen sowie bei Störungen vorgegebene Ziele zu erreichen oder neue Ziele zu setzen".[38,39] Flexibilität beschreibt damit den Grad der Reaktionsmöglichkeit der Entscheidungsträger auf neue Informationen, die sie im Zeitablauf erlangen, und zeigt sich in der Existenz von Handlungsspielräumen.

Je nachdem, ob sich eventuelle Anpassungen im Rahmen des vorgegebenen Systems vollziehen oder ob das System selbst an geänderte Umweltbedingungen angepaßt werden kann, unterscheidet man Bestands- und Entwicklungsflexibilität.[40] Flexible Fertigungssysteme weisen eine hohe Bestandsflexibilität auf. Die Entscheidung, in einen neuen Markt zu investieren, ist ein Beispiel für Entwicklungsflexibilität: Das Unternehmen hat sich im Markt etabliert, kritische Ressourcen (z.B. Marktkenntnis, Vertriebskanäle, Marken, Image) aufgebaut und kann bei positiver Absatzentwicklung Folgeprojekte durchführen.

---

[36] Galbraith, J.K. (Industriegesellschaft, 1968), S. 39.
[37] Kensinger, J.W. (Value, 1987), S. 31.
[38] Will, T. (Flexibilität, 1993), S. 247 f.; vgl. auch Jacob, H. (Flexibilität, 1990).
[39] In der Literatur finden sich eine Vielzahl von Flexibilitätsbegriffen mit z.T. sehr unterschiedlichem Inhalt. Vgl. z.B. *Meffert*, der Flexibilität als „Modewort mit schillerndem Inhalt" bezeichnet. Meffert, H. (Flexibilität, 1985), S. 121. Vgl. auch Kaluza, B. (Flexibilität, 1993), Aaker, D.A./B. Mascarenhas (Flexibility, 1984); Reichwald, R./P. Behrbohm (Flexibilität, 1983); Horváth, P./R. Mayer (Flexibilität, 1986).
[39] Kensinger, J.W. (Value, 1987), S. 31.
[40] *Jacob* differenziert diese beiden Flexibilitätsformen in je zwei weitere Unterformen (vgl. Jacob, H. (Flexibilität, 1989)). Für die vorliegende Arbeit genügen indes die Begriffe der Bestands- und der Entwicklungsflexibilität.

Schließlich muß zwischen *operativer* und *strategischer* Flexibilität unterschieden werden. Während erstere die Handlungsmöglichkeiten innerhalb eines einzelnen Investitionsvorhabens kennzeichnet (z.b. die vorübergehende Stillegung einer Maschine), meint letztere Handlungsmöglichkeiten, die sich durch zeitlich-vertikale Interdependenzen zwischen Investitionsprojekten ergeben (z.b. die Möglichkeit von Folgeinvestitionen als Resultat erfolgreicher Forschungs- und Entwicklungsprojekte).[41]

Beispiele für Handlungsspielräume finden sich in verschiedensten Bereichen: Rückgabemöglichkeiten in Leasingverträgen; Produktionsanlagen, die bei ungünstiger Absatzentwicklung vorübergehend stillgelegt werden können; Optionen auf den Erwerb von Aktiva, wie sie z.b. in der Luftfahrtindustrie üblich sind; Investitionsmöglichkeiten, die nicht sofort durchgeführt werden müssen, sondern für eine gewisse Zeit verzögert werden können; mehrstufige Investitionsprojekte, die nach jeder Phase abgebrochen werden können; Produktionsanlagen, die unterschiedliche Inputgüter verarbeiten können. Diesen Beispielen ist gemeinsam, daß die enthaltenen Handlungsspielräume dem Unternehmen das *Recht, nicht aber die Verpflichtung* bestimmter Handlungen einräumen. Die Unternehmensführung wird dieses Recht ausüben, wenn sich dies im Lichte neuer Informationen, d.h. bei der Auflösung der Unsicherheit im Zeitablauf, als vorteilhaft erweist.

Handlungsspielräume können defensiven oder offensiven Charakter aufweisen: *Defensive Handlungsspielräume* schützen das Unternehmen vor Verlusten. So kann es z.b. ein Forschungs- und Entwicklungsprogramm, das in einer Phase nicht die erwarteten Zwischenergebnisse erbracht hat, abbrechen und damit weitere Kosten vermeiden. Zum anderen erlauben *offensiven Handlungsspielräume* es dem Unternehmen, neue Chancen zu nutzen.[42] So ergeben sich z.b. aus einer Eintrittsinvestition die Mög-

---

[41] Trigeorgis, L./S.P. Mason (Flexibility, 1987), S. 14.
[42] Diese Funktionen werden in der Literatur „Funktionssicherungsflexibilität" bzw. „Zielverbesserungsflexibilität" genannt.

lichkeit von Folgeinvestitionen, die unter günstigen Entwicklungen genutzt werden - ein klassisches Beispiel ist die Erschließung neuer Märkte.[43]

Handlungsspielräume führen damit zu einer *fundamentalen Veränderung des Risikoprofiles von Investitionen zugunsten des Unternehmens*: Aus symmetrischen Verlust-Gewinn-Relationen werden *asymmetrische* Strukturen (Abbildung 1-1).[44,45]

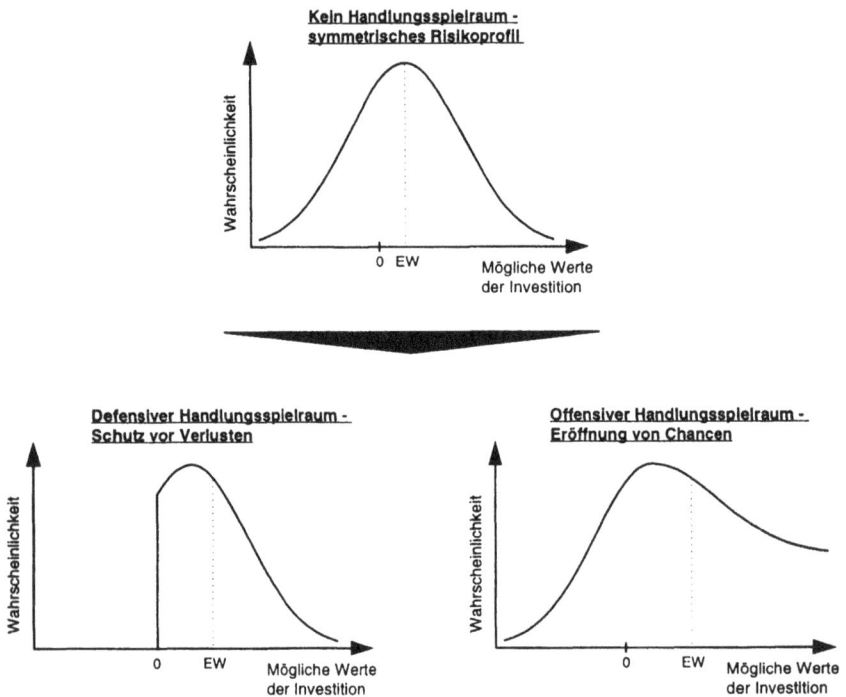

Abb. 1-1: **Veränderung des Risikoprofils von Investitionen durch Handlungsspielräume**

Die Bedeutung von Flexibilitätsstrategien liegt darin, daß sie durch diese günstige Veränderung der Risikostruktur zur Lösung des Dilemmas der notwendigen Festlegung des Unternehmens bei Unsicherheit und Irreversibilität beitragen können: Offensive Handlungsspielräume erlauben es dem Unternehmen, die Chancen, die sich aus Unsicherheit

---

[43] Manche Investitionen weisen gleichzeitig offensive und defensive Handlungsspielräume auf. Ein Beispiel sind flexible Fertigungssysteme, die eine Umstellung des Produktionsprogrammes von unrentablen auf erfolgversprechende Produkte erlauben.

[44] Hier wird der Unterschied z.B. zur Diversifikationsstrategie klar, die Chancen und Risiken gleichermaßen reduziert und damit ein symmetrisches Risikoprofil aufweist.

und Irreversibilität als Voraussetzungen für den Aufbau strategischer Erfolgspotentiale ergeben, zu nutzen, während defensive Handlungsspielräume die verbundenen Gefahren abfedern.[46] Aufbau und Ausübung von Handlungsspielräumen können damit als *unternehmerische Grundentscheidung zur Handhabung von Unsicherheit und Irreversibilität* betrachtet werden.[47]

Es kann daher kaum verwundern, daß empirische Studien die große Bedeutung von Handlungsspielräumen in der Praxis bestätigen. So stellt z.B. *Davidson* fest, daß 70% der von ihm untersuchten Markenartikel, deren Markteinführung erwogen wurde, die Testmarktphase nicht überstanden - die Entscheidungsträger reagierten durch die Nutzung defensiver Handlungsspielräume auf neue Informationen über die zu erwartende unzureichende Profitabilität der Produkte.[48] *Mansfield* berichtet ähnliche Ergebnisse für die Abbruchwahrscheinlichkeit von Forschungs- und Entwicklungsprogrammen.[49] *Ghemawat* schließlich schätzt den Anteil der Kapazitätserweiterungsvorhaben in der chemischen Industrie, die wie geplant durchgeführt wurden, auf lediglich 50%.[50] *Wössner*, der Vorstandsvorsitzender der Bertelsmann AG, nennt Flexibilität gar den „entscheidenden Erfolgsfaktor unternehmerischen Handelns".[51]

Flexibilität ist allerdings kein Selbstzweck: Der Nutzen, der sich aus Handlungsspielräumen ergibt, muß die Kosten übertreffen, die durch die Schaffung dieser Spielräume entstehen.[52] Da der Flexibilitätsnutzen grundlegend von Irreversibilität und Unsicherheit

---

[45] Vgl. ähnlich Trigeorgis, L. (Framework, 1988), S. 147.
[46] Anders formuliert: Bestandsflexibilität reduziert das Problem der Unsicherheit, indem durch flexible Bestandsnutzung auf unerwartete Entwicklung wichtiger Parameter reagiert werden kann - flexible Fertigungssysteme sind ein Beispiel dieser Strategie. Entwicklungsflexibilität verringert die Irreversibilität von Investitionen, wie z.B. die oben ausgeführte Möglichkeit zeigt, Forschungs- und Entwicklungsvorhaben vorzeitig abzubrechen. Die Entscheidung, das Projekt durchzuführen, kann so z.T. rückgängig gemacht werden.
[47] So auch Copeland, T./J. Weiner (Management, 1990), S. 134.
[48] Davidson, H. (Consumer brands, 1976).
[49] Mansfield, E. (R&D, 1981).
[50] Ghemawat, P. (Commitment, 1991), S. 113.
[51] Wössner, M. (Flexibilität, 1989)
[52] In der Literatur wird hier vom „*Dilemma der Flexibilitätsplanung*" gesprochen. Vgl. z.B. Epping, D.J. (Flexibility, 1978), S. 11; Schneider, D. (Planung, 1971), S. 831; Hax, H./H. Laux (Planung, 1972), S. 318; Mellwig, W. (Flexibilität, 1972), S. 724.

abhängt, läßt sich diese Überlegung konzeptionell anhand der folgenden Matrix verdeutlichen (Abbildung 1-2).[53]

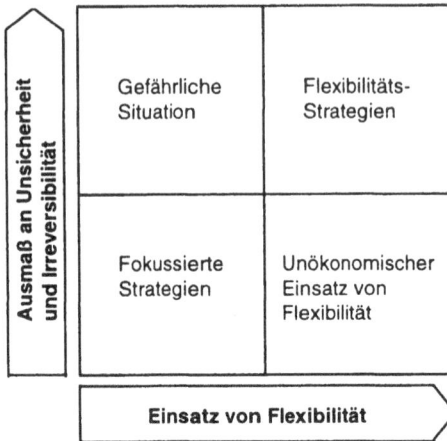

Abb. 1-2:   Zusammenhang zwischen Unsicherheit, Irreversibilität und dem Einsatz von Flexibilität

Bei hoher Unsicherheit und Irreversibilität sind Flexibilitätsstrategien angemessen. Als Beispiel führen *Copeland/Weiner* das italienische Modeunternehmen Benetton an, das auf die modebedingte hohe Unsicherheit der Bekleidungsindustrie mit der Entwicklung eines flexiblen Produktions- und Belieferungssystems antwortete.[54] Dieses System erlaubt es Benetton, binnen Wochen auf neue Trends zu reagieren und verschafft dem Unternehmen damit einen entscheidenden Wettbewerbsvorteil. In Situationen niedriger Unsicherheit versprechen dagegen fokussierte Strategien eine effizientere und kostengünstigere Abwicklung routinemäßiger Abläufe.

Dieses Konzept ist nicht statisch: Unternehmen müssen ihre Strategien laufend an geänderte Umwelterfordernisse anpassen. So reagierten z.b. viele Unternehmen auf die durch die Ölkrise von 1973 geschaffene Unsicherheit hinsichtlich Verfügbarkeit und Kosten von Energie, indem sie verstärkt in ihre Fähigkeit investierten, je nach Situation verschiedene Energiequellen zu nutzen - angesichts der bestehenden Unsicherheit ein wertvoller Handlungsspielraum. Als sich die Ölversorgung wieder stabilisierte, wurde

---

[53]   In Anlehnung an: Kaluzka, B. (Flexibilität, 1993), S. 1181 und Copeland, T./J. Weiner (Management, 1990), S. 135.

diese unnötige Flexibilität reduziert, und die Unternehmen richteten sich wieder auf eine einzige Energiequelle aus. Sie begannen also mit einer fokussierten Strategie, gerieten durch erhöhte Unsicherheit in eine gefährliche Situation, antworteten darauf mit einer Flexibilitätsstrategie, und bauten diese - nun übermäßige - Flexibilität ab, als sich die Unsicherheit reduzierte.[55]

Festzuhalten bleibt, daß Handlungsspielräume angesichts der Unsicherheit und der Irreversibilität, unter denen reale Investitionsentscheidungen getroffen werden müssen, wichtige Komponenten des Wertes von Investitionsvorhaben sind. Die Investitions-rechnung muß über die angestellten konzeptionellen Überlegungen hinaus die Entscheidungsträger bei der Quantifizierung dieses Wertes unterstützen. Im nächsten Kapitel wird genau zu prüfen sein, ob der aktuelle Stand der Investitionsrechnung die durch Handlungsspielräume erreichte günstige Veränderung der Risikostruktur an-gemessen erfassen und damit dieser Anforderung gerecht werden kann.

---

[54]   Copeland, T./J. Weiner (Management, 1990), S. 141 f.
[55]   Dieser Zusammenhang zwischen Unsicherheit und Flexibilität wird im sog. *situativen Ansatz der empirischen Organisationsforschung* bereits seit den sechziger Jahren betont. So stellten z.B. *Lawrence/Lorsch, Burns/Stalker* und die nachfolgenden Studien fest, daß in Situationen, die durch hohe Dynamik und Komplexität gekennzeichnet sind, organische (d.h. flexible) Strukturen erfolg-reicher sind als mechanistische, und umgekehrt (vgl. Lawrence, P.R./J.W. Lorsch (Differentiation, 1967); Burns, T./G.M. Stalker (Management,1961)). Systemtheoretiker bezeichnen diesen Zusam-menhang als *„Gesetz der erforderlichen Varietät"*: Mit zunehmender Varietät der Umwelt muß auch die Varietät des Systems ansteigen. Vgl. Ashby, W.R. (Cybernetics, 1961), S. 82 ff.

2   DIE ERFASSUNG VON HANDLUNGSSPIELRÄUMEN DURCH DIE HERKÖMMLICHE INVESTITIONSRECHNUNG

In diesem Kapitel wird nach einem kurzen Überblick über die verschiedenen Ansätze der herkömmlichen Investitionsrechnung ein vereinfachtes Entscheidungsproblem, das einen Handlungsspielraum beinhaltet, vorgestellt und anhand der Kapitalwertmethode, des Entscheidungsbaumverfahrens und der Risikoanalyse beurteilt. Die Ergebnisse erlauben eine kritische Würdigung der Art und Weise, in der Handlungsspielräumen in Investitionsvorhaben durch die herkömmlichen Verfahren behandelt werden.

2.1   ÜBERBLICK ÜBER DIE HERKÖMMLICHE INVESTITIONSRECHNUNG

Die Literatur, die sich mit der detaillierten Darstellung der verschiedenen Investitionsrechenverfahren beschäftigt, ist äußerst umfassend[1], so daß sich die vorliegende Arbeit auf einen kurzen Überblick beschränken kann. Anschließend werden diejenigen Verfahren, die sowohl dem aktuellen Stand der Forschung entsprechen als auch zur Erfassung von Handlungsspielräumen in Frage kommen - Kapitalwertmethode, Entscheidungsbaumverfahren und Risikoanalyse - genauer dargestellt und ihre Eignung zur Erfassung von Handlungsspielräumen anhand eines vereinfachten Entscheidungsproblems überprüft.

Investitionsrechenverfahren sind „ ...entscheidungsunterstützende Methoden insbesondere zur Bestimmung der Vorteilhaftigkeit einzelner Investitionsvorhaben oder von Investitionsprogrammen oder zur Auswahl von Investitionsobjekten im Falle des Bestehens mehrerer Investitionsmöglichkeiten", sollen der Unternehmensführung also Entscheidungshilfen bei der Auswahl von Investitionsprojekten an die Hand geben.[2] Abbildung 2-1 gibt einen Überblick über die verschiedenen Ansätze der Investitionsrechnung.

---

[1]   Einen Überblick über die Verfahren der Investitionsrechnung geben alle modernen Finanzierungslehrbücher, so z.B. Eilenberger, G. (Finanzwirtschaft, 1994), S. 146 ff.; Perridon, L./M. Steiner (Finanzwirtschaft, 1995), S. 34 ff.; Süchting, J. (Finanzmanagement, 1989), S. 256 ff.; Brealey, R./S. Myers (Corporate Finance, 1991), S. 73 ff.; Ross, S.A. et al. (Finance, 1993), S. 51 ff. Daneben existieren zahlreiche Monographien, die sich ausschließlich mit der Investitionsrechnung auseinandersetzen, so z.B. Blohm, H./K. Lüder (Investition, 1995) oder Altrogge, G. (Investition, 1994).

[2]   Eilenberger, G. (Finanzwirtschaft, 1994), S. 146.

```
                          ┌─────────────────────┐
                          │    Verfahren der    │
                          │ Investitionsrechnung│
                          └─────────────────────┘
               ┌──────────────────┐          ┌──────────────────┐
               │   Bei Sicherheit │          │   Erfassung von  │
               │                  │          │   Unsicherheit   │
               └──────────────────┘          └──────────────────┘
      ┌──────────────────┐  ┌──────────────────┐
      │Beurteilung einzelner│ │ Beurteilung von │
      │ Investitionsobjekte │ │Investitionsprogrammen│
      └──────────────────┘  └──────────────────┘
```

Statische Verfahren	Klassische Verfahren (dynamische Verfahren)	Entscheidungstheoretisch fundierte Konzepte (Bernoulli-Prinzip)
• Kostenvergleich • Gewinnvergleich • Rentabilität • Amortisation	• Optimales Investitions- programm • Optimales Investitions- und Finanzierungs- programm	Heuristische Konzepte
Dynamische Verfahren	Computersimulation	• Korrekturverfahren • Sensitivitätsanalyse • Analytische Verfahren • Risikoanalyse
• Kapitalwert • Interner Zinsfuß • Annuitäten • Endwert	Operations Research- Verfahren	• Entscheidungsbaum • Mathematische Programmierung

MAPI-Verfahren

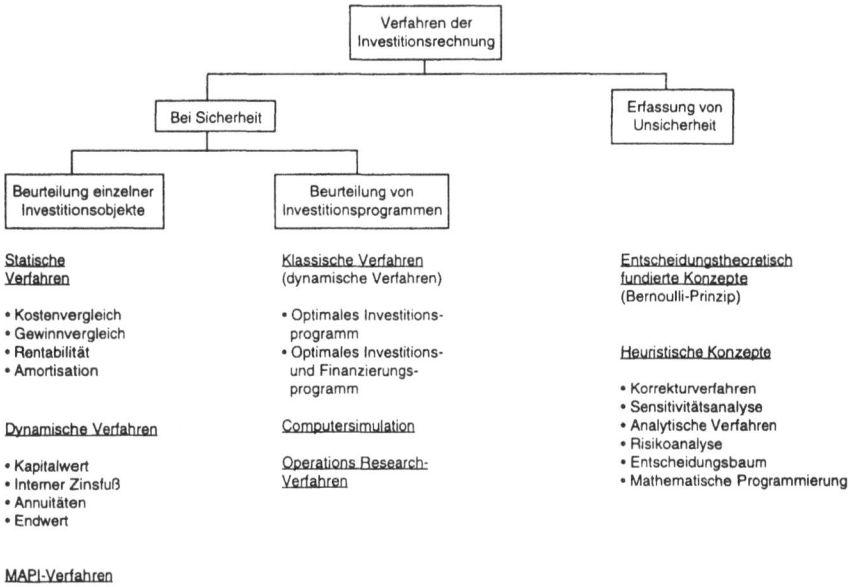

Abb. 2-1: Überblick über die Verfahren der Investitionsrechnung

Die *statischen Verfahren* erfreuen sich wohl wegen ihrer Einfachheit (noch ?) großer Beliebtheit in der Praxis, weisen aber grundlegende konzeptionelle Mängel auf und werden deshalb hier nicht näher dargestellt.[3] Gleiches gilt für die MAPI-Methode, die sich weder in Theorie noch Praxis durchsetzen konnte, und für die Ansätze zur Beurteilung von Investitionsprogrammen.[4]

Die *dynamischen Verfahren*, die die Mängel der statischen Verfahren teilweise beheben, umfassen v.a. die Kapitalwertmethode, die Interne-Zinsfuß-Methode, die Annuitätenmethode, und die dynamische Amortisationsrechnung.[5] Die folgende Darstellung be-

---

[3] Zu einer kritischen Würdigung der statischen Verfahren vgl. Eilenberger, G. (Finanzwirtschaft, 1994), S. 173 f.

[4] Programmansätze haben zur Beseitigung der Annahme des vollkommenen Kapitalmarktes Bedeutung erlangt. Dieser Fortschritt ist indes für die vorliegende Arbeit ohne Bedeutung. Vgl. hierzu z.B. Perridon, L./M. Steiner (Finanzwirtschaft, 1995), S. 82 und Günther, T. (Finanzplanung, 1995). Vgl. auch die grundsätzliche Kritik an diesen Modellen, wie sie z.B. von *Schmidt/Terberger* geäußert wurde: „... Die den Simultanplanungsmodellen zugrundeliegenden Annahmen passen nicht zusammen. Es scheint, daß sie ein Problem lösen wollen, daß es langfristig nicht nur nicht gibt, sondern vermutlich auch nicht geben kann." Schmidt, R.H./E. Terberger /Grundzüge, 1996), S. 181.

[5] Zur Darstellung und kritischen Würdigung der dynamischen Verfahren und ihrer Prämissen vgl. z.B. Perridon, L./M. Steiner (Finanzwirtschaft, 1995), S. 56 ff.; Eilenberger, G. (Finanzwirtschaft, 1994),

schränkt sich auf die Kapitalwertmethode als anerkanntermaßen „bestes" dynamisches Verfahren.[6] Zudem werden das *Entscheidungsbaumverfahren* und die *Risikoanalyse* näher besprochen und auf ihre Eignung zu einer verbesserten Erfassung von Handlungsspielräumen in Investitionsvorhaben untersucht.

Um eine anschauliche Diskussion der Frage ermöglichen, inwieweit diese Ansätze Handlungsspielräume angemessen erfassen, wird zunächst ein bewußt vereinfachtes Entscheidungsproblem dargestellt.

2.2   EIN EINFACHES ENTSCHEIDUNGSPROBLEM: OILQUEST INC.

Das Unternehmen „Oilquest Inc." hat die Möglichkeit, einen Vertrag über die Erschließung von Ölvorkommen in einem bestimmten Areal abzuschließen.[7] Dieser Vertrag würde Oilquest ein zweijähriges Exklusivrecht zur Förderung der Vorkommen einräumen. Oilquest ist technisch in der Lage, die gesamten Vorkommen innerhalb eines Jahres nach der Investition zu fördern. Abbildung 2-2 faßt die wichtigsten Projektdaten zusammen.

Projektdaten - Oilquest Inc.	
Geschätzte Ölreserven (bbl)	1.700.000
Investitionen (USD)	25.000.000
Betriebsaufwand per bbl. (USD)	2
Nutzungsdauer der Investitionen (Jahre)	5
Steuersatz	40%
Kapitalkosten	15%
Ölpreis per bbl. (USD)	
In Periode 0	25
In Periode 1 (erwartet)	26,1
In Periode 2 (erwartet)	27,3

Abb. 2-2:   **Daten des Oilquest-Projektes**

Der aktuelle Ölpreis beträgt 25 USD pro Barrel. Abbildung 2-3 stellt die Erwartung des Unternehmens hinsichtlich der Ölpreisentwicklung dar, wobei die Wahrscheinlichkeit

---

S. 158 ff.; Brealey, R.A./S.C. Myers (Corporate Finance, 1991), S. 73 ff.; Van Horne, J.C. (Financial Management, 1992), S. 139 ff.

[6]   So konstatieren z.B. Perridon/Steiner: „Die theoretische Betrachtung der einzelnen Verfahren zeigt die Vorteilhaftigkeit der Kapitalwertmethode." Perridon, L./M. Steiner (Finanzwirtschaft, 1995), S. 84. Ebenso Schmidt, R.H./E. Terberger (Grundzüge, 1996), S. 162 ff.

[7]   Vgl. allgemein zu solchen Verträgen z.B. Siegel, D.R. et al. (Oil, 1987) und Brennan, M.J./E.S. Schwartz (Resource, 1985).

einer Auf- bzw.- Abwärtsbewegung in der jeweiligen Periode als gleich hoch eingeschätzt wird.[8]

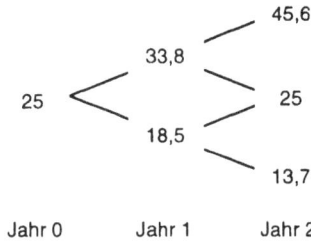

```
                                45,6
                         33,8  /
                       /      \
           25  <              >  25
                       \      /
                         18,5
                                \
                                 13,7

        Jahr 0      Jahr 1      Jahr 2
```

Abb. 2-3:   Erwartete Ölpreisentwicklung

Das Management von Oilquest möchte den Wert dieses Investitionsprojektes ermitteln.

2.3 DARSTELLUNG AUSGEWÄHLTER VERFAHREN UND ANWENDUNG AUF DAS ENTSCHEIDUNGSPROBLEM VON OILQUEST

2.3.1 KAPITALWERTMETHODE

Die *Kapitalwertmethode* ermittelt den Barwert (Kapitalwert) einer Investition, indem
Ein- und Auszahlungen auf den Bewertungszeitpunkt abgezinst (diskontiert) werden.
Die grundlegende Formel lautet damit:

$$KW = -I_0 + \sum_{t=1}^{n} \frac{(E_t - A_t)}{(1+i)^t} \qquad (2\text{-}1)$$

mit

KW	*... Kapitalwert*	*A_t*	*... Auszahlungen der Periode t*
t	*... Perioden (0 bis n)*	*I_0*	*... Investitionsauszahlung in Periode 0*
E_t	*... Einzahlungen der Periode t*	*i*	*... Kalkulationszinssatz*

Ein Investitionsprojekt ist vorteilhaft, wenn der Kapitalwert als Differenz zwischen dem
Barwert der Einzahlungen und dem Barwert der Auszahlungen positiv ist. Die Verzin-
sung des Projektes liegt dann über der geforderten Mindestrendite, der Kapitalwert gibt
den Betrag der Wertschöpfung durch die Investition an. Ist der Kapitalwert dagegen
negativ, so ist der Wert der durch die Investition geschaffenen Einzahlungen geringer
als die mit ihr verbundenen Auszahlungen. Im Mittelpunkt der Kapitalwertmethode

---

[8]   Diese Ölpreisentwicklung entspricht einer Standardabweichung von 30% p.a. und ist damit mit der
      historischen Ölpreisvolatilität konsistent (vgl. die Berechnung in Kapitel 4.2.5.5).

steht damit die Frage, ob die Investition den Wert des Unternehmens für die Anteilseigner erhöht - eine Sichtweise, die v.a. als „Shareholder Value"-Ansatz weite Verbreitung in Wissenschaft und Praxis gefunden hat.[9,10]

Im angloamerikanischen Bereich haben sich verschiedene Spielarten der Kapitalwertmethode entwickelt, und zwar die „Free-Cash-Flow"-, die „Equity-Cash-Flow"-, die „Adjusted Present Value"- und die „Capital-Cash-Flow"-Methode.[11] Die Free-Cash-Flow-Methode wird in der vorliegenden Arbeit zur Bewertung von Investitionsprojekten herangezogen und im folgenden kurz vorgestellt.[12,13]

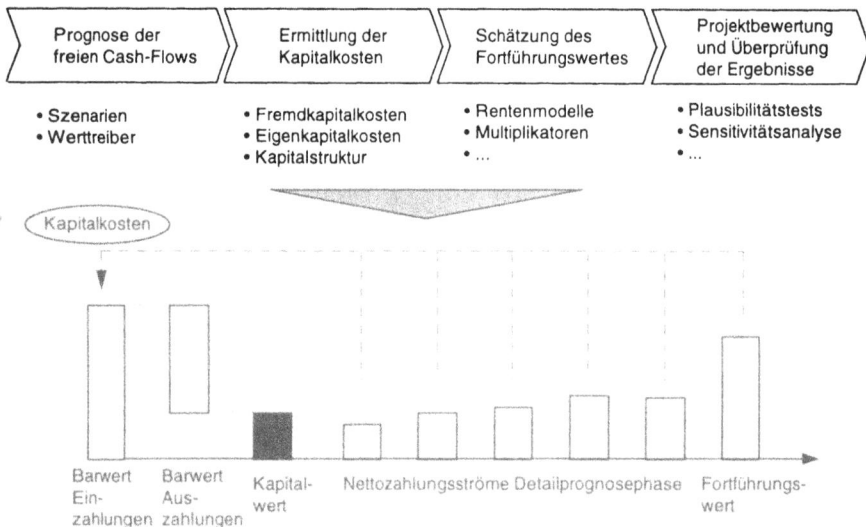

Abb. 2-4: **Ermittlung des Investitionswertes nach der Free-Cash-Flow-Methode**

---

[9] Vgl. dazu grundlegend Rappaport, A. (Shareholder Value, 1986) und Copeland, T. et al. (Valuation, 1996). Siehe auch Siegert, T. (Shareholder-Value, 1995).

[10] Zum investitions- und finanztheoretischen Hintergrund der Kapitalwertmethode, v.a. zum Separationstheorem von *Fisher*, vgl. z.B. Schmidt, R.H./E. Terberger (Grundzüge, 1996), S. 125 ff.

[11] Für einen Überblick über diese Ansätze vgl. Ruback, R.S. (Introduction, 1995). Im Unterschied zu einigen Autoren (so z.B. Eilenberger, G. (Finanzwirtschaft, 1994), S. 171 ff.) wird hier nicht zwischen der Kapitalwertmethode und Discounted-Cash-Flow-Ansätzen unterschieden.

[12] Equity-Cash-Flow-, Adjusted Present Value- und Capital-Cash-Flow-Methoden sind etwas komplizierter als der Free-Cash-Flow-Ansatz, sind aber v.a. bei stark schwankender Finanzierungsstruktur vorzuziehen (vgl. Ruback, R.S. (Introduction, 1995)). Dies ist aber in der vorliegenden Arbeit ohne Bedeutung.

[13] Siehe v.a. Copeland, T. et al. (Valuation, 1996), die allerdings primär auf die Bewertung *ganzer Unternehmen* abstellen und sich daher in Details vom hier dargestellten Ansatz unterscheiden.

Die Bewertung einer Investition mit Hilfe der Frcc-Cash-Flow-Methode erfolgt in vier Schritten (Abbildung 2-4).

Prognose der freien Cash-Flows

Die freien Cash-Flows einer Investition sind die tatsächlichen Zahlungsströme nach Steuern, die durch das Projekt erzeugt werden, und die den Kapitalgebern des Unternehmens zur Verfügung stehen.[14] Abbildung 2-5 stellt die Ermittlung der freien Cash-Flows dar.[15,16]

```
Umsatzerlöse
- Betriebsaufwendungen
= Betriebsergebnis
- Steuern auf Betriebsergebnis
= Betriebsergebnis nach Steuern
+ Abschreibungen
+ Veränderung der Rückstellungen
= Brutto-Cash-Flow
- Erhöhung des Working Capitals
- Investitionen in Sachanlagen
= Freier Cash-Flow
```

Abb. 2-5:   Ermittlung der freien Cash-Flows

Die freien Cash-Flows werden für eine Detailprognosephase detailliert geschätzt, während die Cash-Flows, die nach dieser Phase anfallen, pauschal im Fortführungswert berücksichtigt werden.

Für die Detailprognosephase hat es sich bewährt, zunächst Szenarien möglicher Entwicklungen der Komponenten des freien Cash-Flows zu erarbeiten, in die verschiedene Annahmen über unsichere Variablen wie z.B. die Wettbewerbsdynamik der Branche, den Absatzerfolg des Produktes und die Entwicklung relevanter Preise eingehen. Im

---

[14] Dementsprechend kann man sich den freien Cash-Flow auch als Zahlungsstrom vorstellen, der den Eigenkapitalgebern eines Unternehmens ohne Fremdfinanzierung zur Verfügung stünde.

[15] Zum genauen Inhalt der einzelnen Komponenten in deutschen Jahresabschlüssen vgl. Copeland, T. et al. (Unternehmenswert, 1993), S. 134 ff.

[16] Häufig wird anstelle statt dem Betriebsergebnis ein sog. „operatives Ergebnis" verwendet, das dem Betriebsergebnis zuzüglich den Abschreibungen auf den Firmenwert entspricht. Dieser Unterschied kann bei der Bewertung ganzer Unternehmen von Bedeutung sein, ist aber bei der Beurteilung einzelner Investitionen irrelevant. Es wird daher der im wirtschaftswissenschaftlichen Gebrauch gebräuchlichere Begriff des Betriebsergebnisses beibehalten.

nächsten Schritt werden die resultierenden freien Cash-Flows prognostiziert, was durch eine Analyse sog. „Werttreiber" unterstützt werden kann.[17] Eine Plausibilitäts-überprüfung der Bewertung wird stark erleichtert, wenn mit einer Prognose von Gewinn- und Verlustrechnung sowie Bilanz des Projektes begonnen und aus diesen die freien Cash-Flows abgeleitet werden, weil dann ein Kennzahlenvergleich mit Jahresabschlüssen der Vergangenheit oder von Konkurrenten möglich wird. Zudem wird so die Kommunikation der Bewertungsergebnisse erleichtert.

Ermittlung der Kapitalkosten

Der freie Cash-Flow muß mit den *Opportunitätskosten der Kapitalgeber* diskontiert werden, d.h. mit derjenigen Rendite, die in der bestmöglichen Alternative derselben Risikoklasse erzielbar wäre.[18,19] Aus diesem Gedanken resultiert das Konzept der gewichteten Kapitalkosten („Weighted Average Cost of Capital" (WACC)) als gewichtetem Durchschnitt von Fremd- und Eigenkapitalkosten. Die WACC ergeben sich als[20]

---

[17] Copeland, T. et al. (Valuation, 1996), S. 106 ff. und S. 159 ff.

[18] Dies impliziert, daß die Investition an einer Alternativinvestition mit vergleichbarem Risiko gemessen wird. Die Kapitalwertmethode ermittelt den Wert einer Investition also dadurch, daß sie fragt, was für die Zahlungsreihe der Investition alternativ mindestens aufgebracht werden müßte. In diesem Sinne meint *Moxter*: "Bewerten heißt vergleichen." Moxter, A. (Grundsätze, 1991), S. 11. Die Diskussion über die Funktionen des Kalkulationszinssatzes wurde in der deutschen Betriebswirtschaftslehre mit großer Intensität geführt. Vgl. z.B. den Überblick in Perridon, L./M. Steiner (Finanzwirtschaft, 1995), S. 84 ff.

[19] Damit berücksichtigt die Free-Cash-Flow-Methode das Risiko der Investition durch einen Risikozuschlag (der mit Hilfe eines Kapitalmarktmodells, z.B. des CAPM, errechnet wird), ist also eine Variante der *Risikozuschlagsmethode*. Alternativ könnte eine Spielart der *Sicherheitsäquivalentmethode* herangezogen werden. Dort werden die Cash Flows mit Hilfe einer *Risikonutzenfunktion* des Entscheidungsträgers in Sicherheitsäquivalente umgerechnet, die dann mit dem risikofreien Zinssatz diskontiert werden können. Theoretisch spricht einiges für diese Vorgehensweise. In der Praxis scheitert die Sicherheitsäquivalentmethode allerdings an der Schwierigkeit, eine Risikonutzenfunktion abzuleiten. Zu den verschiedenen Möglichkeiten der Berücksichtigung von Unsicherheit im Modell der Kapitalwertmethode vgl. Eilenberger, G. (Finanzwirtschaft, 1994), S. 175 ff , und Adam, D. (Investitionsrechnung, 1995).

[20] Die WACC-Formel kann im konkreten Anwendungsfall deutlich komplexer sein, weil jede Kapitalquelle mit einem separaten Gewichtungsfaktor erfaßt werden muß. Für den Zweck dieser Arbeit genügt aber das hier dargestellte Grundmodell.

$$WACC = \frac{D}{V} \times r_D \times (1 - T_m) + \frac{E}{V} \times r_E \qquad \text{(2-2)}$$

mit

D ...   *Marktwert des Fremdkapitals*

E ...   *Marktwert des Eigenkapitals*

V ...   *Marktwert des Gesamtkapitals (V = D + E)*

r_D ...   *Opportunitätskosten des Fremdkapitals (Fremdkapitalkosten) vor Steuern*

r_E ...   *Opportunitätskosten des Eigenkapitals (Eigenkapitalkosten)*

T_m ...   *Grenzsteuersatz des Unternehmens*

Damit sind drei Schritte zur Ermittlung der WACC notwendig[21]:

1. Die Ermittlung der Fremdkapitalkosten

2. Die Ermittlung der Eigenkapitalkosten

3. Die Festlegung der Kapitalstruktur zur Errechnung der Gewichtungsfaktoren.

Die *Fremdkapitalkosten* ergeben sich als aktuelle Marktrendite von Fremdkapital mit vergleichbarem Risiko, also von Titeln, die vom Unternehmen selbst oder von Schuldnern vergleichbarer Bonität emittiert wurden.

Die *Eigenkapitalkosten* werden mit Hilfe eines Kapitalmarktmodelles geschätzt, wobei i.d.R. das *„Capital Asset Pricing Model (CAPM)"* herangezogen wird.[22,23] Die „Wertpapiermarktlinie" des CAPM ergibt:

$$r_E = r_f + \beta \times \left[E(r_m) - r_f \right] \qquad \text{(2-3)}$$

mit

r_f ..   *Risikofreie Rendite*

$E(r_m)$ ...   *Erwartungswert der Rendite des Marktportfolios*

$E(r_m) - r_f$ ...   *Risikoprämie*

β ...   *Systematisches Risiko des Eigenkapitals*

---

[21]   Vgl. zu Details Copeland, T. et al. (Valuation, 1996), S. 247 ff.

[22]   Vgl. Sharpe, W.F. (Capital, 1964); Lintner, J. (Valuation, 1965); Mossin, J. (Equilibrium, 1966). Siehe auch z.B. Schmidt, R.H./E. Terberger (Grundzüge, 1996), S. 341 ff., und Ross, S.A. et al. (Finance), 1993, S. 271 ff.

[23]   Alternativ könnte die *„Arbitrage Pricing Theory"* von *Ross* zur Bestimmung der Eigenkapitalkosten herangezogen werden. Vgl. Ross, S.A. (Theory, 1976) als Originalartikel und Copeland, T. et al. (Valuation, 1996), S. 274 ff. für Hinweise zur praktischen Anwendung.

Die *risikofreie Rendite* ist theoretisch die Rendite eines Wertpapiers ohne jegliches Ausfallrisiko und ohne Korrelation zu den Renditen anderer Kapitalanlagen. Da ein solches Papier nicht existiert, wird in der Literatur zumeist die Verwendung der Rendite von Bundesanleihen mit einer Laufzeit von 10 Jahren empfohlen. Die *Risikoprämie*, die sich aus historischen Analysen schätzen läßt, beträgt ungefähr 5,4 % p.a. für die USA[24] bzw. 5,3 % p.a. für die BRD.[25]

Der *Beta-Wert* mißt das systematische Risiko des Projektes und läßt sich für börsengehandelte Unternehmen durch statistische Auswertung historischer Aktienkurse errechnen. Für Teile eines Unternehmens oder gar einzelne Investitionen, die typischerweise nicht am Kapitalmarkt gehandelt werden, gestaltet sich die Ermittlung des Beta-Wertes schwieriger. Der Wert des Gesamtunternehmens wäre nur dann angemessen, wenn der Teilbereich zufällig dasselbe Risiko wie das Unternehmen insgesamt aufweist. Ist dies nicht der Fall, muß nach alternativen Wegen zur Ermittlung des Betas von Investitionen gesucht werden. Existiert ein börsennotiertes Unternehmen, dessen Geschäftstätigkeit mit der Investition vergleichbar ist, dann kann auf dessen Beta-Werte zurückgegriffen werden. Allerdings muß dabei berücksichtigt werden, daß Beta-Werte, die aus Aktienkursen ableitet werden (sog. *„Equity-Betas"*), sowohl das Geschäftsrisiko *als auch das Finanzierungsrisiko* erfassen. Da sich der Verschuldungsgrad der Vergleichsunternehmen oft von dem des zu bewertenden Projektes unterscheidet, muß das Equity-Beta in ein *„Asset Beta"* umgerechnet werden, das nur das Geschäftsrisiko der Aktivitäten mißt, den Einfluß der Finanzierungsstruktur aber nicht berücksichtigt (Gleichung (2-4)).[26,27]

---

[24]   Das ist das geometrische Mittel der Risikoprämie des S&P 500 relativ zur Rendite langfristiger Staatsanleihen für den Zeitraum zwischen 1926 und 1988. Vgl. Ibbotson Associates (Stocks, 1989).

[25]   Vgl. die Untersuchungen von Bimberg, L. H. (Renditeberechnung, 1991) und Morawietz, M. (Rentabilität, 1994). Siehe auch o.V. (Unternehmenssteuerung, 1996), S. 548 f.

[26]   Zu Asset- und Equity-Beta vgl. z.B. Ross, S.A. et al. (Finance, 1993), S. 347 f.

[27]   Alternativ kann das Asset-Beta also auch als Equity-Beta eines ausschließlich durch Eigenkapital finanzierten Unternehmens interpretiert werden.

$$\beta_A = \beta_E \Big/ \left(1 + \frac{FK}{EK} \right) \qquad \text{(2-4)}$$

mit

β_E ... *Equity-Beta*

β_A ... *Asset-Beta*

FK ... *Fremdkapital*

EK ... *Eigenkapital*

Dieses Asset-Beta kann dann unter Heranziehung der Kapitalstruktur des Teilbereiches oder Projektes in ein angemessenes Equity-Beta umgerechnet werden.

Existiert kein vergleichbares, börsengehandeltes Unternehmen, so lassen sich Beta-Werte einzelner Investitionen durch Befragungen von Experten, Buchwert-Betas oder multiple Regressionsanalysen schätzen.[28]

Die Gewichtung der Eigen- und Fremdkapitalkosten erfolgt anhand der auf Marktwerten basierenden *Zielkapitalstruktur*.[29] Durch die Verwendung einer Zielstruktur wird verhindert, daß kurzfristige, für die Laufzeit des Projektes aber nicht relevante Kapitalkosten ermittelt werden. Zudem wird so das Problem der Zirkularität der WACC-Ermittlung umgangen. Gleichzeitig wird auf die *Marktwerte* von Eigen- und Fremdkapital abgestellt, weil Buchwerte die Renditeerwartungen der Anleger nicht korrekt erfassen würden. Die Ermittlung dieser Zielkapitalstruktur erfolgt anhand einer Analyse der gegenwärtigen Kapitalstruktur und der Finanzierungsstrategie der Unternehmensführung.

---

[28] Zu Details siehe o.V. (Unternehmenssteuerung, 1996), S. 550 ff. und Copeland, T. et al. (Valuation, 1996), S. 342 ff.

[29] Copeland, T. et al. (Valuation, 1996), S. 249 ff.

Ermittlung des Fortführungswertes und Errechnung des Investitionswertes

Schließlich muß der Fortführungswert ermittelt werden, der den Barwert der Cash-Flows nach der Detailprognoseperiode darstellt. Hier kann die Formel der konstant wachsenden ewigen Rente verwendet werden[30]:

$$\text{Fortführungswert}_T = \frac{FCF_{T+1}}{WACC - g} \qquad \text{(2-5)}$$

mit

FCF_{T+1} ... *Freier Cash-Flow im ersten Jahr nach der Detailprognoseperiode*

g ... *Erwartete ewige Wachstumsrate des freien Cash-Flows*

Dieser Fortführungswert wird mit den WACC auf die Gegenwart abgezinst und zum Barwert des freien Cash-Flows der Detailprognose addiert. Das Ergebnis ist der Wert des Investitionsprojektes. Zieht man von diesem Wert den Marktwert des Fremdkapitals ab, das zur Finanzierung der Investition aufgenommen wurde, erhält man den Wert des Projektes für die Eigenkapitalgeber. Die Zuverlässigkeit dieser Ergebnisse kann durch Plausibilitätsüberlegungen und Sensitivitätsanalysen weiter erhöht werden.

Im ersten Schritt der *Bewertung des Oilquest-Projektes anhand der Kapitalwertmethode* werden die Umsatzerlöse des Jahres 1 durch die Multiplikation von erwartetem Ölpreis und erwarteter Fördermenge geschätzt. Die Betriebsaufwendungen, Abschreibungen sowie Steuerzahlungen fallen ebenfalls in Jahr 1, die Investitionsauszahlungen in Jahr 0 an. Aus diesen Parametern können die freien Cash-Flows der beiden Jahre ermittelt, unter Verwendung der unterstellten Kapitalkosten von 15% diskontiert und schließlich zum Kapitalwert addiert werden.[31] Abbildung 2-6 zeigt Gewinn- und Verlustrechnung, freie Cash-Flows und Kapitalwert des Projektes.

---

[30] Alternativ könnte z.B. mit einer stark verlängerten Detailprognosephase oder mit Multiplikatoren-Ansätzen gearbeitet werden. Vgl. Copeland, T. et al. (Valuation, 1996), S. 287 ff.

[31] Annahmegemäß sind nach Jahr 1 alle Vorkommen ausgebeutet, so daß kein Fortführungswert zu berücksichtigen ist.

	Jahr 0	Jahr 1
Gewinn- und Verlustrechnung		
Umsatz	0,0	44,4
Betriebsaufwand	0,0	-3,5
Abschreibungen	0,0	-5,0
Betriebsergebnis	0,0	36,0
Steuern	0,0	-14,4
Betriebsergebnis nach Steuern	0,0	21,6
Ermittlung der freien Cash-Flows		
Betriebsergebnis nach Steuern	0,0	21,6
Abschreibungen	0,0	5,0
Investitionen	-25,0	0,0
Freier Cash-Flow	-25,0	26,6
Ermittlung des Kapitalwertes		
Freier Cash-Flow	-25,0	26,6
Diskontierungsfaktor	1,0	0,9
Barwerte	-25,0	23,1
Kapitalwert	-1,9	

Abb. 2-6: Gewinn- und Verlustrechnung, freie Cash-Flows und Kapitalwert des Oil-quest-Projekts (in Mio. USD)

Das Ergebnis der Kapitalwertmethode ist klar: *Der Kapitalwert ist negativ, das Projekt ist ökonomisch nicht zu rechtfertigen.*

2.3.2 ENTSCHEIDUNGSBAUMVERFAHREN

Das *Entscheidungsbaumverfahren* wurde entwickelt, um komplexe Probleme unter Unsicherheit zu lösen.[32] Es berücksichtigt, daß Investitionsentscheidungen oft in mehreren Stufen getroffen werden, und erfaßt explizit die sich aus dieser Mehrstufigkeit ergebenden Handlungsmöglichkeiten des Entscheidungsträgers.

Da Verfahren unterscheidet zwischen der ursprünglichen Investitionsentscheidung und den Folgeentscheidungen späterer Perioden. Diese Entscheidungssequenzen werden durch einen *Entscheidungsbaum* dargestellt, der sich aus Entscheidungs- und Zufallsereignisknoten sowie Ergebniswerten zusammensetzt. Mit Hilfe mathematischer Verfahren[33] soll der optimale Pfad durch den Entscheidungsbaum ermittelt werden, d.h. der Weg, bei dessen Wahl der Erwartungswert der Zielgröße ein Maximum aufweist. Wird, wie meistens der Fall, der Erwartungswert des Kapitalwertes als Zielgröße ver-

---

[32] Der klassischen Artikel zum Entscheidungsbaumverfahren ist Magee, J. (Decision, 1964).

[33] Dies sind v.a. die dynamische Programmierung, das Branch-and-Bound- und das Roll-Black-Verfahren. Vgl. z.B. Blohm, H./K. Lüder (Investition, 1995), S. 282 ff.

wendet, kann das Entscheidungsbaumverfahren als Weiterentwicklung der Kapitalwert-methode verstanden werden.[34] Manche amerikanischen Autoren bezeichnen es dann als „Dynamic DCF Method" und stellen es den „Static DCF Methods" i.S.d. Kapitalwert-methode gegenüber.[35]

Zur *Anwendung des Entscheidungsbaumverfahren auf das Oilquest-Vorhaben* wird zunächst der entsprechende Entscheidungsbaum konstruiert (Abbildung 2-7). Die Zahlen geben die (nichtdiskontierten) Zahlungsströme bei Realisierung des entsprechenden Astes an.

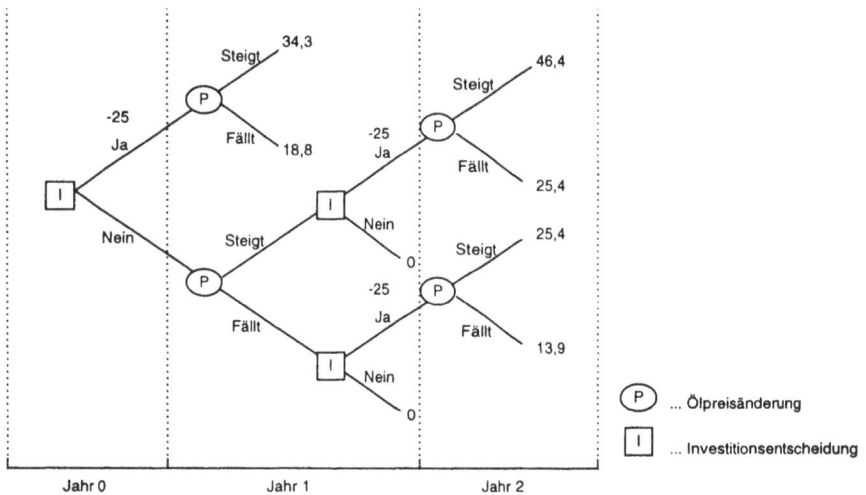

Abb. 2-7:   Entscheidungsbaum des Oilquest-Projektes (in Mio. USD)[36]

Diese Analyse zeigt, daß das Projekt einen *Spielraum bei der zeitlichen Gestaltung* der Investition beinhaltet: Oilquest muß nicht sofort investieren (oberer Ast in Jahr 0), sondern kann die Umsetzung des Projektes um ein Jahr verzögern (unterer Ast in Jahr 0). Durch die Beobachtung der Ölpreisentwicklung in Jahr 1 erhält das Unternehmen neue

---

[34] Alternativ wird auf den Nutzen des Entscheiders abgestellt, der unter Verwendung einer Nutzen-funktion maximiert werden soll. Dieser Ansatz ermittelt allerdings nicht den Marktwert der Investition, sondern deren subjektiven Nutzen für den Entscheider.

[35] So z.B. Teisberg, E.O. (Methods, 1995).

[36] Die Zahlungsströme ergeben sich, indem der Betriebsaufwand und die Steuern (die unter Berück-sichtigung der Abschreibung errechnet werden) von den Umsatzerlösen abgezogen werden. Vgl. die Daten in Abbildung 2-2.

Informationen, aufgrund derer es am Ende von Jahr 1 erneut über die Durchführung der Investition entscheiden kann.

Um die optimale Strategie im Jahr 0 - Abwarten oder Verzögerung - zu ermitteln, werden die Kapitalwerte der verschiedenen Äste errechnet und suboptimale Entscheidungen eliminiert (Abbildung 2-8).

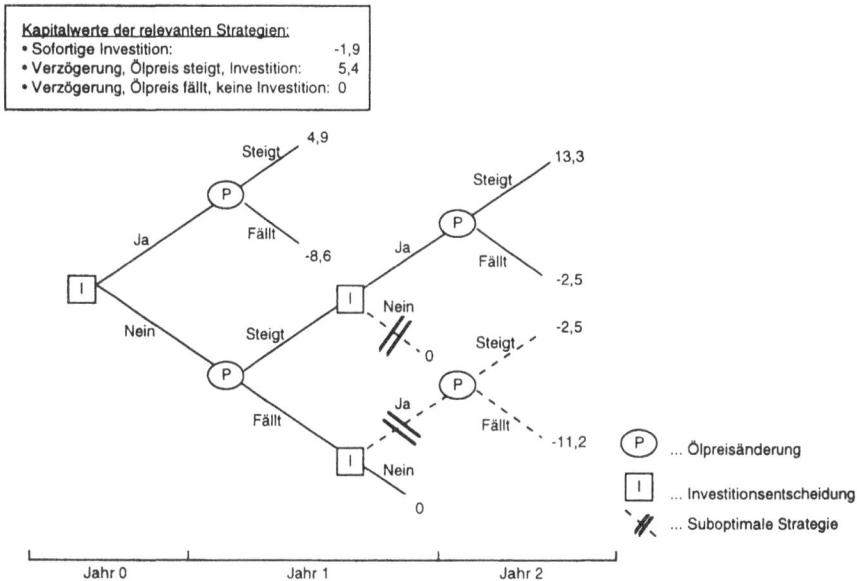

Abb. 2-8:   **Kapitalwerte verschiedener Strategien und Elimination suboptimaler Entscheidungen (Erwartungswerte in Mio. USD)**

Investiert Oilquest im Jahr 0, ergibt sich ein Kapitalwert[37] von -1,9 Mio. Wartet das Unternehmen dagegen die Entwicklung des Ölpreises im ersten Jahr ab, beträgt der Kapitalwert bei gestiegenem Ölpreis 5,4 Mio. Bei einem gesunkenen Ölpreis würde sich ein Kapitalwert von -6,9 Mio. ergeben. Oilquest wird allerdings dieses negative Ergebnis vermeiden, indem es dann nicht investiert - der *relevante* Kapitalwert dieses Astes ist daher 0. Damit errechnet sich ein Gesamtkapitalwert der Abwartestrategie von (0,5 × 5,4 + 0,5 × 0) = 2,7 Mio. Da sich der Kapitalwert der sofortigen Investition auf -1,9 Mio. beläuft, ist Abwarten die klar dominante Strategie, der Projektwert beträgt 2,7 Mio.

Das Entscheidungsbaumverfahren kommt also nicht zu einer kategorischen Ablehnung des Investitionsprojektes. Statt dessen wird eine differenzierte Strategie vorgeschlagen: Oilquest sollte die Entwicklung des Ölpreises im ersten Jahr abwarten, um im zweiten Jahr bei einem Anstieg des Ölpreises zu investieren bzw. sich bei einem gefallenen Ölpreis vom Projekt zurückzuziehen.

Neben der Ermittlung des Projektwertes kann das Entscheidungsbaumverfahren auch den Wert der Verzögerungsmöglichkeit bestimmen. Da der Unterschied zwischen der sofortigen Investition und der Abwartestrategie gerade durch die Verzögerungsmöglichkeit bedingt ist, muß sich der Wert dieses Handlungsspielraumes als Differenz der beiden Strategiewerte ergeben (Abbildung 2-9).

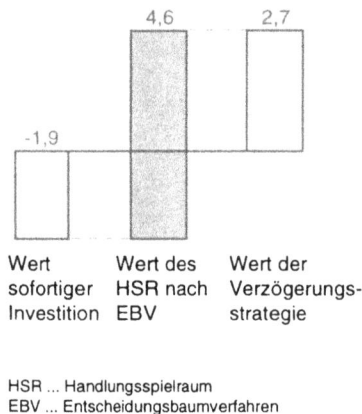

| Wert sofortiger Investition | Wert des HSR nach EBV | Wert der Verzögerungsstrategie |

HSR ... Handlungsspielraum
EBV ... Entscheidungsbaumverfahren

Abb. 2-9: Wert der Verzögerungsmöglichkeit nach dem Entscheidungsbaumverfahren (in Mio. USD)

Die Möglichkeit, flexibel auf neue Informationen zu reagieren, ist damit die entscheidende Wertkomponente des Projektes, und verkehrt das Ergebnis der Kapitalwertmethode ins Gegenteil.

---

[37]   Genauer gesagt: Ein *Erwartungswert* des Kapitalwertes.

2.3.3 RISIKOANALYSE

Die Risikoanalyse versucht, durch Modellierung der Wahrscheinlichkeitsverteilungen einzelner unsicherer Daten ein sog. „Risikoprofil", d.h. eine Wahrscheinlichkeitsverteilung des Entscheidungskriteriums, zu erzeugen.[38] Dazu werden folgende Schritte durchgeführt[39]:

- Auswahl der unsicheren Inputgrößen
- Schätzung der Wahrscheinlichkeitsverteilungen der Inputgrößen
- Generierung von Inputdaten aus den Verteilungen
- Berechnung der Zielgröße
- Ableitung des Risikoprofils
- Entscheidung auf der Basis des Profils

Für nur wenige unsichere Inputgrößen läßt sich das Risikoprofil durch Vollenumeration ermitteln. Bei mehreren unsicheren Parametern muß dagegen auf analytische Verfahren oder - häufiger - auf Simulationstechniken zurückgegriffen werden. In dieser simulativen Risikoanalyse (auch „Monte-Carlo-Methode" genannt) werden Zufallszahlen erzeugt, deren Verteilung der jeweils betrachteten Wahrscheinlichkeitsverteilung entspricht. Bei jedem Simulationsdurchgang wird für jede Einflußgröße ein Wert gezogen, so daß mit den Realisationen aller Einflußgrößen ein Ergebniswert errechnet werden kann. Nach einer hinreichend großen Anzahl von Ziehungen können dann Wahrscheinlichkeitsverteilung und Kennziffern des Entscheidungskriteriums ermittelt werden. Abbildung 2-10 zeigt ein Beispiel eines solchen Risikoprofils.

---

[38] Der klassische Artikel zur Risikoanalyse ist Hertz, D.B. (Risk, 1964).
[39] Vgl. z.B. Kruschwitz, L. (Investitionsrechnung, 1993).

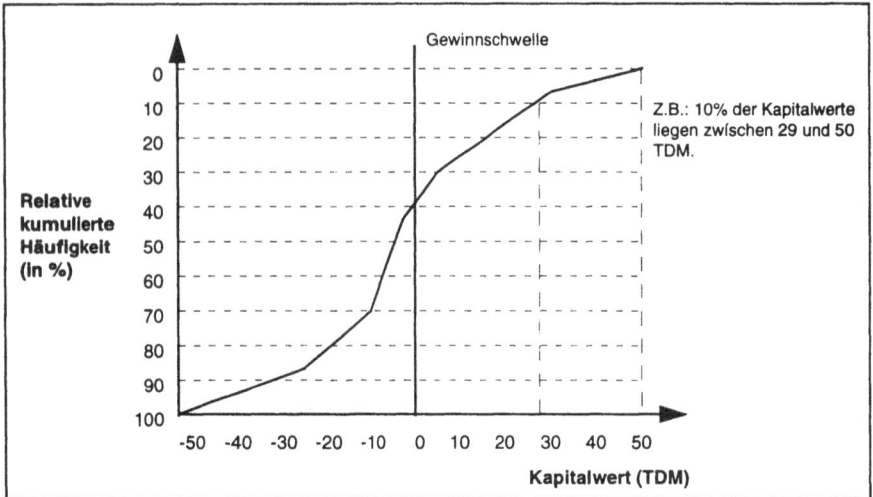

Abb. 2-10: Beispiel eines Risikoprofils

Der Entscheidungsträger trifft seine Entscheidung dann auf der Grundlage von subjektiven Präferenzen. So führt er z.b. eine Investition nur durch, wenn ihr Ergebnis mit 80% Wahrscheinlichkeit nicht unter eine vorgegebene kritische Größe (z.b. 200.000 DM) fällt.

Das Risikoprofil einer auf der Kapitalwertmethode basierenden Risikoanalyse des *Oilquest-Problems* würde nur zwei Werte (4,9 Mio. und -8,6 Mio.) aufweisen, die jeweils mit 50% Wahrscheinlichkeit eintreten, und damit keine weiteren Erkenntnisse liefern. Dies ist z.t. auf die äußerst einfache Struktur des Entscheidungsproblems zurückzuführen. Der Vorteil der Risikoanalyse liegt ja gerade in einer Simulation kom-plexer Unsicherheitswirkungen; hier ist aber nur der Ölpreis unsicher, und auch das nur in einer sehr trivialen Form.

2.4   KRITISCHE WÜRDIGUNG DER ERFASSUNG VON HANDLUNGS-SPIELRÄUMEN IN DER HERKÖMMLICHEN INVESTITIONS-RECHNUNG

Die *Kapitalwertmethode* führt zu einer Ablehnung des Oilquest-Projektes. Es bleibt aber zu fragen, ob dieser Ansatz alle Wertkomponenten des Investitionsvorhabens gebührend erfaßt.

Die Analyse des Entscheidungsbaumes hat gezeigt, daß Oilquest nicht sofort investieren muß, sondern eine Verzögerungsmöglichkeit hat. Die Kapitalwertmethode stellt das Problem dagegen als „Jetzt oder Nie"-Entscheidung dar: Das Unternehmen muß die Investitionsmöglichkeit sofort nutzen oder aber für immer aufgeben. Aufbauend auf dieser Sichtweise werden die Cash-Flow-Konsequenzen der Investitionsdurchführung *unter allen denkbaren Ölpreisentwicklungen* erfaßt, indem ein Erwartungswert aller dieser Szenarien gebildet wird. Dieser Durchschnittswert enthält aber irrelevante Strategien, die sich nie realisieren werden: Wie die Anwendung des Entscheidungsbaumverfahrens gezeigt hat, wird eine rationale Unternehmensführung die Investition verzögern und im Falle einer ungünstigen Ölpreisentwicklung nicht investieren. Der Kapitalwert des Projektes ist daher bei in Jahr 1 sinkendem Ölpreis 0 und nicht -6,9 Mio., wie von der Kapitalwertmethode angenommen.[40] Der Handlungsspielraum führt also dazu, daß der untere Ast des Entscheidungsbaumes in Periode 2 - bildlich gesprochen - „abgeschnitten" wird. Die Kapitalwertmethode ignoriert diese Schutzwirkung des Verzögerungsspielraumes und ermittelt dadurch einen zu geringen Investitionswert.

Das Oilquest-Beispiel verdeutlicht damit das Kernproblem der Kapitalwertmethode: Die grundlegende Idee der kapitalmarktorientierten Bewertungstheorie besteht darin, den Wert eines *hinsichtlich Cash-Flow- und Risikostruktur vergleichbaren*, am Kapitalmarkt gehandelten Assets zu ermitteln und der Bewertung zugrundezulegen. Die Kapitalwertmethode zieht zu diesem Zweck eine Analogie zwischen Investitions-

---

[40]   Dies ist der Erwartungswert des Kapitalwertes unter der Annahme, daß der Ölpreis in Jahr 1 gefallen ist: $(-2,5 \times 0,5 + -11,2 \times 0,5) = -6,9$. Vgl. Abbildung 2-7.

projekten und *festverzinslichen Wertpapieren*[41]: Sie betrachtet Unternehmen als passive Investoren, die bar jeglicher Reaktionsmöglichkeit Umweltentwicklungen hinnehmen müssen, also symmetrisch von günstigen Entwicklungen profitieren und bei ungünstigen verlieren. In Kapitel 1 wurde aber gezeigt, daß viele reale Investitionsprojekte offensive und/oder defensive Handlungsspielräume, die in einer *Asymmetrie von Chancen und Risiken* resultieren. Die Kapitalwertmethode kann ihrer Konzeption nach diese Asymmetrie nicht erfassen und resultiert damit in einer Unterbewertung von Projekten, die Handlungsspielräume beinhalten. [42,43]

Das *Entscheidungsbaumverfahren* zielt auf die Behebung dieser Schwäche ab, indem es versucht, Handlungsspielräume explizit zu erfassen und den Wert einer Investition bei optimaler Ausübung dieser Handlungsspielräumen zu ermitteln. Um über eine rein konzeptionelle Beschreibung der Problematik hinauszugehen, muß es allerdings die Asymmetrie der Cash-Flow-Verteilung handhaben und damit Handlungsspielräume ökonomisch sinnvoll bewerten können.

Im Entscheidungsbaumverfahren wird regelmäßig mit einem für alle Perioden konstanten Zinssatz gerechnet, was der Annahme eines im Zeitablauf konstanten Projektrisikos entspricht. Schon in dem stark vereinfachten Oilquest-Beispiel wird aber deutlich, daß diese Annahme bei asymmetrischen Zahlungsströmen nicht haltbar ist: Je nach Periode und Ölpreisentwicklung verändert sich die Bandbreite möglicher Kapitalwerte

---

[41] So konstatieren z.B. *Brennan/Schwartz*: „... the whole apparatus of the classical discounted cash flow approach to capital budgeting is predicated upon an analogy between a real investment project and a portfolio of riskless bonds." Brennan, M.J./E.S. Schwartz (Approach, 1987), S. 78. Vgl. auch Markland, J.T. (Theory, 1992), S. 7.

[42] So auch Trigeorgis, L./S.P. Mason, (Valuing, 1987), S. 15: „The basic inadequacy of the NPV or DCF approaches to capital budgeting is that they ignore, or cannot properly capture, management´s ability to revise ist original operating strategy." *Brealey/Myers* meinen dazu: „Investors ... are given the right to make a decision, which they can exercise to capitalize on good fortune or to mitigate loss. This right clearly has value whenever there is uncertainty. ... DCF misses this extra value because it implicitly treats the firm as an passive investor." Brealey, R.A./S.C. Myers (Corporate Finance, 1991), S. 513 f.

[43] Dies wird auch daran deutlich, daß grundlegende Ergebnisse der Kapitalwertmethode auf Investitionen mit Handlungsspielräumen nicht mehr zutreffen. So würde im Oilquest-Beispiel eine Erhöhung der Streuung der Ölpreisentwicklung den Wert der Investition *erhöhen*, weil das „Upside"-Potential steigt, während das Verlustrisiko durch die Möglichkeit abgesichert bleibt, auf die Investition zu verzichten. Nach der Kapitalwertmethode muß dagegen eine Erhöhung des Risikos zu einem niedrigeren Wert führen.

und damit das Projektrisiko. So zeigt Abbildung 2-8 im Jahr 0 eine Bandbreite möglicher Kapitalwerte zwischen 4,9 und -11,2 Mio., die sich in Jahr 1 bei gestiegenem Ölpreis auf 13,3 bis -2,5 Mio., bei gesunkenem Ölpreis auf -2,5 bis -11,2 Mio. verändert. Dies bedeutet, *daß sich mit jeder Bewegung im Entscheidungsbaum sowohl die Wahrscheinlichkeit der Ausübung des Handlungsspielraumes als auch das Risiko des Projektes ändert.*[44] Diese Überlegung kann verdeutlicht werden, indem die Sensitivität des Kapitalwertes in bezug auf die Ölpreisveränderung (η) als Indikator des Investitionsrisikos an verschiedenen Punkten im Entscheidungsbaum errechnet wird. Abbildung 2-11 zeigt, daß sich η und damit das Risiko des Projektes laufend verändert.[45] Zur besseren Nachvollziehbarkeit werden dabei die in den jeweiligen Ästen relevanten Ölpreise angegeben.

$$\eta_1 = \frac{(4,9 - (-8,6))}{(34,8 - 18,5)} = 0,828 \qquad \eta_3 = \frac{(13,3 - (-2,5))}{(45,6 - 25)} = 0,767$$

$$\eta_2 = \frac{(5,4 - 0)}{(34,8 - 18,5)} = 0,331 \qquad \eta_4 = \frac{0}{(45,6 - 25)} = 0$$

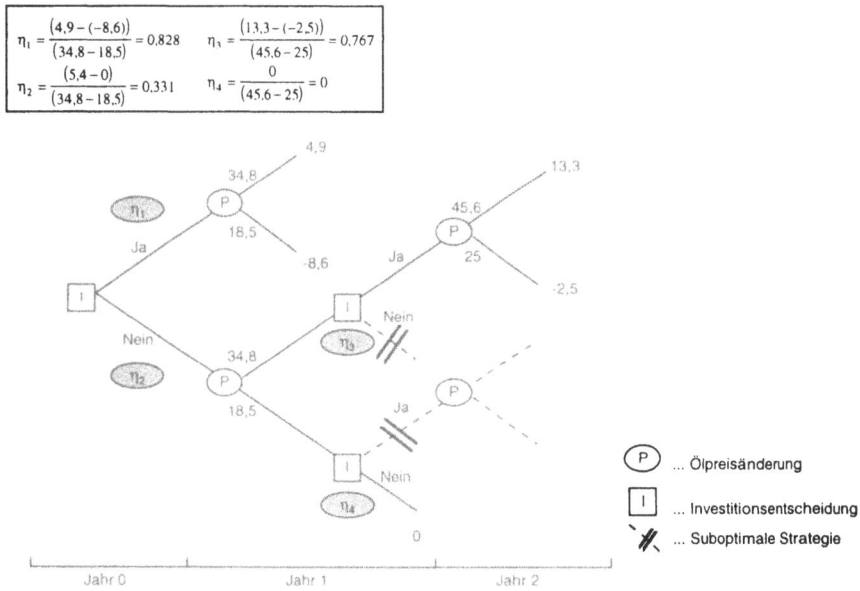

Abb. 2-11: Veränderung des Investitionsrisikos im Entscheidungsbaum (Ölpreise in USD, Zahlungsströme der Investition in Mio. USD)

Solche Veränderungen des Risikos müssen sich gemäß des zentralen Zusammenhanges zwischen Rendite und Risiko, wie er von der modernen Finanzierungstheorie postuliert

---

[44] Vgl. z.B. Brealey, R.A./S.C. Myers (Corporate Finance, 1991), S. 498.
[45] Gleichzeitig wird durch das geringere Risiko im unteren Ast (verdeutlicht durch niedrigere η-Werte) die Schutzwirkung des Handlungsspielraumes ersichtlich.

wird, in je nach Position im Entscheidungsbaum differenzierten Risikoprämien und damit in unterschiedlichen Diskontierungssätzen niederschlagen.[46] Da reale Entscheidungsprobleme i.d.R. nicht diskreter, sondern stetiger Natur sind[47], verändert sich das Risiko *kontinuierlich*, so daß eine Zinssatzanpassung ebenfalls stetig erfolgen müßte.[48] Die Finanztheorie verfügt aber trotz großer Fortschritte in den letzten Jahrzehnten bis heute über kein Modell zur Errechnung von Risikoprämien bei einer solchen kontinuierlicher Veränderung des Risikos[49,50], und es ist unwahrscheinlich, daß die Entwicklung eines solchen Modells überhaupt möglich ist.[51] Der Entscheidungsträger kennt daher schlichtweg den für die momentane Risikosituation angemessenen Zinssatz nicht, und er weiß auch nicht, wie er diesen auf die kontinuierlichen Veränderungen der Risikostruktur anpassen könnte.[52] Damit kann das Entscheidungsbaumverfahren zwar eine konzeptionellen Analyse, aber keine ökonomisch sinnvolle Bewertung von Investitionsprojekten mit Handlungsspielräumen leisten.

---

[46]   Auch *Trigeorgis/Mason* konstatieren: "The error in the traditional DTA approach arises from use of a single (or constant) risk-adjusted discount rate." Trigeorgis, L./S.P. Mason, (Valuing, 1987), S. 19.

[47]   Im vorliegenden Beispiel wird z.b. unterstellt, daß sich der Ölpreis nur einmal pro Jahr ändert - tatsächlich ändert er sich nahezu fortlaufend.

[48]   Zwar kann man die stetigen Natur der Ölpreise durch eine Vielzahl von Ästen des Entscheidungsbaumes approximieren. Mit zunehmender Güte der Approximation steigt aber die Komplexität des Entscheidungsbaumes exponentiell, so daß dieser schnell zu einem „Entscheidungsgestrüpp" wird, das kaum mehr handhabbar ist. Schon aus diesem Grund wird das Entscheidungsproblem „mehr als Denkprinzip als ein für praktische Planungsprobleme zu empfehlendes Verfahren" betrachtet. Adam, D. (Strukturmerkmale, 1995), S. 1019. Ähnlich Perridon, L./M. Steiner (Finanzwirtschaft, 1995), S. 122.

[49]   So beklagen z.B. *Brennan/Schwartz*: „The degree of managerial discretion in making future operating decisions will tend to affect the risk of the project. ... .The classical approach offers no way of allowing for this risk effect ..." Brennan, M.J./E.S. Schwartz (Approach, 1987), S. 80. Vgl. auch Pickles, E./Smith, J.C. (Petroleum, 1993), S. 272.

[50]   Das CAPM als mit Abstand am häufigsten verwendete Modell gilt nur bei normalverteilten Renditen. Das Kennzeichen der Handlungsspielräume ist aber gerade eine Asymmetrie und damit eine rechtsschiefe Verteilung der Zahlungsströme. Der Spezialfall eines Entscheidungsträgers mit quadratischer Nutzenfunktion ist zwar theoretisch interessant, weil dann das CAPM unabhängig von der Verteilung der Renditen anwendbar ist. In der Praxis ist aber nicht einzusehen, warum einem Investor ausgerechnet eine solche Nutzenfunktion unterstellt werden sollte (vgl. auch Ehrhardt, Michael C. (Value, 1994), S. 209 ff, und das anschauliche Beispiel bei Kulatilaka, N. (Flexibility, 1993), S. 272 f.). Dieses Problem wird noch dadurch verschärft, daß die Anwendung des CAPM auf mehrere Perioden keineswegs unproblematisch ist. So kommen z.B. *Schmidt/Terberger* zu der Schlußfolgerung, daß „ ... im Mehrperiodenfall das CAPM nur eine pragmatische, nicht aber eine theoretisch wirklich korrekte Lösung für Investitionsprobleme darstellt." Schmidt, R.H./E. Terberger (Grundzüge, 1996), S. 367.

[51]   Lehman, J. (Oilfield, 1989), S. 127; Willner, R. (Valuing, 1995), S. 225.

[52]   Bei Kenntnis dieser Zinssätze könnte das Entscheidungsbaumverfahren den Wert von Handlungsspielräumen korrekt erfassen. Es ist aber nicht zu erkennen, woraus diese Kenntnis ableitbar wäre.

Die *Risikoanalyse* ermöglicht eine wirklichkeitsnahe, quasi-experimentelle Abbildung des Entscheidungsproblems. Sie zwingt die Entscheidungsträger, die Zusammenhänge zwischen den verschiedenen Parametern zu analysieren und führt damit zu einem besseren Verständnis des Problems. Ihre Anwendung stößt aber an enge Grenzen.

Zum einen kann die Abbildung der Zusammenhänge sehr schwierig und komplex sein. Eine Delegation der Modellerstellung an Experten ist zwar denkbar, reduziert aber den „erzieherischen Wert" des Verfahrens. Zudem ist es schwierig, das Risikoprofil in eine klare Handlungsempfehlung zu übersetzen. Die Risikoanalyse gibt nicht an, ob ein Projekt vorteilhaft ist, sondern führt dem Entscheidungsträger nur die Bandbreite möglicher Werte vor Augen. Damit wird sie zu Recht als bloß entscheidungsvorbereitend bezeichnet.[53] Neben weiteren technischen Problemen[54] ist schließlich entscheidend, daß die Risikoanalyse kein eigenständiges Investitionsrechenverfahren darstellt, sondern immer auf einem anderen Verfahren aufbaut. In der Praxis ist dies meist die Kapitalwertmethode, so daß das Ergebnis denselben Einwänden ausgesetzt ist, denen sich die Kapitalwertmethode gegenüber sieht. Die Risikoanalyse kann daher keinen eigenständigen Beitrag zur Erfassung von Handlungsspielräumen leisten.

Diese Überlegungen bedeuten im Ergebnis, daß der aktuelle Stand der Investitionsrechnung Handlungsspielräume, die in vielen Investitionsprojekten enthalten sind, nicht oder nicht hinreichend erfaßt und damit einen wesentlichen Bestandteil des Wertes dieser Investitionen vernachlässigt. Orientieren sich Entscheidungsträger an den Empfehlungen dieser Verfahren, drohen daher Fehlentscheidungen von u.U. schwerwiegendem Ausmaß: „Disregarding revision possibilities would devalue courses of action that expand the organization's future strategic choices - a matter for serious concern since such expansion potential seems to account for a significant fraction of the

---

[53]   So z.B. Perridon, L./M. Steiner (Finanzwirtschaft, 1995), S. 115.
[54]   Siehe v.a. Myers, S.C. (Simulation, 1976), der u.a. darauf hinweist, daß die Bedeutung der Kapital-wert-Verteilungsfunktion unklar ist, die Risikoanalyse die Entscheidungsträger im Gegensatz zu anerkannten Ergebnissen der Kapitalmarkttheorie dazu ermutigt, die Varianz als relevantes Projektrisiko anzusehen, und extreme Werte des Simulationsergebnisses unzuverlässig sind.

market value of many businesses."[55] Damit stellt sich die Frage, wie Handlungs-spielräume auf ökonomisch sinnvolle Weise Eingang in Investitionskalküle finden können. Das nächste Kapitel wird dieser Frage nachgehen.

---

[55] Ghemawat, P. (Commitment, 1991), S. 116.

3   DIE INTERPRETATION VON HANDLUNGSSPIELRÄUMEN ALS REAL-OPTIONEN

In diesem Kapitel wird untersucht, ob sich das Problem der Bewertung von Handlungsspielräumen durch deren Interpretation als Optionen auf reale Aktiva lösen läßt. Diese Idee wird entwickelt und in zwei Schritten kritisch hinterfragt: Zuerst wird untersucht, ob zwischen Finanzoptionen und Handlungsspielräumen eine *konzeptionelle Analogie* besteht. Anschließend wird geprüft, ob eine solche Analogie die *Quantifizierung* von Handlungsspielräumen mit Hilfe der Finanzoptionstheorie erlaubt. Die realoptionstheoretische Interpretation des Oilquest-Projektes verdeutlicht die Schlußfolgerungen und beschließt das Kapitel.

3.1   DIE GRUNDIDEE

Die Ausführungen des letzten Kapitels zeigten, daß die Kapitalwertmethode auf einer Analogie zwischen Investitionsprojekten und Finanzinvestitionen - nämlich festverzinslichen Wertpapieren - beruht. Eine genauere Untersuchung des Anwendungsbereiches der Kapitalwertmethode im Finanzinvestitionsbereich läßt Rückschlüsse auf einen möglichen Ansatz zur Bewertung von Handlungsspielräumen zu[1]:

- Die Kapitalwertmethode ist das Standardverfahren zur Bewertung festverzinslicher Anleihen und anderer „Fixed-income Securities"[2] Im Realinvestitionsbereich entspricht dies Projekten, die entweder keine Handlungsspielräume enthalten oder durch Reversibilität und/oder sichere Datenlage gekennzeichnet sind, wie dies z.B. bei bestimmten Leasingverträgen oder Ersatzinvestitionen der Fall ist. Solche Investitionen werden durch die Kapitalwertmethode korrekt bewertet.

- Vertretbar und in der Praxis üblich ist die Anwendung der Kapitalwertmethode zur Bewertung von Aktien relativ sicherer „Blue Chips", die gleichbleibende Dividenden

---

[1]   Ähnlich Myers, S.C. (Finance, 1987), S. 12.
[2]   Vgl. z.B. Sharpe, W.F. et al. (Investments, 1995), S. 355 ff., sowie Uhlir, H./P. Steiner (Wertpapieranalyse, 1994), S. 7 ff.

zahlen, wie z.B. Energieversorgungsunternehmen.[3] Im Realinvestitionsbereich erscheint der Einsatz der Kapitalwertmethode dementsprechend zur Bewertung sog. „Cash Cows" vertretbar, d.h. relativ sicherer Geschäfte, die das Unternehmen ohne wesentliche Änderungen weiterbetreibt, um die positiven Cash-Flows abzuschöpfen.

• Die Kapitalwertmethode eignet sich schließlich nur bedingt zur Bewertung von *Options-anleihen*: Sie erfaßt zwar den Wert der Anleihekomponente, muß dann aber durch An-sätze zur Bewertung der Option ergänzt werden. *Investitionsvorhaben, die Handlungs-spielräume beinhalten, ähneln solchen Optionsanleihen*: Sie setzen sich aus einer „Basisinvestition" (der Investition ohne Handlungsspielräume, ähnlich einer Anleihe) und Handlungsspielräumen zur Nutzung von Chancen oder Abwehr von Risiken (als ein Recht, aber ohne Verpflichtung zu diesen Handlungen, und damit ähnlich einer Option) zusammen.[4] Die Kapitalwertmethode erfaßt den Wert der Basisinvestition - das Ergeb-nis kann als *„passiver Kapitalwert"* bezeichnet werden -, vernachlässigt aber die Optionskomponente (die Handlungsspielräume). Der Wert eines Investitionsprojektes wird also erst durch seinen *„erweiterten Kapitalwert"* vollständig erfaßt:

Erweiterter Kapitalwert = Passiver Kapitalwert + Wert von Handlungsspielräumen

---

Zur Lösung der entscheidenden Frage, *wie* der Wert der Handlungsspielräume ermittelt werden soll, kann auf die Idee eines Transfers zwischen Finanz- und Realinvestitions-bereich zurückgegriffen werden, die ja auch der Bewertung der Basisinvestition zugrunde-liegt: Lassen sich Finanzinvestitionen finden, deren Risikostruktur derjenigen von Handlungsspielräumen gleicht, so können die für diese Finanzinvestitionen entwickelten

---

[3] Hier finden zahlreiche Dividendendiskontierungsmodelle Anwendung. Vgl. z.B. Sharpe, W.F. et al. (Investments, 1995), S. 461 ff.
[4] Dies gilt auch für die Bewertung der Aktien von Unternehmen, die bedeutende Wachstumschancen aufweisen. So können z.B. die enorm hohen Marktbewertungen innovativer Internet-Firmen durch Dividendendiskontierungsmodelle nicht sinnvoll erklärt werden. Vielmehr weisen solche Wachstums-chancen Optionscharakter auf.

Modelle zur Bewertung von Handlungsspielräumen herangezogen werden. Aus dieser Perspektive liegt es nahe, *Handlungsspielräumen als Optionen auf reale Aktiva (kürzer: Realoptionen) zu interpretieren und mit Hilfe von (eventuell angepaßten) Optionspreismodellen zu bewerten.*

Im nächsten Abschnitt wird diese Analogie zwischen Finanzoptionen und Handlungsspielräumen genauer untersucht, indem grundlegende Eigenschaften von Finanzoptionen aufgezeigt und mit den Merkmalen von Handlungsspielräumen verglichen werden.

3.2 DIE KONZEPTIONELLE ANALOGIE ZWISCHEN FINANZOPTIONEN UND HANDLUNGSSPIELRÄUMEN

3.2.1 CHARAKTERISIERUNG VON FINANZOPTIONEN [5]

Eine Option ist ein Vertrag zwischen einem Käufer und einem Verkäufer (auch „Stillhalter" oder „Schreiber" genannt), der dem Käufer das Recht einräumt, eine bestimmte Menge eines Vermögensgegenstandes [6] (des „Basisobjektes" S) zu oder bis zu einem bestimmten Zeitpunkt (dem „Verfallstermin" T) zu einem festgesetzten Preis („Ausübungspreis", „Exercise Price" X) entweder zu kaufen („Call") oder zu verkaufen („Put"). Kann die Option *jederzeit* ausgeübt werden, bezeichnet man sie als „amerikanische", sonst als „europäische" Option. Die Verpflichtung des Verkäufers ist dem Recht des Käufers genau entgegengesetzt. Als Gegenleistung für die Einräumung des Optionsrechtes erhält er bei Vertragsschluß die Optionsprämie, die er unabhängig von der späteren Ausübung der Option durch den Käufer behält. Diese Vertragsgestaltung erlaubt es den Parteien, Absicherungs-, Arbitrage- oder Spekulationsziele zu verfolgen.

---

[5] Bedeutende Monographien zu Optionen sind z.B. Hull, J.C. (Options, 1997); Hull, J.C. (Introduction, 1995), Kap. 7-17; Dubofsky, D.A. (Options, 1992); Jarrow, R.A./A.Rudd (Option, 1983); Cox, J.C./M. Rubinstein (Options, 1985); Hauck, W. (Optionspreise, 1991). Als interessante Hintergrundlektüre empfiehlt sich Bernstein, P.L. (Ideas, 1992), S. 203-230.
[6] Optionen werden auf eine Reihe verschiedener Vermögensgegenstände gehandelt. Börsengehandelte Optionen existieren v.a. für Aktien, Aktienindizes, Währungen, und ausgewählte Futures-Kontrakte. Daneben handeln institutionelle Marktteilnehmer am „Over-the-counter-market" eine Reihe von Optionen auf verschiedenste Basisobjekte (z.B. Währungen, Zinsinstrumente, etc.).

Im Unterschied zu anderen derivaten Finanzinstrumenten wie z.B. Future- oder Forward-Kontrakten verbrieft eine Option *ein Recht, aber keine Verpflichtung* zu einer Transaktion. Sie gibt damit dem Inhaber die Möglichkeit, von einer günstigen Entwicklung des Basisobjektes zu profitieren, ohne bei negativen Entwicklungen Verluste zu erleiden. So wird der Inhaber eines Calls auf die Aktie von Siemens mit einem Ausübungspreis von 70 DM sein Recht am Verfallstermin ausüben, wenn der Wert der Aktie über 70 DM liegt. Bei einem Kurs von z.B. 75 DM kann er die Aktie um 70 DM kaufen und um 75 DM verkaufen, erzielt also einen Gewinn von 5 DM. Steht Siemens dagegen bei 65 DM, übt er seinen Call nicht aus; der Auszahlungsbetrag der Option ist dann 0 DM. Der Wert des Calls am Ende der Laufzeit C_T ist also

$$C_T = max(S - X, 0) \qquad \text{(3-1)}$$

S ...   *Preis des Basisobjektes*

X ...   *Ausübungspreis*

Aus demselben Gedanken ergibt sich der Wert eines Puts am Ende der Laufzeit P_T als

$$P_T = max(X - S, 0) \qquad \text{(3-2)}$$

Eine Option weist damit ein *asymmetrisches Risikoprofil* auf, wie Abbildung 3-1 für das Beispiel eines Calls zeigt.[7]

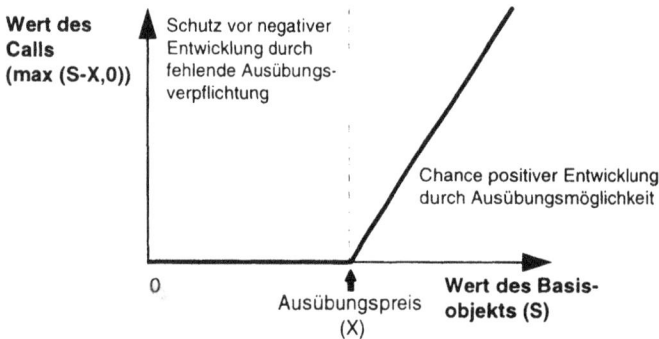

Abb. 3-1:   Asymmetrisches Zahlungsprofil am Ende der Laufzeit einer Call-Option

---

[7]   Die Zahlungsprofile verschiedener Optionstypen und -strategien finden sich z.B. in Eilenberger, G. (Finanzwirtschaft, 1994), S. 111 ff. und Müller-Möhl. E. (Optionen, 1995), S. 177 ff.

Abbildung 3-2 zeigt einige Beispiele für Optionen auf deutsche Aktien.

Basisobjekt	Aktienkurs	Optionstyp	Ausübungspreis	Restlaufzeit	Optionsprämie
Siemens	73,45	Call	75	7 Monate	2,50
		Put	70	7 Monate	2
Volkswagen St.	623	Call	600	1 Monat	32
		Put	650	1 Monat	29,50
Deutsche Bank	72,20	Call	75	4 Monate	2,20
		Put	70	4 Monate	1,60

Abb. 3-2:   Beispiele für Optionen auf deutsche Aktien (in DM)[8]

Dabei fällt auf, daß der Wert der Optionen vor dem Verfallstermin über dem Wert liegt, der sich aus den Formeln (3-1) und (3-2) ergibt. So wird z.b. eine Put-Option auf die Aktie der Siemens AG mit einer Restlaufzeit von sieben Monaten und einem Ausübungspreis von 70 DM mit 2 DM gehandelt. Siemens steht bei 73,45 DM, so daß nach (3-2) der Wert der Option - das Recht, eine Aktie, die 73,45 DM wert ist, für 70 DM zu verkaufen - 0 DM betragen müßte. Daß die Option dennoch einen Wert hat, liegt an der in der Option enthaltenen Asymmetrie von Gewinnchance und Verlustrisiko: Der Kurs von Siemens kann bis zum Verfallstermin noch unter den Ausübungspreises des Puts fallen und damit die Option „in the money" bringen.[9] Diese *Chance* wird am Markt für 2 DM gehandelt. Es stimmt zwar, daß der Kurs auch steigen könnte. Diese Möglichkeit trifft den Inhaber des Puts aber nicht in gleichem Maße: Er erhält zwar keine Zahlung und verliert seine Optionsprämie, muß aber nicht den Unterschied ausgleichen, wie das etwa bei einem Future-Kontrakt der Fall wäre. (3-1) und (3-2) geben also den Wert der Option bei sofortiger Ausübung (den sog. *„inneren Wert"*) an. Die Chance der Wertsteigerung der Option bis zum Verfallstermin wird dagegen als *„Zeitwert"* bezeichnet. Innerer Wert und Zeitwert ergeben den aktuellen Wert einer Option. Während der innere Wert leicht nach (3-1) und (3-2) bestimmt werden kann, müssen zur Berechnung des Zeit- und damit des Optionsgesamtwertes die in Kapitel 3.3.1 dargestellten Modelle herangezogen werden.

---

[8]   Vgl. Frankfurter Allgemeine Zeitung vom 16.11.1996, S. 28.

[9]   Optionen, die nach den Formeln (3-1) und (3-2) einen positiven Wert aufweisen, werden als „in the money" bezeichnet. Liegt der Preis des Basisobjektes nahe am Ausübungspreis, spricht man von „at the money" Optionen. Schließlich sind Optionen „out of the money", die nach (3-1) und (3-2) einen Wert von 0 haben.

3.2.2   HANDLUNGSSPIELRÄUME ALS OPTIONEN AUF REALE AKTIVA

Die konzeptionelle Analogie zwischen Handlungsspielräumen und Finanzoptionen beruht auf der Ähnlichkeit der Auszahlungs- und Risikostruktur: Wie bei einer Option hat das Unternehmen das Recht, aber nicht die Verpflichtung, den Handlungsspielraum auszuüben, und wie bei einer Option gibt dieses Recht dem Unternehmen die Chance, von guten Entwicklungen zu profitieren, ohne bei schlechten Verluste zu erleiden.

So räumt der Vertrag Oilquest für die Vertragsdauer (die Laufzeit der Option) das Recht ein, durch Zahlung der Erschließungs- und Förderkosten (des Ausübungspreises) den Barwert der Brutto-Cash-Flows (das Basisobjekt) zu erwerben, ohne das Unternehmen zur Investition zu verpflichten. Vergleichbar dem Inhaber einer Finanzoption wird Oilquest diese Investition bis zum vertraglich letztmöglichen Zeitpunkt hinauszögern[10] und dann durchführen, wenn der Barwert der Brutto-Cash-Flows die Investitionsausgaben übersteigt, und andernfalls vom Vorhaben Abstand nehmen. Das Projekt weist damit die asymmetrische Zahlungsstruktur einer Option auf (Abbildung 3-3).

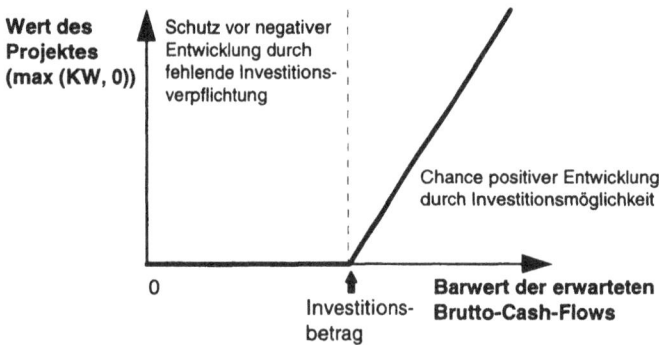

Abb. 3-3:   Asymmetrisches Zahlungsprofil einer Verzögerungsmöglichkeit im letztmöglichen Entscheidungszeitpunkt

---

[10]   Vereinfachend wird hier von Dividendenzahlungen abgesehen, unter denen eine frühzeitige Investition (vergleichbar der vorzeitigen Ausübung einer amerikanischen Option) optimal sein kann. Vgl. dazu die folgenden Ausführungen.

Anhand dieser Abbildung kann der Fehler im Denkansatz der Kapitalwertmethode veranschaulicht werden: Sie bewertet eine Option so, als ob ihr Inhaber sie ausüben *müßte*. Ist die Option „in the money", ermittelt die Kapitalwertmethode den inneren Wert der Option, vernachlässigt also den Zeitwert und kommt damit zur irrationalen und (zeit-)wertvernichtenden Empfehlung der sofortigen Ausübung (Investition). Ist die Option „out of the money", resultiert die Kapitalwertmethode in negativen Werten, die aber für eine Option als bloßes Recht ohne Verpflichtung schlechthin unmöglich sind.

Ausgehend von Abbildung 3-3 lassen sich leicht praktische *Beispiele* für die Interpretation von Handlungsspielräumen als Optionen auf reale Aktiva finden. So kann die Möglichkeit, aufgrund eines *Markteintritts* weitere Folgeinvestitionen durchzuführen, als Call auf den Brutto-Cash-Flow dieser Folgeinvestitionen interpretiert werden. Dieser Call wird ausgeübt, falls sich der Markt günstig entwickelt, und erhöht den Wert der ursprünglichen Markteintrittsinvestition. Die *Erprobung eines neuen Produktes auf einem Testmarkt* enthält sowohl einen Call als auch einen Put: Erfüllt das Produkt nicht die Erwartungen, kann es verworfen werden - ein Put auf die Brutto-Cash-Flows des Produktes mit einem Ausübungspreis in Höhe der ersparten Kosten einer breiten Markteinführung. Erweist es sich dagegen als erfolgreich, wird es auf dem gesamten Markt angeboten, was der Ausübung eines Calls auf die Brutto-Cash-Flows der breiten Markteinführung mit einem Ausübungspreis in Höhe der Einführungskosten entspricht.   Ein weiteres Beispiel findet sich in der *Pharmaindustrie*. So muß in den USA die Entwicklung bestimmter Medikamente in den Phasen Grundlagenforschung, vorklinische Prüfung, Testphase I und Testphase II erfolgen.[11] Sind z.B. die Ergebnisse der vorklinischen Prüfung nicht sehr vielversprechend, kann das Unternehmen auf die Durchführung der folgenden Phasen verzichten. Es übt dann einen Put auf die Brutto-Cash-Flows eventueller Forschungsresultate mit einem Ausübungspreis in Höhe der ersparten Forschungsaufwendungen aus. Ist die Phase dagegen erfolgreich, setzt das Unternehmen die Forschungen fort, übt also seinen Call auf die nächste Stufe aus.

---

[11] Vgl. z.B. die Darstellung bei Copeland, T. et al. (Valuation, 1996), S. 482 f.

Abbildung 3-4 konkretisiert die Analogie zwischen Finanzoptionen und Optionen auf reale Aktiva (sog. „Realoptionen").

Optionsterminologie	Finanzoption (Aktie)	Realoption
Wert des Basisobjektes S	Aktienkurs	Bruttoprojektwert (Barwert der Brutto-Cash-Flows)
Ausübungspreis X	Ausübungspreis	Barwert der Investitionsausgaben
Laufzeit T	Laufzeit	Zeitspanne, in der die Investitions-möglichkeit offensteht
Volatilität σ	Standardabweichung des Aktienkurses	Standardabweichung des Bruttoprojekt-wertes
Risikoloser Zinssatz r	Risikoloser Zinssatz	Risikoloser Zinssatz
Dividenden D	Dividenden	Entgangene Brutto-Cash-Flows; Wettbewerbseffekte; Convenience yield

Abb. 3-4:   Analogie zwischen Finanz- und Realoption

Die Rolle der *Dividenden* bedarf einer genaueren Erklärung: Bei Aktienoptionen stehen Dividenden dem Halter der Aktie, nicht aber dem Inhaber der Option zu. Bei Realoptionen sind damit als Dividendenanalogie Zahlungsströme zu sehen, die dem Inhaber der Investition - des Basisobjektes - zugute kommen, dem Inhaber der Investitionsmöglichkeit - der Option - aber entgehen. Es lassen sich drei Fälle solcher dividendenähnlichen Zahlungen denken:

- *Investitionszeitpunktgebundene Cash-Flows:* In bestimmten Situationen lassen sich die Brutto-Cash-Flows des Projektes nicht einfach in die Zukunft verschieben, also bei späterer Ausübung in genau derselben Form erzielen. Dies ist denkbar, wenn die Absatzmöglichkeiten des Produktes an bestimmte Zeitpunkte gebunden sind, wie z.B. bei stark trendabhängigen Konsumgütern oder bei Kunden, die auf Lieferung zu einem bestimmten Zeitpunkt bestehen. Auch eine Vertragsstrafe wegen nichteingehaltener Liefertermine fällt in diese Gruppe.

- *Lagererträge (Net Convenience Yield):* Bei Rohstoffen und ähnlichen Gütern ergibt sich ein Teil des Nutzens als sog. „Net Convenience yield", dem Vorteil der physischen Lagerhaltung des Gutes. Der Inhaber einer Option auf eine Investition, die solche Güter zum Inhalt hat (z.b. die Möglichkeit, Erdölvorkommen zu entwickeln), kann diesen Nutzen nicht erzielen - ihm entgeht die „Dividende" des physischen Objektes (vgl. Kapitel 3.3.1.2.5 und die Fallstudie in Kapitel 4.2.5).

- *Wettbewerbseffekte:* Die Brutto-Cash-Flows werden durch den Eintritt von Wettbewerbern reduziert, weil das Unternehmen die Chance nicht sofort selbst ergreift. Würde das Unternehmen sofort investieren (hielte es also das Basisobjekt anstelle der Option), könnte es solche Wettbewerbseffekte (z.T.) abwehren. Kapitel 4.3 beschäftigt sich ausführlich mit den Folgen solcher wettbewerbsinduzierten „Dividendenzahlungen".

Der letzte Punkt weist bereits auf *Grenzen der Analogie zwischen Finanzoptionen und Handlungsspielräumen* hin. Diese Grenzen ergeben sich v.a. aus Wettbewerbseffekten, aus Interaktionen zwischen mehreren Realoptionen und aus der geringen Handelbarkeit von Realoptionen.

Finanzoptionen stehen nur einem einzigen Inhaber offen, sind also in diesem Sinn *exklusiv*. Dies kann auch auf bestimmte Realoptionen zutreffen. So mag z.B. die Investitionsmöglichkeit in ein neues Medikament durch ein Patent geschützt sein. Häufiger aber eröffnen sich Investitionsmöglichkeiten mehreren Unternehmen zugleich und können von jedem der Wettbewerber ergriffen werden. Die Einführung eines neuen Produktes ist ein Beispiel für solche *offenen* Optionen. In diesem Fall muß das *Wettbewerbsverhalten* explizit ins Kalkül einbezogen werden.

Während Finanzoptionen zumeist isoliert betrachtet werden können, sind bei Realoptionen oft *Interaktionen* von Bedeutung. So führt die Ausübung von Realoptionen häufig zu neuen

Investitionsmöglichkeiten, die wieder als Realoptionen modelliert werden können. Diese *verbundenen Optionen* sind also Optionen auf Optionen und müssen als Glieder in einer Kette von zusammenhängenden Investitionsprojekten betrachtet werden, was die Analyse kompliziert. Zudem enthalten einzelne Investitionsprojekte oft mehrere Realoptionen gleichzeitig. Dies kann zu veränderten Ausübungswahrscheinlichkeiten und Bewertungsparametern führen und muß in der Projektbewertung berücksichtigt werden.[12]

Schließlich werden Finanzoptionen börsentäglich an zumeist relativ effizienten Finanzmärkten *gehandelt*. Ihr Inhaber kann daher ihren Wert durch Verkauf realisieren, wenn er Wertverluste in der Zukunft fürchtet; eine Ausübung der Option wäre eine irrationale Vergeudung des Zeitwertes. Realoptionen werden dagegen i.d.R. nicht gehandelt. Um einer Verringerung des Optionswertes (z.B. der Entwertung einer Markteintrittschance durch Wettbewerbseffekte) entgegenzutreten, bleibt dem Unternehmen oft nur die vorzeitige Ausübung der Option (z.B. der sofortige Markteintritt, um dem Wettbewerb zuvorzukommen). Das bedeutet, daß in bestimmten Situationen ein Teil des Zeitwertes von Realoptionen nicht realisiert werden kann.

Trotz dieser Einschränkungen bleibt festzuhalten, daß eine grundsätzliche konzeptionelle Analogie zwischen Finanzoptionen und Handlungsspielräumen besteht. Im nächsten Abschnitt wird geprüft, ob diese Analogie den Weg zu einer *Quantifizierung* des Wertes von Handlungsspielräumen ebnet. Dazu werden die wesentlichen Modelle zur Bewertung von Finanzoptionen dargestellt und ihre Übertragbarkeit auf Realoptionen geprüft.

---

[12]   Beide Phänomen sind allerdings auch im Finanzoptionsbereich bekannt, wo z.B. Optionen auf Devisenoptionen verbundene Optionen darstellen und die Analyse von „Callable convertible bonds" Interaktionen zwischen den enthaltenen Optionen erfassen muß. Vgl. Eilenberger, G. (Finanzinnovationen, 1996).

3.3   ANWENDBARKEIT DER FINANZOPTIONSTHEORIE AUF HANDLUNGS-SPIELRÄUME

3.3.1   GRUNDZÜGE DER FINANZOPTIONSTHEORIE

3.3.1.1   MODELLUNABHÄNGIGE WERTGRENZEN

Optionspreismodelle zur Ermittlung des exakten Optionswertes basieren auf z.T. relativ strengen Annahmen. Allerdings hat *Merton* schon früh gezeigt, daß sich bereits auf der Basis einfacher Dominanzüberlegungen[13] grundlegende Aussagen über den Optionswert treffen lassen, die unabhängig von zusätzlichen Annahmen gelten.[14] Dieses System notwendiger Bedingungen resultiert in Ober- und Untergrenzen des Optionswertes, die herangezogen werden können, wenn die Anwendbarkeit der Optionspreismodelle aufgrund möglicher Verletzungen der Annahmen in Frage gestellt ist. Im folgenden werden diese Bedingungen überblicksartig dargestellt, ohne allerdings das jeweilige Arbitrageargument im Detail darzulegen. Dabei gilt folgende Notation:

S ... Wert des Basisobjektes

X ... Ausübungspreis

τ ... Laufzeit der Option

c, p (S, τ, X) ... Wert eines europäischen Calls bzw. Puts in Abhängigkeit von S, X und τ

C, P (S, τ, X) ... Wert eines amerikanischen Calls bzw. Puts in Abhängigkeit von S, X und τ

B1   Der Wert einer Option ist nicht-negativ.

$$C(S,\tau,X) \geq 0$$
$$c(S,\tau,X) \geq 0$$
$$P(S,\tau,X) \geq 0$$
$$p(S,\tau,X) \geq 0$$

---

[13]   Vermögensgegenstandes A dominiert Vermögensgegenstand B, wenn A in jedem Umweltzustand mindestens ebenso hohe, in mindestens einem Zustand höhere Auszahlungen als B aufweist.

[14]   Merton, R.C. (Theory, 1973)

B2   Am Verfallstermin beträgt der Wert eines Calls max (S-X,0). Für einen Put gilt max (X-S,0).

$$C(S,0,X) = c(S,0,X) = max(S - X,0)$$
$$P(S,0,X) = p(S,0,X) = max(X - S,0)$$

B3   Der Wert einer amerikanischen Option muß mindestens ihren aktuellen inneren Wert betragen.

$$C(S,\tau,X) \geq max(S - X,0)$$
$$P(S,\tau,X) \geq max(X - S,0)$$

B4   Eine amerikanische Option mit längerer Laufzeit ist mindestens so viel wert wie eine Option mit kürzerer Laufzeit und ansonsten identischen Eigenschaften.

$$C(S,\tau_1,X) \geq C(S,\tau_2,X) \; mit \; \tau_1 > \tau_2$$

B5   Eine amerikanische Option ist mindestens so viel wert wie eine ansonsten identische europäische Option.

$$C(S,\tau,X) \geq c(S,\tau,X)$$
$$P(S,\tau,X) \geq p(S,\tau,X)$$

B6   Ein Call mit einem tieferen Ausübungspreis ist mindestens so viel wert wie ein ansonsten identischer Call mit höherem Ausübungspreis.

$$C(S,\tau,X_1) \geq C(S,\tau,X_2)$$
$$c(S,\tau,X_1) \geq c(S,\tau,X_2) \; mit \; X_1 < X_2$$

B7   Ein Call kann nicht mehr wert sein als das Basisobjekt.

$$C(S, \tau, X) \leq S$$

B8   Ein Call ist wertlos, wenn das Basisobjekt wertlos ist.

$$C(0, \tau, X) = c(0, \tau, X) = 0$$

B9   Der Wert eines Calls auf ein Basisobjekt ohne Dividendenzahlungen entspricht mindestens dem Wert des Basisobjektes minus dem Barwert des Ausübungspreises.

$$c(S, \tau, X) \geq max(S - e^{-r\tau} X, 0)$$

B10   Ein amerikanischer Call auf ein Basisobjekt ohne Dividendenzahlungen wird nie vor dem Verfallstermin ausgeübt. Sein Wert entspricht damit dem eines ansonsten identischen europäischen Calls.

$$C(S, \tau, X) = c(S, \tau, X) \text{ ohne Dividenden}$$

B11   Wenn das Basisobjekt Dividenden zahlt, ist die frühzeitige Ausübung eines amerikanischen Calls u.U. rational.

B12   Ein Call mit unendlicher Laufzeit ist gleich viel wert wie das Basisobjekt.

$$C(S, \infty, X) = S$$

B13   Zwischen dem Wert eines europäischen Calls und dem eines europäischen Puts mit identischem Ausübungspreis und identischer Laufzeit besteht eine logische Beziehung, die sog. *„Put-Call Parität"*: Der Wert eines Puts entspricht dem Wert eines Portfolios aus Call, einer Short-Position in einer Einheit des Basisobjektes, und dem Barwert einer risikolosen Nullkuponanleihe mit Nominale X.

$$p(S, \tau, X) = c(S, \tau, X) - S + e^{-r\tau} X$$

Aus diesen Bedingungen läßt sich ein *Korridor möglicher Optionspreise* und eine plausible Form der Beziehung zwischen Optionspreis und Preis des Basisobjektes ableiten (vgl. Abbildung 3-5 für eine Call-Option).

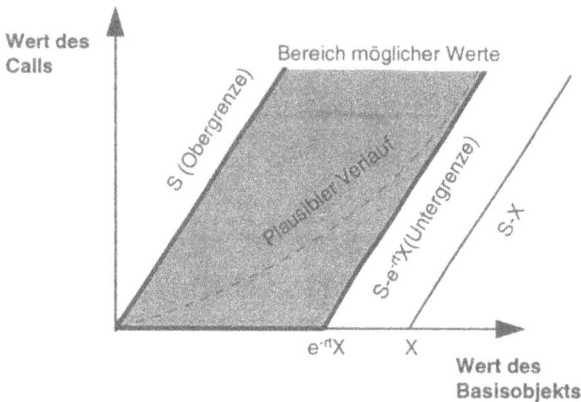

Abb. 3-5:   Bereich möglicher Optionswerte und plausible Preisfunktion eines Calls

Für eine genaue Bestimmung des Optionswertes müssen allerdings weitergehende Optionspreismodelle herangezogen werden.

3.3.1.2   OPTIONSBEWERTUNGSMODELLE

3.3.1.2.1   ÜBERBLICK UND ANNAHMEN

Optionsbewertungsmodelle sollen exakte Aussagen über den Optionswert ermöglichen. Dabei lassen sich zwei Ansätze unterscheiden[15]:

• *Ökonometrische Modelle* wollen durch statistische Auswertung historischer Daten preisbildende Zusammenhänge aufdecken. Sie zielen damit eher auf die Ermittlung empirischer Regelmäßigkeiten als auf die Ableitung eines theoretisch „richtigen" Optionspreises ab. *Hauck* spricht treffenderweise von „A posteriori-Modellen".[16]

• *Gleichgewichtsmodelle* haben dagegen gerade die Bestimmung eines theoretisch richtigen Optionspreises zum Inhalt. Sie basieren auf Aktienkursverlaufshypothesen und der Annahme, daß Arbitragemöglichkeiten im Kapitalmarktgleichgewicht nicht existieren.[17] Im Unterschied zu den *partiellen Gleichgewichtsmodellen*[18], die auf Annahmen über Zeit- und Risikopräferenzen der Marktteilnehmer beruhen und damit keinen Anspruch auf Allgemeingültigkeit erheben können, erlauben die *vollständigen Gleichgewichtsmodelle* eine präferenzunabhängige Ermittlung des Optionswertes. Vollständige Gleichgewichtsmodelle haben sich sowohl in Wissenschaft als auch Praxis durchgesetzt und sind Gegenstand der weiteren Ausführungen.

---

[15]   Eilenberger, G. (Finanzinnovationen, 1996), S. 312; Perridon, L./M. Steiner (Finanzwirtschaft, 1995), S. 297 f. *Hauck* gibt einen detaillierten Überblick über die Entwicklungsstufen der Optionspreistheorie. Hauck, W. (Optionspreise, 1991), S. 161 ff.
[16]   Hauck, W. (Optionspreise, 1991), S. 163.
[17]   Vgl. zu einer detaillierten Diskussion dieser sog. „No-Arbitrage-Condition" Varian, H.R. (Arbitrage, 1987).
[18]   Vgl. z.B. Sprenkle, C.M. (Warrant, 1961); Samuelson, P.A. (Theory, 1970).

Die im folgenden dargestellten Optionspreismodelle beruhen auf einigen zentralen Annahmen[19]:

1. Vollkommener Kapitalmarkt. Transaktionskosten und Steuern werden vernachlässigt, alle Wertpapiere sind beliebig teilbar, Kreditaufnahme und Mittelanlage sind zu einem konstanten und einheitlichen Zinssatz unbeschränkt möglich.

2. Der risikolose Zinssatz ist über die Laufzeit der Option konstant oder zumindest bekannt. Soll- und Habenzinssatz sind identisch.

3. Falls Dividenden anfallen, ist deren Höhe und zeitliche Struktur bekannt.

4. Das Basisobjekt folgt einem stochastischen Prozeß, der bekannt ist.

5. Investoren handeln rational und ziehen ein größeres Vermögen einem kleineren vor.

Zunächst werden die Grundprinzipien der Optionsbewertung entwickelt und das *Binomialmodell von Cox et al.* und das *Modell von Black/Scholes* als grundlegende Ansätze vorgestellt. Anschließend werden Modelle zur Bewertung komplexerer Optionen diskutiert, die im Realoptionsbereich relevant sein könnten.

3.3.1.2.2 DIE GRUNDPRINZIPIEN: DUPLIZIERENDES PORTFOLIO UND RISIKONEUTRALE BEWERTUNG

Aus (3-1) und (3-2) ist leicht ersichtlich, daß die Beziehung zwischen Optionswert und dem Wert des Basisobjektes nicht linear, sondern asymmetrisch verläuft. Diese Asymmetrie stellt das grundlegende Problem der Optionsbewertung dar.[20]

Die Lösung dieses Problems erfolgt durch das *Konzept der dynamischen Replikation* (*„Pricing by Duplication"*)[21]: Es ist möglich, ein sog. „duplizierendes Portfolio" aus Basisobjekt und Kreditaufnahme zu konstruieren, das die Auszahlung der Option in jedem

---

[19] Vgl. z.B. Hauck, W. (Optionspreise, 1991), S. 168 ff.
[20] Zu grundlegenden Problemen der Bewertung derivater Instrumente und Lösungsansätzen vgl. z.B. Rubinstein, M. (Derivative Assets, 1987), und Smith, C.W. (Pricing, 1976).
[21] Dieses Prinzip geht auf *Fischer Black, Myron Scholes* und *Robert Merton* zurück. Vgl. Black, F./M. Scholes (Pricing, 1973) und Merton, R.C. (Theory, 1973).

möglichen Umweltzustand exakt nachbildet. Da die Zahlungsströme aus diesem Portfolio und der Option gleich sind, muß in der Abwesenheit von Abritrage-Möglichkeiten auch der Preis der beiden Positionen identisch sein. Damit läßt sich der Wert der Option aus den - ja bekannten - Werten von Basisobjekt und Anleihe ermitteln.

Dieses für die Bewertung aller derivaten Instrumente fundamentale Prinzip soll am einfachen Beispiel einer Kaufoption auf eine Aktie mit Ausübungspreis in Höhe von 90 DM und einer Laufzeit von einer Periode dargestellt werden. Die der Option zugrundeliegende Aktie S wird heute für 80 DM gehandelt, die zukünftige Aktienkursentwicklung ist unsicher. Vereinfachend wird unterstellt, daß S am Ende der Periode nur einen von zwei möglichen Werten annehmen kann: Mit einer Wahrscheinlichkeit von q steigt S auf Su = 104 DM, mit 1-q fällt S auf Sd = 64 DM. Abbildung 3-6 zeigt den möglichen Kursverlauf.

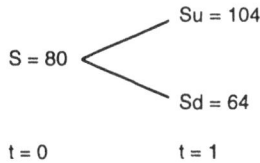

$$S = 80 \begin{cases} Su = 104 \\ Sd = 64 \end{cases}$$

$$t = 0 \qquad\qquad t = 1$$

Abb. 3-6:   Möglicher Aktienkursverlauf

Der Wert der Option mit Ausübungszeitpunkt am Ende von Periode 1 hängt davon ab, welchen der beiden Werte S annimmt (Abbildung 3-7).

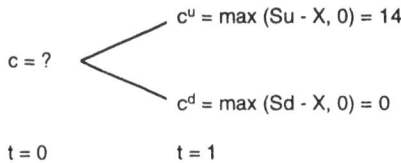

$$c = ? \begin{cases} c^u = \max(Su - X, 0) = 14 \\ c^d = \max(Sd - X, 0) = 0 \end{cases}$$

$$t = 0 \qquad\qquad t = 1$$

Abb. 3-7:   Mögliche Werte des Calls zum Ausübungszeitpunkt

Die Frage ist nun, was der Call *heute* wert ist. Um dies zu ermitteln, wird ein Portfolio aus Aktie S und Kreditaufnahme B (zum risikolosen Zinssatz r) gebildet, das in jedem Umweltzustand (also sowohl unter Su als auch unter Sd) den Wert des Calls exakt nachbildet. Dann muß gelten:

$$\Delta Su - B \times e^{r\tau} = c^u$$
$$\Delta Sd - B \times e^{r\tau} = c^d$$

(3-3)

Setzt man die Werte für Su, Sd, c^u, und c^d ein und unterstellt einen risikolosen Zinssatz von 10%, so erhält man $\delta = 0{,}35$ und $B = 20{,}27$. Dies bedeutet, daß ein Portfolio aus 0,35 Aktien und einer Kreditaufnahme von 20,27 DM unter allen möglichen Umweltzuständen exakt gleich viel wert ist wie der Call (Abbildung 3-8).[22]

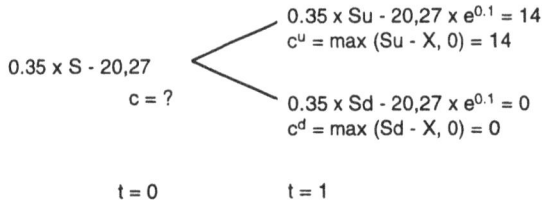

```
                                    ⟨  0.35 x Su - 20,27 x e^0.1 = 14
                                       c^u = max (Su - X, 0) = 14
          0.35 x S - 20,27
               c = ?
                                    ⟨  0.35 x Sd - 20,27 x e^0.1 = 0
                                       c^d = max (Sd - X, 0) = 0

               t = 0                       t = 1
```

Abb. 3-8: Wert des duplizierenden Portfolios und des Calls nach einer Periode

Da der Wert der Aktie (80 DM) und der Kreditaufnahme (20,27 DM) in t = 0 bekannt sind, kann nun der aktuelle Wert des Calls ermittelt werden: 0,35 x 80 - 20,27 = 7,73 DM. Jeder andere Preis würde die Möglichkeit eröffnen, durch Arbitragegeschäfte risikolose Gewinne zu erzielen. Das Bewertungsproblem wird durch synthetische Erzeugung der Option und Arbitrageüberlegungen gelöst.[23]

Eine *allgemeine Formel* für den Wert des Calls kann abgeleitet werden, indem man das duplizierende Portfolio wie folgt umformt:

$$\Delta S - B = c \Leftrightarrow$$
$$\Delta S - c = B$$

(3-4)

Aus der Position im Basisobjekt und einer „Short"-Position im Call kann also eine risikolose Anleihe gebildet werden. Aus (3-2) erhält man

---

[22] Die Anzahl der Einheiten des Basisobjektes im Portfolio, Δ, wird als „Delta" oder „Hedge ratio" der Option bezeichnet und spielt in der Optionspreistheorie eine wichtige Rolle. Δ errechnet sich als $\Delta = (c^u - c^d)/(u-d)S$ und ist damit ein Maß für die Reagibilität des Optionswertes in bezug auf Veränderungen des Basisobjektes.

[23] Ein Put kann dementsprechend durch ein Portfolio aus Mittelanlage zum risikolosen Zinssatz und „Short"-Position im Basisobjekt repliziert werden.

$$dSu - c^u = B \times e^{rt} \Leftrightarrow$$
$$(dSu - c^u) \times e^{-rt} = B \tag{3-5}$$

Nach (3-4) und (3-5) muß gelten

$$(\delta Su - c^u) \times e^{-rt} = \delta S - c \tag{3-6}$$

Setzt man (3-3) in (3-6) ein und vereinfacht, erhält man als Formel für den Wert des Calls

$$c = e^{-rt}\left[wc^u + (1-w)c^d\right]$$
$$w = \frac{e^{rt} - d}{u - d} \tag{3-7}$$

Für das obige Beispiel gilt u = 1,3, d = 0,8, rt = 0,1, c^u = 14, c^d = 0. Damit ergibt sich w = 0,61 und der bereits errechnete Call-Wert von c = 7,73 DM.

Preisformel (3-7) ist für die Optionsbewertung von fundamentaler Bedeutung. An ihr fällt auf, daß der Wert der Option nicht von der Wahrscheinlichkeit einer Auf- bzw. Abwärtsbewegung des Basisobjektes abhängt. Dies liegt daran, daß die Option mit Hilfe des Basisobjektes im duplizierenden Portfolio bewertet wird, so daß die Wahrscheinlichkeit zukünftiger Preisbewegungen des Basisobjektes bereits in dessen Bewertung erfaßt ist. Aus dem gleichen Grund enthält (3-7) keinen Term, der von der Risikopräferenz der Marktteilnehmer abhängt. Dies führt zu einem zweiten Kernargument der Bewertung derivativer Instrumente, der *risikoneutralen Bewertung*.

Da der Wert einer Option nicht von Risikopräferenzen abhängt, kann die Bewertung jede beliebige Risikopräferenz unterstellen. Insbesondere kann das Modell einer risikoneutralen Welt herangezogen werden, die durch zwei interessante Eigenschaften gekennzeichnet ist: Die erwartete Rendite jedes Vermögensobjektes ist der risikolose Zinssatz, und jeder Zahlungsstrom kann unter Vernachlässigung von Risikoprämien mit dem risikolosen Zinssatz diskontiert werden.

Dies bedeutet für die Optionsbewertung, daß als erwartete Rendite des Basisobjektes der risikolose Zinssatz unterstellt werden darf, was eine bestimmte Wahrscheinlichkeit von

Auf- bzw. Abwärtsbewegungen und damit eine bestimmte Wahrscheinlichkeitsverteilung der Basisobjektpreise am Verfallstermin der Option impliziert. Mit Hilfe dieser Wahrscheinlichkeitsverteilung kann der Erwartungswert des Optionswertes am Verfallstermin errechnet werden. Der heutige Wert der Option errechnet sich in der unterstellten risikoneutralen Welt, indem dieser Erwartungswert mit dem risikolosen Zinssatz diskontiert wird. Die Wahrscheinlichkeit w aus (3-7) kann also als *risikoneutrale Wahrscheinlichkeit*, d.h. als Wahrscheinlichkeit einer Aufwärtsbewegung des Basisobjektes in einer risikoneutralen Welt, interpretiert werden.[24,25] Diese Idee der risikoneutralen Bewertung vereinfacht die Bewertung derivater Kontrakte enorm.

An dem vereinfachten Beispiel einer Option mit einer Periode Laufzeit auf ein Basisobjekt mit nur zwei möglichen zukünftigen Ausprägungen konnten die Grundprinzipien der Optionsbewertung dargestellt werden. Im folgenden werden Modelle dargestellt, die diese Grundideen auf realistischere Verhältnisse übertragen. Dabei wird zuerst immer der Fall europäischer Optionen auf Basisobjekte ohne Dividendenzahlungen untersucht, der dann um Dividenden und schließlich um die vorzeitige Ausübbarkeit der Optionen erweitert wird.

3.3.1.2.3 DAS BINOMIALMODELL VON COX ET AL.

Im letzten Abschnitt wurde unterstellt, daß das Basisobjekt nur *eine* Bewegung - entweder nach oben oder nach unten - macht. Daraus resultierte ein einstufiger Zustandsbaum, der zur Bewertung der Option mit Hilfe der Grundgedanken der dynamischen Replikation und der risikoneutralen Bewertung herangezogen wurde. Im Binomialmodell von *Cox et al.*[26] (BOPM) wird diese unrealistische Annahme aufgegeben. Statt dessen wird angenommen,

---

[24]   Dies kann bewiesen werden, indem gezeigt wird, daß w zu einer erwarteten Rendite des Basisobjektes in Höhe des risikolosen Zinssatzes r führt: Der Erwartungswert des Basisobjektes ergibt sich als $E(S) = wSu + (1-w)Sd \Leftrightarrow E(S) = wS(u-d) + Sd$. Setzt man den Term für w aus (4-8) ein, dann gilt: $[(e^{r\tau} - d)/(u-d)]S(u-d) + Sd = Se^{r\tau}$ q.e.d. Die erwartete Rendite von S unter w ist also tatsächlich der risikolose Zinssatz r, so daß w als Wahrscheinlichkeit einer Aufwärtsbewegung in einer risikoneutralen Welt interpretiert werden kann.

[25]   In der Literatur wird die risikoneutrale Wahrscheinlichkeit üblicherweise mit „p" bezeichnet. Hier wurde „w" gewählt, um Überschneidungen mit der Notation europäischer Put-Optionen (p) zu vermeiden.

daß sich der Wert des Basisobjektes S in diskreten, zeitäquidistanten Abständen mit einer Wahrscheinlichkeit von q zu Su bzw. mit (1-q) zu Sd (mit u>1, d<1 und d = 1/u) verändert. Das BOPM unterstellt also einen sog. *multiplikativen Binomialprozeß*, wie er in Abbildung 3-9 dargestellt wird.[27, 28]

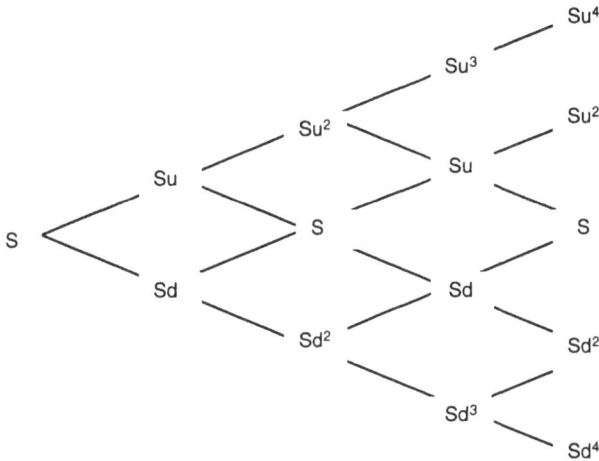

Abb. 3-9:   Multiplikativer Binomialprozeß

Die Parameter des Preisprozesses lassen sich unter der Annahme der Risikoneutralität relativ einfach ermitteln. Es gilt:

---

[26]   Cox, J. et al. (Pricing, 1979).

[27]   Eine Variable, deren Ausprägung sich im Zeitablauf zufällig ändert, wird als „stochastischer Prozeß" bezeichnet. Siehe z.B. Karlin, S./H.M.Taylor (Stochastic Processes, 1975); diess., (Stochastic Processes, 1981); Cox, D.R./Miller, H.D. (Theory, 1965). Der multiplikative Binomialprozeß ist ein Beispiel aus der Klasse der *Markov-Prozesse*, die sich dadurch auszeichnen, daß die zukünftige Wahrscheinlichkeits-verteilung der Variablen nur von ihrer aktuellen Ausprägung, nicht aber von vergangenen Werten abhängt. Ein Markov-Prozeß „hat also kein Gedächtnis". Neben dem Umstand, daß dies mit der Hypothese schwach effizienter Märkte konsistent ist, beruht die häufige Verwendung von Markov-Prozessen in ökonomischen Modellen auf ihrer relativ einfachen mathematischen Handhabbarkeit. Dixit, A.K./R.S. Pindyck (Uncertainty, 1994), S. 59-92 und Figlewski, S. (Introduction, 1977) geben einen kurzen Überblick über alternative stochastische Prozesse. Optionspreismodelle, die auf alternativen Preis-verlaufshypothesen basieren, werden z.B. in Cox, J./S.A. Ross (Valuation, 1976) diskutiert.

[28]   Die Annahme eines Preisprozesses des Basisobjektes ist notwendig, weil sich das Delta einer Option mit Veränderungen des Basisobjektes und im Zeitablauf ändert. Damit wird eine *dynamische* Replikations-strategie, d.h. eine fortlaufende Anpassung des duplizierenden Portfolios notwendig. Eine solche Anpas-

$$w = \frac{e^{rt} - d}{u - d}$$
$$u = e^{\sigma\sqrt{t}}$$ (3-8)
$$d = \frac{1}{u} = e^{-\sigma\sqrt{t}}$$

mit

σ   ...   Standardabweichung der prozentuellen Aktienkursveränderung

t   ...   Periodenlänge in Jahren

Damit können aus der Schätzung von σ und der Festlegung von t ein Binomialbaum konstruiert und die risikoneutralen Wahrscheinlichkeiten der Auf- und Abwärtsbewegungen ermittelt werden. Der Wert des Basisobjektes im i-ten Zeitintervall ergibt sich damit als $Su^j d^{i-j}$ mit j = 0, 1 ..., i als Anzahl der Aufwärtsbewegungen.

Der Optionswert am Ende des Baumes ist nach Gleichung (3-1) bzw. (3-2) bekannt. Unter Heranziehung des Gedankens der risikoneutralen Bewertung kann dieser Baum nun rekursiv gelöst werden: Der Wert der Option zum Zeitpunkt T-t ergibt sich, indem der Erwartungswert in T mit dem risikolosen Zinssatz diskontiert wird. Der Wert in T-2t kann dann durch Diskontierung des Erwartungswertes von T-t errechnet werden. Dieses Vorgehen ergibt schließlich den aktuellen Wert der Option.

Das Beispiel einer europäischen Kaufoption mit den Parametern S = 55 DM, X = 50 DM, r = 0,1, σ = 0,4, und T = 0,33 (d.h. vier Monate) soll diese Überlegung verdeutlichen. Die Laufzeit der Option wird in vier Intervalle à 1 Monat (d.h. 0,0833 Jahre) unterteilt, so daß t = 0,0833. Aus (3-8) ergibt sich:

$$u = e^{0,4\sqrt{0,0833}} = 1,1224$$
$$d = e^{-0,4\sqrt{0,0833}} = 0,8910$$
$$e^{rt} = e^{0,1\times0,0833} = 1,0084$$
$$w = \frac{1,0084 - 0,8910}{1,1224 - 0,8910} = 0,5073, \quad 1 - w = 0,4927$$

sung kann nur anhand einer Annahme über die zukünftige Preisentwicklung des Basisobjektes vorgenommen werden.

Abbildung 3-10 zeigt die resultierende Optionsbewertung. An jedem Knoten finden sich zwei Werte: Der obere gibt den Wert des Basisobjektes, der untere den Wert der Option zum entsprechenden Zeitpunkt an. Die Optionswert in Höhe von 9 DM ergibt sich durch schrittweise rekursive Lösung des Binomialbaumes.[29]

				87,3
			77,8	37,3
			28,2	
		69,3		69,3
		20,1	61,7	19,3
	61,7		12,2	
55,0	13,7	55,0		55,0
9,0		7,3	49,0	5,0
	49,0		2,5	
	4,3	43,7		43,7
		1,3	38,9	0,0
			0,0	
				34,7
				0,0

Abb. 3-10: Optionsbewertung nach Cox et al. (Beispiel)

Diesen Vorgehen kann für den Fall n diskreter Zeitpunkte durch folgende Formel zusammengefaßt werden[30]:

$$c = e^{-rn} \sum_{j=0}^{n} \frac{n!}{j!(n-j)!} w^j (1-w)^{n-j} max(u^j d^{n-j} S - X, 0)$$

Dies läßt sich vereinfachen zu

$$c = e^{-rn} \sum_{j=a}^{n} \frac{n!}{j!(n-j)!} w^j (1-w)^{n-j} u^j d^{n-j} S - X$$

und weiter zu[31]

---

[29] Der Wert des Basisobjektes errechnet sich aus der Multiplikation des Ausgangswertes (55) mit den entsprechenden Auf- bzw. Abwärtsbewegungen. So erhält man den obersten Wert im vierten Monat als 55 × $1,1224^4 = 87,3$. Der Optionswert am Ende des vierten Monats errechnet sich aus Gleichung (3-1). Für den obersten Ast gilt damit: c = max (87,3 - 50;0) = 37,3. Der Baum wird unter Verwendung von Gleichung (3-7) rückwärts gelöst, indem unter Verwendung der risikoneutralen Wahrscheinlichkeiten der Erwartungswert gebildet und dieser mit dem risikolosen Zinssatz diskontiert wird. Der oberste Wert des Calls in Monat 3 beträgt dann: $(0.5073 \times 37.29 + 0.4927 \times 19.29) \times e^{-0.1 \times 0.0833} = 28.19$. Nach schrittweiser Bewertung des Calls in den verschiedenen Knoten ergibt sich schließlich ein aktueller Wert von 9.

[30] Vgl. z.B. Hauck, W. (Optionspreise, 1991), S. 197 ff.

[31] B als komplementäre Binomialverteilung gibt die Wahrscheinlichkeit an, mit der die Option in-the-money endet.

$$c = SB(a; n, w') - Xe^{-rn} B(a; n, w)$$

$$mit$$

$$B = \sum_{j=a}^{n} \binom{n}{j} w^j (1-w)^{n-j}$$ (3-9)

$$w' = ue^{-r} w$$

$a = $ *Anzahl minimaler Kursaufwärtsbewegungen,*
bei der der Call " in - the - money" ausläuft

Die Formeln zur Bewertung europäischer Puts lassen sich analog ermitteln.

Der Preis der Option hängt damit nur von den Größen u, d, r, S und X ab, nicht aber vom Verhalten der zugrundeliegenden Aktie zu anderen Wertpapieren oder von Risikopräferenzen der Marktteilnehmer. Mit Ausnahme der möglichen Aktienrenditen u und d sind alle Parameter direkt am Markt beobachtbar.

Das BOPM eignet sich auch zur Bewertung europäischer Optionen auf Basisobjekte, die *Dividenden* ausschütten. Solche Zahlungen reduzieren den Wert des Basisobjektes[32], was sich in höheren Put- und tieferen Call-Werten niederschlägt. Die konkrete Anpassung hängt von der unterstellten Dividendenstruktur ab.

Unter Annahme eines *kontinuierlichen, konstanten und sicheren Dividendenstromes* in Höhe der annualisierten Dividendenrendite δ = D/S zerlegt *Merton*[33] den Kurs des Basisobjektes in eine risikolose und eine risikobehaftete Komponente. Der risikolose Teil ergibt sich als der unter Verwendung des risikolosen Zinssatzes[34] ermittelte Barwert aller während der Laufzeit der Option zu zahlenden Dividenden. Dieser Wert wird vom Kurs des Basisobjektes abgezogen. Für den verbleibenden, riskanten Teil gilt dann wieder das BOPM. Auf diese Weise ergibt sich folgende Formel:

---

[32] Aus steuerlichen Gründen wird der Kursverlust oft geringer ausfallen. Im folgenden ist mit „Dividende" der tatsächliche Kursrückgang der Aktie gemeint.

[33] Merton. R.C. (Theory, 1973)

[34] Dies deshalb, weil unterstellt wird, daß die Dividendenzahlungen sowohl hinsichtlich Zeitpunkt als auch Höhe bekannt, d.h. sicher sind.

$$c = e^{-rn} \sum_{j=a}^{n} \frac{n!}{j!(n-j)!} w^j (1-w)^{n-j} u^j d^{n-j} (1-\delta)^m S - X$$

mit $\qquad\qquad\qquad\qquad\qquad\qquad\qquad\qquad\qquad\qquad$ (3-10)

m = Anzahl der Dividendenzahlungen vor Fälligkeit der Option

Für den Fall *diskreter* Dividendenzahlungen $D_1, ..., D_n$ existiert keine allgemeine Formel. Statt dessen muß der Binomialbaum des Basisobjektes um den Einfluß der Dividenden korrigiert und der Optionswert durch rekursive Anwendung von Formel ... errechnet werden.

Schließlich lassen sich auch *amerikanische Optionen* anhand des BOPM bewerten. Wie bereits dargestellt, entspricht der Wert eines amerikanischen Calls in der Abwesenheit von Dividenden dem eines ansonsten identischen europäischen Calls. Fallen dagegen Dividendenzahlungen an, muß die optimalen Ausübungsstrategie ermittelt werden. Dies geschieht, indem Formel (3-7) rekursiv angewendet und der erhaltene Wert in jeder Periode mit dem Wert bei sofortiger Ausübung verglichen wird. Der Wert eines amerikanischen Calls beträgt also

$$C = max\left[e^{-rt}\left(wC^u + (1-w)C^d \right), S - X \right] \qquad\qquad (3-11)$$

Dieser Wert wird dann der weiteren Rekursion zugrundegelegt. Amerikanische Puts werden ebenso bewertet, wobei gilt:

$$P = max\left[X - S, e^{-rt}\left(wP^u + (1-w)P^d \right) \right] \qquad\qquad (3-12)$$

Der große Vorteil des BOPM liegt in seiner enormen Flexibilität: Amerikanische Optionen, aber auch Optionen auf Basisobjekte, die anderen stochastischen Prozessen folgen, können durch Ermittlung des Binomialbaumes und rekursiver Anwendung von Formel (3-7) bzw. (3-11) relativ einfach bewertet werden.[35] Zudem kann der Wert von Optionen, deren Bewertung sich einer geschlossenen analytischen Lösung entzieht (was z.B. für die meisten

---

[35] Vgl. hierzu Cox, J.C./Rubinstein, M. (Options, 1985), Kap. 7, sowie Cox, J.C./S.A. Ross (Valuation, 1976), Brenner, M. (Option, 1983), Kap. 1, und Jarrow, R.A./A.Rudd (Option, 1983), Kap. 11 und 12.

amerikanischen Puts gilt), mit Hilfe des BOPM approximiert werden.[36] Diese Flexibilität ist gerade bei der Bewertung von Realoptionen von entscheidender Bedeutung.

3.3.1.2.4 DAS MODELL VON BLACK/SCHOLES

Das BOPM geht von Kursänderungen zu diskreten Zeitpunkten aus. Viele Basisobjektes ändern ihren Wert aber *kontinuierlich*. *Black/Scholes* berücksichtigten dies, indem sie die Bewegung des Basisobjektes als stetigen stochastischen Prozeß modellierten, nämlich als *Geometrische Brown'sche Bewegung*.[37] Dieser stochastische Prozeß ist dadurch gekennzeichnet, daß die prozentuellen Veränderungen von S konstanten Erwartungswert und Varianz aufweisen.[38,39]

Durch Anwendung der Idee der dynamischen Replikation[40] erhielten sie eine grundlegende partielle Differentialgleichung, die für alle derivaten Instrumenten gilt:

$$\frac{1}{2}\sigma^2 S^2 C_{SS} + rSC_S - C_\tau - rC = 0 \qquad (3\text{-}13)$$

---

[36] Vgl. z.B. Hauck, W. (Optionspreise, 1991), S. 192. Im Unterschied zum folgenden BSOPM verfolgt das BOPM keine analytische Lösung des Optionsbewertungsproblems, sondern ist ein sog. numerisches Verfahren. Vgl. für weitere numerische Verfahren die Nachweise bei Dubofsky, D.A. (Options, 1992), S. 206 f.

[37] Vgl. als gut lesbare Einführung die Übersicht in Dixit, A.K./R.S. Pindyck (Uncertainty, 1994), S. 59-92 und Figlewski, S. (Introduction, 1977).

[38] D.h. $\ln X \sim N(...)$. Dies ist der Unterschied zur Arithmetischen Brown'schen Bewegung, bei der die *absoluten* Veränderungen von X normalverteilt und damit negative Werte von X möglich sind. Da Aktien aber das grundlegende Merkmal beschränkter Haftung ihrer Inhaber aufweisen und damit keine negativen Werte annehmen können, eignet sich dieser stochastische Prozeß nicht zur Modellierung der Aktienkursentwicklung.

[39] Die mathematische Formulierung lautet: $dX = aXdt + bXdz \Leftrightarrow dX/X = adt + bdz$. z ist der sog. *Wiener Prozeß*, für den gilt: $dz = \varepsilon\sqrt{dt}$ mit $\varepsilon \sim N(0,1)$. z ist also normalverteilt mit Erwartungswert 0 und Varianz dt und wird verwendet, um die Zufallskomponente, das „Rauschen" in der Bewegung der Variablen zu modellieren. Die Komponente aXdt gibt dagegen den Trend der Bewegung an.

[40] Die *Black/Scholes*-Formel kann auf verschiedenen Wegen hergeleitet werden:
- Durch einen Grenzübergang erhält man den gesuchten Ausdruck direkt aus dem BOPM. Die *Black/Scholes*-Formel läßt sich also als kontinuierlicher Grenzfall der diskreten Bewertungsformel interpretieren.
- Mit der risikoneutralen Bewertung läßt sich die Optionspreisformel über den Erwartungswert allgemeingültig bestimmen.
- Sie ergibt sich auch aus einem verallgemeinerten „Consumption CAPM"- bzw. „Martingale"-Ansatz (vgl. Sick, G. (Options, 1995), S. 648 ff.).
- *Black/Scholes* selbst leiteten die Formel aus der angenommenen Stochastik des Aktienkurses und der Idee der dynamischen Replikation her.

mit

$C_{SS} = \delta^2 C / \delta S^2$

$C_S = \delta C / \delta S$

$C_\tau = \delta C / \delta \tau$

Diese Gleichung kann unter Verwendung der entsprechenden Randbedingungen für jedes derivate Instrument gelöst werden.[41] Die Randbedingungen für den Wert eines europäischen Calls lauten:

$$c(S,0, X) = max(S - X,0)$$
$$c(0,\tau, X) = 0$$
$$c(S,\tau, X)/S \to 1 \; für \; S \to \infty$$

Damit ergibt sich die berühmte Gleichung für den Wert eines europäischen Calls:

$$c(S,\tau, X) = SN(d_1) - Xe^{-r\tau} N(d_2)$$
$$d_1 = \frac{ln(S/X) + (r + \frac{1}{2}\sigma^2)\tau}{\sigma\sqrt{\tau}}$$
$$d_2 = d_1 - \sigma\sqrt{\tau}$$

(3-14)

Der Wert eines europäischen *Puts* läßt sich mit Hilfe der sog. „Put-Call-Parität" ermitteln und ergibt sich als

$$p(S,\tau, X) = -SN(-d_1) + Xe^{-r\tau} N(-d_2)$$

(3-15)

Das BSOPM kann als Grenzfall des BOPM gesehen werden, in dem die Periodenlänge gegen Null und damit n gegen unendlich geht.[42]

Das BSOPM bewertet obiges Beispiel - S = 55 DM, X = 50 DM, r = 0.1, σ = 0.4, und τ = 0.33 - mit 8.75 DM, resultiert hier also in einem geringfügig niedrigerem Optionswert als das BOPM (9 DM).

---

[41] Einen Überblick über verschiedene Typen von Randbedingungen gibt Sick, G. (Options, 1995), S. 656.
[42] Dies deshalb, weil dann der multiplikative Binomialprozeß gegen die Geometrische Brown'sche Bewegung konvergiert. Die Geometrische Brown'sche Bewegung ist also einfach die zeitstetige Variante des zeitdiskreten Binomialprozesses.

Auch im BSOPM können *Dividenden* erfaßt werden. Die Annahme einer konstanten Dividendenrendite δ führt genau wie beim BOPM zu einer nur geringfügigen Modifikation: Die Dividendenzahlungen werden berücksichtigt, indem der Kurs des Basisobjektes um den Barwert der bis zum Verfallstag der Option gezahlten Dividenden verringert wird. Für den verbleibenden, riskanten Teil gilt dann wieder das BSOPM. Auf diese Weise erhält man folgende Formeln für den Wert europäischer Calls und Puts[43]:

$$c(S,\tau,X,\delta) = Se^{-\delta\tau}N(d_1) - Xe^{-r\tau}N(d_2)$$
$$p(S,\tau,X,\delta) = Xe^{-r\tau}N(-d_2) - Se^{-\delta\tau}N(-d_1)$$

mit

(3-16)

$$d_1 = \frac{ln(S/E) + (r - \delta + \frac{1}{2}\sigma^2)\tau}{\sigma\sqrt{\tau}}$$

$$d_2 = d_1 - \sigma\sqrt{\tau}$$

Die Modifikation für *diskrete* Dividendenzahlungen $D_1, ..., D_n$ erfolgt analog, so daß S durch $S - D_1 e^{r_1} - ... - D_n e^{-r_n}$ ersetzt wird.

Die vorzeitige Ausübbarkeit *amerikanischer Optionen* kann durch das BSOPM nicht exakt erfaßt werden.[44] *Black* schlägt allerdings eine Approximation vor[45]: Die Ausübung eines amerikanischen Calls kann nur *unmittelbar vor* der Dividendenzahlung optimal sein. Deshalb kann der Optionswert durch das Maximum der europäischen Optionen approximiert werden, deren Laufzeiten den Dividendenterminen entsprechen. Die Werte dieser europäischen Optionen lassen sich nach dem Standard-BSOPM ermitteln.

---

[43]   Streng genommen stellt σ nun die Volatilität des *riskanten Teils* des Basisobjektes dar. Sie ergibt sich als S/(S-D)-faches der Volatilität des Basisobjektes insgesamt, wobei D der Barwert der Dividenden ist. In der Praxis wird dieser Unterschied oft vernachlässigt. Vgl. Hull, J.C. (Introduction, 1995), S. 274 f.

[44]   Black, F. (Facts, 1975). Vgl. aber die unten dargestellten „Compound options"-Modelle, die als Weiterentwicklung des BSOPM eine analytische Bewertung jedenfalls bestimmter amerikanischer Optionen ermöglichen.

[45]   Black, F. (Facts, 1975)

Während die Ausübung amerikanischer Calls nur direkt vor einer Dividendenzahlung optimal sein kann, gilt diese Einschränkung für amerikanische *Puts* nicht. Das BOPM kann diese Optionen nicht einmal approximativ bewerten.[46]

Als Fazit der Diskussion des BOPM und des BSOPM lassen sich zwei wichtige Punkte festhalten:

- Das BOPM erreicht nicht die Exaktheit des BSOPM, ist aber ungleich flexibler: Die Lösung des Bewertungsproblems setzt nur voraus, daß der Binomialbaum konstruiert und rekursiv gelöst werden kann. Da sich der Verlust an Genauigkeit in Grenzen hält, ist das BOPM in vielen Situationen dem BSOPM überlegen.

- Es lassen sich sechs entscheidende Determinanten des Optionswertes festhalten. Abbildung 3-11 faßt diese Einflußgrößen und die Richtung ihrer Wirkung auf den Optionswert zusammen.[47,48]

---

[46] Amerikanische Puts können mit Hilfe des BOPM, numerischer Methoden oder Approximationen bewertet werden. Hier sind v.a. *Johnsons* Approximation (Johnson, H.E. (Approximation, 1983)), der Compound-Option Ansatz von *Geske/Johnson* (Geske, R./H.E. Johnson (Put, 1984)), und die quadratische Approximationen von *MacMillan* (MacMillan, L.W. (Approximation, 1986)) und *Barone-Adesi/Whaley* (Barone-Adesi, G./R.E. Whaley (Approximation, 1986)) zu nennen.

[47] In der Realität können bei Marktunvollkommenheiten weitere Einflußgrößen eine Rolle spielen, so z.B. Marktgängigkeit und Schwere des Basisobjektes. Die dargestellten Modelle abstrahieren von diesen Effekten. Vgl. z.B. Perridon, L./M. Steiner (Finanzwirtschaft, 1995), S. 295 f.

[48] Eine detaillierte Diskussion dieser Einflußgrößen und der resultierenden Optionskennzahlen Delta, Gamma, Theta, Vega, Rho usw. findet sich z.B. bei Hauck, W. (Optionspreise, 1991), Kap. 4.

Erhöhung von ...	Wertänderung eines ...	
	Calls	Puts
Basisobjekt S	▲	▼
Ausübungspreis X	▼	▲*
Laufzeit τ	▲	▲
Volatilität σ	▲	▲
Risikoloser Zinssatz r	▲	▲
Dividenden D	▼	▲
* Gilt uneingeschränkt nur für *amerikanische* Puts		

Abb. 3-11: Determinanten des Optionswertes

3.3.1.2.5 MODELLE ZUR BEWERTUNG KOMPLEXER OPTIONEN

Im folgenden werden Grundzüge der Bewertung verbundener Optionen, Optionen auf zwei Basisobjekte und Optionen auf Basisobjekte mit Minderpreissteigerungen dargestellt. Der interessierte Leser findet detailliertere Darstellungen der Modelle in der jeweils zitierten Literatur.

Verbundene Optionen („Compound options")

Black/Scholes zeigten bereits 1973, daß bestimmte Basisobjekte selbst Optionscharakter besitzen und damit eine Option auf diese Basisobjekte eine Option auf eine Option (eine sog. „verbundene Option" oder „Compound option") darstellt.[49] So interpretierten sie das Eigenkapital eines verschuldeten Unternehmens als Call der Aktionäre auf die Aktiva des Unternehmens mit Ausübungspreis in Höhe der ausstehenden Zahlungen an die Gläubiger.

---

[49]   Black, F./M. Scholes (Pricing, 1973).

Eine Option auf die Aktien eines solchen Unternehmens läßt sich dann als verbundene Option analysieren.

Hauck umschreibt das Wesen verbundener Optionen wie folgt: „Jedes ... Wertpapier W_1, daß ein Recht auf ein Asset ... beinhaltet, kann als Option auf dieses Asset angesehen werden. ... Wird auf dieses Wertpapier W_1 wiederum ein Recht W_2 begründet, so kann über dieses ... Recht das originäre Asset abgerufen oder abgegeben werden. ... Deshalb kann das Recht W2 als eine direkte Option auf das Wertpapier W1 und gleichzeitig als indirekte Option auf das Asset angesehen werden."[50] Verbundene Optionen haben ein weites Anwendungsfeld im Bereich komplexer Finanzoptionen (so z.B. von Optionen auf Futures oder Optionen auf Optionen[51]) und sind im Realoptionsbereich von besonderer Bedeutung.

Beispielhaft sollen im folgenden die Modelle von *Geske* und von *Roll/Geske/Whaley* zur Bewertung amerikanischer Calls kurz besprochen werden.

Geske[52] geht in seinem Modell von der Interpretation des Eigenkapitals eines verschuldeten Unternehmens als Call auf dessen Aktiva aus. Dabei nimmt er an, daß das Unternehmen Anleihen mit einem Gesamtbetrag von L ausgegeben hat, die nach τ_L Tagen fällig werden. Zu diesem Zeitpunkt wird das Unternehmen liquidiert, die Aktionäre müssen also über die Ausübung ihres Calls entscheiden. Unter Vernachlässigung von Dividendenzahlungen erhält er folgende Lösung[53]:

---

[50] Hauck, W. (Optionspreise, 1991), S. 203.
[51] Vgl. Eilenberger, G. (Finanzinnovationen, 1996), S. 305 ff.
[52] Geske, R. (Valuation, 1977); Geske, R. (Compound, 1979).
[53] Zum genauen Vorgehen vgl. Geske, R. (Valuation, 1977) und Geske, R. (Compound, 1979). Vgl. auch die Zusammenfassung bei Hauck, W. (Optionspreise, 1991), S. 207 ff.

$$c_t^* = S_t M\left(a + \sigma\sqrt{\tau^*}, b + \sigma\sqrt{\tau^*}, \sqrt{\tau^*/\tau}\right) - Xe^{-rt} M\left(a, b, \sqrt{\tau^*/\tau}\right) - X^* e^{-rt} N(a)$$

$$\text{mit}$$

$$a = \frac{ln\left(S_t/\bar{S}_t\right) + \left(r - 0{,}5\sigma^2\right)\tau^*}{\sigma\sqrt{\tau^*}} \qquad\qquad \text{(3-17)}$$

$$b = \frac{ln\left(S_t/X\right) + \left(r - 0{,}5\sigma^2\right)\tau}{\sigma\sqrt{\tau^*}}$$

$$\tau^* = T^* - t, \ \tau = T - t, \ T > T^*$$

mit

c ... Option auf Aktie S mit Fälligkeit T und Ausübungspreis X

c^* ... Option auf die Option C mit Fälligkeit T^* und Ausübungspreis X^*

M ... Verteilungsfunktion der standardisierten bivariaten Normalverteilung

$\bar{S}_t$ ... Kritischer Aktienkursuntergrenze für die Ausübung der verbundenen Option

Hat die zugrundeliegende Option c (bei Geske der Call der Aktionäre) eine unendliche Laufzeit und einen Ausübungspreis von 0, wird Formel (3-17) zur bekannten Black/Scholes-Lösung, was in Geskes Modell einem Unternehmen ohne Schulden entspricht.

Roll[54], Geske[55] und Whaley[56] lösen das Problem der Bewertung eines amerikanischen Calls bei Dividenden für *eine* diskrete, bekannte Dividendenzahlung D_1 analytisch. Dabei interpretieren sie einen amerikanischen Call bei Dividenden als einen europäischen Call auf einen Call: Die Option zahlt $S + D - X$, wenn sie am Dividendentermin „in-the-money" ist, und gibt sonst eine neue Option für die Restlaufzeit. Die resultierende Bewertungsformel ist

---

[54] Roll, R. (Valuation, 1977)
[55] Geske, R. (Note, 1979); Geske, R. (Comments, 1981)
[56] Whaley, R. (Valuation, 1981)

$$C = (S - D_l e^{-r_l})N(b_l) + (S - D_l e^{-r_l})M(a_l, -b_l; -\sqrt{\tau_l / \tau}) - Xe^{-r\tau}M(a_2, -b_2; -\sqrt{\tau_l / \tau}) - (X - D_l)e^{-r_l}N(b_2)$$

mit

$$a_l = \frac{ln[(S - D_l e^{-r_l})/X] + (r + \sigma^2/2)\tau}{\sigma\sqrt{\tau}}, \quad a_2 = a_l - \sigma\sqrt{\tau}$$

$$b_l = \frac{ln[(S - D_l e^{-r_l})/S^*] + (r + \sigma^2/2)\tau_l}{\sigma\sqrt{\tau_l}}, \quad b_2 = b_l - \sigma\sqrt{\tau_l}$$

$$\tau_l = t_l - t, \ \tau = T - t$$

$M = $ Verteilungsfunktion der standardisierten bivariaten Normalverteilung

$$(3\text{-}18)$$

Der kritische Ex-Dividenden-Aktienkurs S^*, der die Schwelle der Optionsausübung darstellt, ergibt sich als:

$$C = S^* + D_l - X$$

mit $C = $ Optionswert nach Black / Scholes

Selby/Hodges[57] und *Schroder*[58] entwickelten Ansätze zur vereinfachten Bewertung von verbundenen Optionen.

Optionen auf zwei Vermögensgegenstände

Aufbauend auf den Überlegungen von *Garman*[59], *Cox et al.*[60] und *Hull/White*[61] kann ein Modell zur Bewertung von Optionen auf *zwei* Basisobjekte abgeleitet werden, das für eine Reihe von Realoptionen relevant ist.

Die Vermögensgegenstände V und S folgen einer Geometrischen Brown'schen Bewegung mit Parametern α und σ. Dann kann gezeigt werden, daß der Wert einer Option auf V und S folgende partielle Differentialgleichung erfüllen muß:

$$\left(\tfrac{1}{2}\sigma_V^2 V^2 F_{VV} + \rho_{VS}\sigma_V\sigma_S VSF_{VS} + \tfrac{1}{2}\sigma_S^2 S^2 F_{SS}\right) + \left[(r - D_V)VF_V + (r - D_S)SF_S\right] - F_\tau - rF + d = 0 \quad (3\text{-}19)$$

---

[57] Selby, M./S.D. Hodges (Evaluation, 1987)
[58] Schroder, M. (Method, 1989)
[59] Garman, M. (Theory, 1976)
[60] Cox, J. et al. (Model, 1985)
[61] Hull, J.C./A. White (Overview, 1988)

mit

F ... *Optionswert*

D_V ... *Dividenden des Basisobjektes V*

D_S ... *Dividenden des Basisobjektes S*

ρ_{VS} ... *Korrelation zwischen V und S*

Diese Gleichung kann unter Verwendung der jeweils relevanten Randbedingungen für verschiedene Anwendungsfälle gelöst werden. Diese Lösung wird erheblich vereinfacht, wenn man den Wert der Option F und des ersten Basisobjektes V durch das zweite Basisobjekt S ausdrückt, also mit dem *relativen* Wert des Basisobjektes $\Omega \equiv V/S$ arbeitet.[62] Formel (3-19) kann so in die Formel für nur eine stochastische Variable (Ω) transformiert werden:

$$\frac{1}{2}s^2\Omega^2 F_{\Omega\Omega} + (D_S - D_V)\Omega F_\Omega - F_\tau D_S F + d = 0$$
mit
$$s^2 = \sigma_V^2 + \sigma_S^2 - 2\rho_{VS}\sigma_V\sigma_S$$

Der Wert eines Calls auf den relativen Wert Ω kann nun mit Hilfe des um Dividenden angepaßten BSOPM ermittelt werden, wobei gilt: $S = \Omega$, $X = 1$, $\sigma = s$, $D = D_V$ und $r = D_S$, und damit

$$c = \Omega e^{-D_V\tau} N(d_1') - 1e^{-D_S\tau} N(d_2')$$
mit
$$d_1' = \frac{ln(V/S) + \left[(D_S - D_V) + \frac{1}{2}s^2\right]\tau}{s\sqrt{\tau}}$$

$$d_2' = d_1' - s\sqrt{\tau}$$

(3-20)

Einen wichtigen Anwendungsfall der Option auf zwei Basisobjekte bildet die *Option, einen riskanten Vermögensgegenstand (V) gegen einen anderen (S) zu tauschen*. Ein bekanntes Beispiel für dieses Recht ist eine Wandelanleihe. *Margrabe* ermittelt unter Vernachlässigung von Dividendenzahlungen eine analytische Lösung des Wertes dieser Option und wendet dieses Modell u.a. zur Bewertung von Anreizsystemen für Portfoliomanager und Übernahmeangeboten an.[63] Seine Lösung für den Optionswert F lautet:

---

[62] Diese Idee geht auf *Margrabe* zurück. Vgl. Margrabe, W. (Exchange, 1978).

[63] Margrabe, W. (Exchange, 1978)

$$F = VN(d_1) - SN(d_2)$$
$$d_1 = \frac{ln(V/S) + 0.5\sigma_F^2 \tau}{\sigma_F \sqrt{\tau}}$$
$$d_2 = d_1 - \sigma_F \sqrt{\tau} \qquad \text{(3-21)}$$
$$\sigma_F^2 = \sigma_1^2 - 2\sigma_1\sigma_2\rho_{12} + \sigma_2^2$$
$$\tau = T - t$$

Dies entspricht Gleichung (3-20) unter Vernachlässigung von Dividendenzahlungen. Margrabe zeigt auch, daß ohne Dividenden der Wert einer amerikanischen Option auf den Tausch zweier Vermögensgegenstände dem Wert einer entsprechenden europäischen Option entspricht. *Carr*[64] erweitert diese Überlegungen auf den Fall sequentieller Austauschoptionen, bei denen der erste Austausch eine Reihe zukünftiger Tauschmöglichkeiten eröffnet.[65]

Ein weiterer interessanter Anwendungsfall von Formel (3-20) ist die *Option auf das Maximum oder Minimum zweier Vermögensgegenstände*. So gibt z.B. ein Future auf den T-Bond-Kontrakt dem Verkäufer durch die „Cheapest-to-deliver"-Regelung eine solche Wahlmöglichkeit.[66] *Stulz*[67] hat dieses Problem für europäische Optionen ohne Dividendenzahlungen (d.h. mit $D_V = D_S = d = 0$) analytisch gelöst. Dabei geht er in zwei Schritten vor. Zunächst leitet er den Wert eines Calls c_{min} auf das Minimum zweier Vermögensgegenstände mit einem inneren Wert von $c_{min\ T} = max[min(V - S) - X, 0]$ ab:

$$c_{min} = VM\left[a_1 + \sigma_1\sqrt{\tau}, \left((ln\,S/V) - 0.5\hat{\sigma}^2\sqrt{\tau}\right)\Big/\hat{\sigma}\sqrt{\tau}, (\rho_{12}\sigma_2 - \sigma_1)\Big/\hat{\sigma}\right] +$$
$$+ VM\left[a_2 + \sigma_2\sqrt{\tau}, \left((ln\,V/S) - 0.5\hat{\sigma}^2\sqrt{\tau}\right)\Big/\hat{\sigma}\sqrt{\tau}, (\rho_{12}\sigma_1 - \sigma_2)\Big/\hat{\sigma}\right] - Xe^{-r\tau} M\left[a_1, a_2, \rho_{12}\right]$$

mit

$$a_1 = \left[ln(V/X) + \left(r - 0.5\sigma_1^2\right)\tau\right]\Big/\sigma_1\sqrt{\tau}$$
$$a_2 = \left[ln(S/X) + \left(r - 0.5\sigma_2^2\right)\tau\right]\Big/\sigma_2\sqrt{\tau}$$

$M\left[a_1, a_2, r_{12}\right] = $ *Verteilungsfunktion der standardisierten bivariaten Normalverteilung*

---

[64] Carr, P. (Sequential, 1988)
[65] Es handelt sich also um *verbundene* Tauschoptionen.
[66] Eine weitere interessante Anwendung findet sich bei *Tilley/Latainer*, die eine Call auf das Maximum der Renditen eines Aktien- und eines Anleihenportfolios konstruieren und bewerten. Tilley, J.A./G.D. Latainer (Synthetic, 1985).
[67] Stulz, R. (Minimum, 1982)

Im zweiten Schritt errechnet er den Wert des Calls auf das Maximum der beiden Vermögensgegenstände c_{max}:

$$c_{max} = c(V, X, \tau) + c(S, X, \tau) - c_{min}(V, S, X, \tau)$$
$$\textit{mit} \qquad\qquad\qquad\qquad\qquad\qquad\qquad (3\text{-}22)$$
$$c = \textit{Wert nach Black / Scholes}$$

Dieser Gedanke wurde von *Johnson*[68] auf den Fall von mehr als zwei Vermögensgegenständen verallgemeinert.

Optionen auf Basisobjekte mit Minderpreissteigerungen

Das BSOPM gilt nur für Optionen, deren Basisobjekt eine Rendite verspricht, die ein Investor durch eine identische Risikoposition am Kapitalmarkt erzielen könnte. Diese risikoangemessene Rendite (μ) kann sich aus Preissteigerungen und Dividenden ergeben. Die Basisobjekte von Realoptionen - reale Güter - weisen oft Preissteigerungsraten auf, die unter der Gleichgewichtsrendite liegen, ohne auf den ersten Blick erkennbare Dividenden auszuschütten. *McDonald/Siegel*[69] zeigen, daß sich das BSOPM auch auf den Fall solcher Basisobjekte mit Minderpreissteigerungen anwenden läßt.

In ihrem Modell folgt das Basisobjekt S einer Geometrischen Brown'schen Bewegung mit den Parametern α, σ und dz. Liegt die Renditeerwartung des Basisobjektes unter der Gleichgewichtsrendite (d.h. $\alpha < \mu$), dann wirft das Replikationsportfolio eine zu geringe Rendite ab, die Optionsbewertung schlägt fehl. Deshalb führen McDonald/Siegel einen Vermögensgegenstand S^* ein, der dasselbe Risiko wie S aufweist und die Gleichgewichtsrendite μ erzielt. Dann gilt $S^* = Se^{-\delta\tau}$ mit $\delta = (\mu - \alpha)$. δ entspricht dann einer kontinuierlichen Dividendenrendite, die sich aus dem Halten des Basisobjektes ergibt, so daß das um Dividenden korrigierte BSOPM angewendet werden kann. Fraglich ist, wie δ

---

[68] Johnson, H.E. (Maximum, 1987)
[69] McDonald, R.L./D.R. Siegel (Pricing, 1984); diess., (Investment, 1985).

im Zusammenhang von Basisobjekten mit Minderpreissteigerungen interpretiert werden kann.

Obwohl reale Güter wie z.b. Erdölvorräte keine Dividenden im eigentlichen Sinn ausschütten, können mit ihrer Lagerhaltung dennoch Vorteile verbunden sein. So verhindert z.b. ein Rohstofflager den Stillstand der Produktionsanlagen und damit den Verlust von Aufträgen bei einer Verknappung auf den Beschaffungsmärkten. Dieser Nutzen wird als „Marginal Convenience Yield" (MCY) bezeichnet.[70] Zieht man die entstandenen Lagerkosten (SC) ab, so erhält man den Nettonutzen der Lagerhaltung, den „Net Convenience Yield" (NCY). Im Gütermarktgleichgewicht muß gelten: $\mu = \alpha - SC + MCY$.[71] Der Net Convenience Yield kommt nur dem Besitzer des Basisobjektes zugute, nicht aber dem Inhaber der Option. δ kann daher als durch den Net Convenience Yield konkretisierte Dividendenrendite interpretiert werden.[72,73]

Ein Weg zur Ermittlung des Net Convenience Yields ist die Anwendung eines Kapitalmarktmodells, z.b. des CAPM: Durch den Vergleich zwischen geforderter Gleichgewichtsrendite und tatsächlicher Preissteigerungsrate kann δ geschätzt werden.[74] Diese Ermittlung wird erheblich vereinfacht, wenn Futures auf das Basisobjekt gehandelt werden[75], weil der

---

[70] Vgl. z.B. Brennan/Schwartz (Resource, 1985), S. 42.

[71] Eine detaillierte Diskussion der „Theory of Storage" findet sich bei Lund, D. (Models, 1989) und Bjerkssund, P./E. Steinar (Managing, 1990). Fama/French unterziehen diese Modelle einer empirischen Prüfung (Fama, E.F./K.R. French (Commodity, 1987)).

[72] Dies unterstellt allerdings eine konstante Rendite aus Lagerhaltung, also ein konstantes Verhältnis zwischen dem NCY und dem Spotpreis. Diese Annahme kann für bestimmte Güter problematisch sein. Vgl. Teisberg, E.O./T.J. Teisberg (Value, 1991).

[73] Interessant ist, daß die komparative Statik durch die Einführung von δ grundlegend verändert wird: War vorher ein positiver Zusammenhang zwischen Laufzeit bzw. Varianz und Optionswert festzustellen, kann nun keine eindeutige Beziehung mehr angegeben werden. Je höher δ, desto eher sinkt der Optionswert mit längerer Laufzeit bzw. höherer Varianz. Vgl. McDonald, R.L./D.R. Siegel (Investment, 1985), S. 340 ff.

[74] McDonald, R.L./D.R. Siegel (Investment, 1985)

[75] Vgl. Brennan, M./E. Schwartz (Resource, 1985)

Net Convenience Yield dann mit Hilfe des „*Cost of carry"-Modells* direkt aus den Preisen von Futures-Kontrakten mit unterschiedlicher Laufzeit errechnet werden kann.[76]

Damit lassen sich auch Optionen auf reale Aktiva, deren Preissteigerungen unter der Gleichgewichtsrendite liegen, mit Hilfe von (um den Nutzen der Lagerhaltung angepaßten) Optionspreismodellen bewerten - eine entscheidende Schlußfolgerung für die Bewertung vieler Realoptionen.[77]

3.3.2 PRÜFUNG DER ÜBERTRAGBARKEIT DER OPTIONSBEWERTUNGS-MODELLE AUF REALOPTIONEN

Um Realoptionen mit den dargestellten Modellen bewerten zu können, reicht eine konzeptionelle Analogie zwischen Finanz- und Realoptionen nicht aus. Vielmehr muß gewährleistet sein, daß die Anwendungsvoraussetzungen der Optionspreistheorie auch im Fall von Realoptionen erfüllt sind.

Schon früh wurde Kritik an der Bewertung von Investitionsprojekten mit Optionsmodellen laut. So stellten *Emery et al.*[78] fest, daß die Ergebnisse des Realoptionsansatzes fundamentalen Erkenntnissen der modernen Finanzierungs- und Investitionstheorie widersprächen.

Ihr erstes Argument betrifft die Rolle der Unsicherheit. Sie erhöht den Options- und damit im Realoptionsmodell auch den Investitionswert.[79] Unternehmen würden also bei gleichem erwarteten Projektwert die Investition mit der höchsten Standardabweichung wählen - ein

---

[76] Zu dieser Idee vgl. Brennan, M./E. Schwartz (Resource, 1985). Wie eine solche Schätzung konkret vorgenommen werden kann, zeigt z.B. Dubofsky, D.A. (Options, 1992), S. 372 ff. und Hull, J. (Introduction, 1995), S. 68 ff.

[77] Es ist auch denkbar, daß die Rendite des Basisobjektes selbst unter Berücksichtigung des Lagerertrages unter der Gleichgewichtsrendite liegt. In diesen Fällen muß die Differenz zwischen μ und α mit Hilfe von Marktmodellen (z.B. des CAPM) geschätzt werden, was die explizite Erfassung von Preissteigerungsraten und Risikoprämien erforderlich macht. Dieser Fall wird hier nicht weiter untersucht. Vgl. aber McDonald, R.L./D.R. Siegel (Pricing, 1984); diess., (Investment, 1985), S. 336 f.

[78] Emery, D.R.et al. (Investigation, 1978)

[79] Wie Kapitel 4.2.5.5 zeigen wird, ist diese Aussage zu pauschal, weil sie nicht zwischen verschiedenen Risikotypen unterscheidet, die der höheren Volatilität zugrunde liegen können.

krasser Widerspruch zum bisherigen Stand der Investitionsrechnung, nach dem Unternehmen Risikoprämien für höhere Unsicherheit verlangen, unsichere Investitionen also *niedriger* bewerten würden.[80] Zudem steigt der Optionswert mit der Höhe des risikolosen Zinses, was Emery et al. als unvereinbar mit dem Grundgedanken des Zeitwertes des Geldes betrachten, der das Fundament der Verfahren der dynamischen Investitionsrechnung bilde.[81] Schließlich kritisieren sie, daß sich der Wert der Option typischerweise mit der Laufzeit erhöhe, während der Wert einer Investition sinke, je weiter die Zahlungsüberschüsse in der Zukunft lägen.

Die Kritik von Emery et al., die in ähnlicher Form von anderen Autoren wiederholt wurde, ist unangebracht. Neue Erkenntnisse lassen sich nicht durch den Hinweis kritisieren, daß sie dem bisherigen Stand der Forschung widersprächen. Ihr Beitrag besteht ja gerade darin, Unzulänglichkeiten, vielleicht sogar Fehler der bisherigen Betrachtungsweise aufzuzeigen und so einen Beitrag zum wissenschaftlichen Fortschritt zu leisten. Der Realoptionsgedanke zeigt auf, daß die traditionelle Investitionsrechnung eine wichtige Komponente des Investitionswertes - eben den Optionsbestandteil - vernachlässigt. „Widersprüche" mit der klassischen Theorie erklären sich aus dieser neuen Erkenntnis.

Eine kritische Würdigung des Realoptionsansatzes muß vielmehr an den *Anwendungsvoraussetzungen* der Optionspreistheorie ansetzen und damit die grundsätzliche Übertragbarkeit der ja für Finanzoptionen entwickelten Modelle hinterfragen. Diese Annahmen der Optionspreistheorie als marktwertorientiertes, präferenzunabhängiges Gedankengebäude bestehen v.a. in der unterstellten *Vollkommenheit und Vollständigkeit des Marktes.*[82]

---

[80] Emery, D.R.et al. (Investigation, 1978), S. 364.
[81] Emery, D.R.et al. (Investigation, 1978), S. 367.
[82] Zu einer Definition dieser Begriffe vgl. z.B. Schmidt, R.H./E. Terberger (Grundzüge, 1996), S. 55.

Dabei ist die Annahme der Vollständigkeit des Marktes[83] von zentraler Bedeutung, weil sie die Erfüllung der sog. *„Spanning-Bedingung"* gewährleistet. Letztere verlangt, daß das Basisobjekt selbst oder ein anderer, perfekt korrelierter Vermögensgegenstand am Markt gehandelt wird, so daß die stochastische Komponente des Basisobjektes mit Hilfe eines gehandelten Assets dupliziert werden kann.[84] Die Erfüllung dieser Bedingung stellt sicher, daß der Marktwert des Replikationsportfolios und damit der Optionswert ermittelt werden kann.

Bei der Darstellung der konzeptionellen Analogie zwischen Finanz- und Realoptionen wurde darauf verwiesen, daß ein wesentlicher Unterschied zwischen beiden in der *geringen oder fehlenden Handelbarkeit* von Realoptionen besteht. Wenn dieser Umstand die Spanning-Bedingung verletzt, wäre der Realoptionsansatz gescheitert.

Die Spanning-Bedingung verlangt aber nicht, daß das *Basisobjekt selbst* gehandelt wird; ihr ist Genüge getan, wenn ein *Asset mit derselben Risikostruktur* wie das zu bewertende Investitionsprojekt am Kapitalmarkt gehandelt wird. Die fehlende Handelbarkeit vieler Realinvestitionen verletzt daher diese zentrale Annahme der Optionspreistheorie nicht. Probleme ergeben sich „nur", wenn ein gehandeltes Asset mit identischer Risikostruktur nicht identifiziert werden kann.

Ein weiterer Einwand könnte dem Umstand gelten, daß die Konstruktion des duplizierenden Portfolios fehlschlägt, da mangels Handelbarkeit des Investitionsprojektes

---

[83] "Ein Kapitalmarkt wird als vollständig bezeichnet, wenn jeder beliebige Zahlungsstrom gehandelt werden kann, ganz gleich, welche Höhe, welche zeitliche Struktur und welche Unsicherheit er aufweist." Schmidt, R.H./E. Terberger (Grundzüge, 1996), S. 55.

[84] So formulieren z.B. *Dixit/Pindyck*: „Even if the risk in X [the underlying asset] is not directly traded in the market, it suffices to be able to trade some other asset whose risk tracks or spans the uncertainty in X. ... The crucial requirement is that the stochastical component ... of the return on the asset we are trying to value be exactly replicated by the stochastic component of the return on some traded asset. ... We require not only that the stochastic components obey the same probability law, but also that they are perfectly correlated, namely that each and every path (realization) of one process is replicated by the other." Dixit, A.K./R.S. Pindyck (Investment, 1994), S. 117 und 121. Eine formale Untersuchung der Spanning-Bedingung findet sich z.B. bei Duffie, D. (Markets, 1988), S. 109 ff.

keine „Short"-Position in diesem eingegangen werden kann. Hier zeigt *Sick* anhand einer Ableitung der Optionsbewertungsansätze aus einer weiterentwickelten Form des CAPM, daß die Konstruktion des duplizierenden Portfolios nur einer von mehreren möglichen Wegen zur Herleitung der Modelle darstellt und keineswegs eine allgemeine Anwendungsvoraussetzung bildet.[85] Er folgert: „... *the validity of the equation [gemeint: die für die Bewertung aller derivativen Assets grundlegende partielle Differentialgleichung (3-13)] does not require any assumptions about the liquidity of the underlying asset*"[86] und fügt hinzu, daß Optionspreismodelle damit sogar zur Bewertung von Optionen herangezogen werden können, deren Basisobjekt (noch) nicht existiert - eine z.b. für Verzögerungsoptionen zentrale Schlußfolgerung, da ihr Basisobjekt (die Brutto-Cash-Flows der Investition) erst durch Ausübung der Option geschaffen wird.

Damit bleibt festzuhalten, daß die fehlende Handelbarkeit von Realoptionen und der ihnen zugrundeliegenden Investitionsprojekte die Anwendung der Finanzoptionstheorie auf Handlungsspielräume nicht ausschließt. *Die Anwendbarkeit dieser Modelle steht und fällt vielmehr mit der Frage, ob im konkreten Fall auf ein gehandeltes Asset zurückgegriffen werden kann, dessen Risikostruktur mit der desjenigen Investitionsprojektes identisch ist, das der Realoption zugrunde liegt.* Damit läßt sich umgekehrt folgern, daß Realoptionen mit einem starken Bezug zu marktgehandelten Assets, wie sie z.B. in Projekten zur Erschließung von Bodenschätzen wie Erdöl oder Kupfer enthalten sein können, problemlos mit Hilfe der Optionspreistheorie bewertet werden können. Andererseits kann z.B. die optionstheoretische Bewertung von FuE-Vorhaben zur Entwicklung vollkommen neuer Produkte u.U. an der Spanning-Bedingung scheitern.

Sollte die Anwendung quantitativer Optionsbewertungsmodelle im Einzelfall an der Spanning-Bedingung scheitern, lassen sich zwei Schlußfolgerungen ziehen:

---

[85] Sick, G. (Options, 1995), S. 650 ff.
[86] Sick, G. (Options, 1995), S. 652.

Zum einen hängen die modellunabhängigen Aussagen über notwendige Grenzen des Optionswertes (vgl. 3.3.1.1) *nicht* von der Erfüllung der Spanning-Bedingung ab. Ist daher die Identifikation von Realoptionen und die Ermittlung der grundlegenden Bewertungsparameter (Basisobjekt, Ausübungspreis und Laufzeit) möglich, dann läßt sich eine *approximative Bewertung* durchführen, die in einer Wertuntergrenze resultiert. Sollte selbst die Ermittlung der Bewertungsparameter nicht möglich sein, so erlaubt die bloße Identifikation der Realoptionen den Rückgriff auf Ergebnisse der komparativen Statik der Optionspreistheorie (Abbildung 3-11), die wesentliche *qualitative Aussagen* zulassen. *Die Frage nach der Anwendbarkeit des Realoptionsansatzes hat daher keine absolute, sondern eine graduelle Antwort (Abbildung 3-12).*

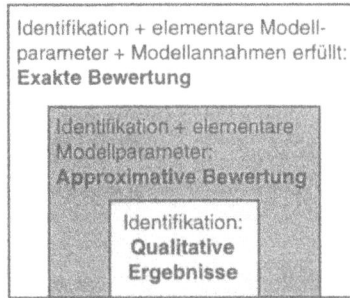

Abb. 3-12: Voraussetzungen und Ergebnisse unterschiedlicher Anwendungsstufen des Realoptionsansatzes

Zum anderen muß betont werden, daß die Annahmen der Vollkommenheit und Vollständigkeit des Kapitalmarktes keine spezielle Einschränkung des Realoptionsansatzes darstellen: Scheitert die Anwendung der Optionspreistheorie, weil sich kein gehandeltes Asset mit identischer Risikostruktur identifizieren läßt, dann ist eine (marktwertorientierte) Bewertung der Investition auch mit Ansätzen der herkömmlichen Investitionsrechnung nicht mehr möglich. Die Optionspreistheorie braucht den vollkommenen und vollständigen Kapitalmarkt ja gerade deshalb, weil sie *Marktwerte* von Optionen ermitteln will, die sie eben nur unter Verwendung von Marktinformationen - den Preisen gehandelter Aktiva - ableiten kann. Diese Marktorientierung kennzeichnet aber auch die gesamte moderne (d.h. neoklassische, kapitalmarktorientierte) Investitionsrechnung mit Kapitalwertmethode und

Entscheidungsbaumverfahren an der Spitze, die versucht, den Marktwert von Investitionen zu ermitteln, um so das Dilemma einer präferenzabhängigen (und damit in realistischen Mehrpersonenkonstellationen unpraktikablen) Bewertung zu lösen.[87] Auch diese Verfahren bewerten Investitionen durch den Rückgriff auf vergleichbare, am Markt gehandelte Aktiva, und basieren damit auf den Annahmen eines vollkommenen und vollständigen Marktes. Sind diese Annahmen nicht erfüllt, tragen die zentralen Fundamente einer solchen präferenzunabhängige Bewertung[88] und damit der in der Praxis so häufig und unbedenklich verwendeten Verfahren nicht mehr.[89]

Diese Überlegung kann verdeutlicht werden, indem die grundsätzliche *Gleichartigkeit des Vorgehens von Realoptionsansatz und herkömmlicher Investitionsrechnung* (z.B. in Form der Kapitalwertmethode) betrachtet wird.[90] Beide greifen auf ein Asset zurück, das am Markt gehandelt wird und hinsichtlich der Risikostruktur mit der zu bewertenden Investition vergleichbar ist: Der *Realoptionsansatz* bewertet eine in der Investition enthaltene Realoption durch Vergleich mit dem Marktwert, den eine Finanzoption auf das

---

[87] *Schmidt/Terberger* formulieren dieses Dilemma und seine Lösung durch marktorientierte Bewertungsverfahren wie folgt: "... Aufgrund individuell unterschiedlicher Präferenzen ... läßt sich ... kein eindeutiges Kriterium für die Beurteilung der Vorteilhaftigkeit von Investitions- und Finanzierungsentscheidungen angeben. Bei der Beteiligung mehrerer Kapitalgeber ... kann es deshalb zu Zielkonflikten kommen. Im Zentrum der kapitalmarktorientierten Richtung der modernen Investitions- und Finanzierungstheorie steht die Suche nach einem Kriterium, das eine Beurteilung von Zahlungsströmen unabhängig von individuellen Konsumpräferenzen erlaubt. Unter der Bedingung eines vollkommenen und vollständigen Kapitalmarktes ... ist dasjenige Bündel von Investitions- und Finanzierungsmaßnahmen zu realisieren, das den Marktwert des ... Zahlungsstromes maximiert. Die Zielsetzung Marktwertmaximierung schafft Einigkeit unter allen an einer Unternehmung beteiligten Kapitalgebern, weil jeder die Möglichkeit besitzt, seinen ... Zahlungsstrom auf dem ... Kapitalmarkt zu verkaufen und ... einen seinen Präferenzen entsprechenden Zahlungsstrom zu erwerben." Schmidt, R.H./E. Terberger (Grundzüge, 1996), S. 75. Vgl. für eine theoretische Diskussion der Bedeutung einer präferenzunabhängigen Bewertung und des Marktwertkalküls als operationale Umsetzung dieser Forderung z.B. Schmidt, R.H./E. Terberger (Grundzüge, 1996), S. 52 f., S. 56 ff.

[88] Dies ist v.a. das sog. *Fisher*-Separationstheorem, das erst eine Trennung von Investitions-, Finanzierungs- und Konsumentscheidungen erlaubt. Vgl. z.B. Brealey, R.A./S.C. Myers (Principles, 1991), S. 11 ff.; Schmidt, R.H./E. Terberger (Grundzüge, 1996), S. 53 ff. und S. 109 ff.

[89] So betonen z.B. *Schmidt/Terberger*: "Die Methoden [gemeint: Kapitalwert-, Annuitäten- und Interne-Zinsfuß-Methode] stellen nur eine Verallgemeinerung des Separationstheorems von Fisher auf den Fall von mehr als zwei Zeitpunkten dar. Sie setzen also auch voraus, daß es einen vollkommenen und vollständigen Kapitalmarkt gibt." Schmidt, R.H./E. Terberger (Grundzüge, 1996), S. 182.

[90] Vgl. auch Brealey, R.A./S.C. Myers (Principles, 1996), S. 609.

identische gehandelte Asset hätte. Die *Kapitalwertmethode* greift auf das gehandelte Asset mit identischer Risikostruktur zurück, um den relevanten Diskontierungssatz zu finden[91], und ermittelt so implizit den Wert der Investition als Marktwert dieses gehandelten Assets.[92] Beide Verfahren beruhen damit nicht nur auf dem von *Moxter* geprägten Grundsatz „Bewerten heißt vergleichen"[93], sondern legen diesem Vergleich auch dasselbe Bezugsobjekt zugrunde. Wenn sich dieses Bezugsobjekt nicht finden läßt, schlagen *beide* Ansätze fehl.

Neben der fehlenden Handelbarkeit von Realoptionen, die bereits im Zusammenhang mit der Spanning-Bedingung diskutiert wurde, wurden in Kapitel 3.2 zwei weitere wichtige Unterschiede zwischen Finanz- und Realoptionen identifiziert: Zum einen handelt es sich bei Realoptionen i.d.R. um offene Optionen, die von mehreren Unternehmen wahrgenommen werden können. Zum anderen können Interaktionen zwischen mehreren Investitionsprojekten und zwischen Optionen innerhalb eines Projektes von Bedeutung sein.

---

[91] So empfehlen z.B. *Brealey/Myers*: „... you should identify financial assets with risks equivalent to the project under consideration, estimate the expected rate of return on these assets, and use this rate as the opportunity cost." Brealey, R.A./S.C. Myers (Principles, 1996), S. 75.

[92] Dieser Vergleich erfolgt implizit, und zwar durch das Konzept des Diskontierungssatzes als Maßstab für die Opportunitätskosten der Investoren. Diese Überlegung wird durch das folgende Beispiel verdeutlicht: Investitionsprojekt A zahlt eine ewige Rente von 100. Die Formel zur Bewertung einer ewigen Rente lautet: I = E/i mit I = Investitionswert, E = Rente, i = Kalkulationszinssatz. Das Unternehmen muß also einen geeigneten Kalkulationszinssatz ermitteln. Da dieser die Opportunitätskosten des Unternehmens mißt, muß es zur Ermittlung eines Marktwertes der Investition fragen, wieviel es in der besten Alternative aufwenden müßte, um denselben Zahlungsstrom zu erhalten. Dies ist der Wert der Investition im Sinne eines sog. „Grenzpreises", der nicht überschritten werden darf. Nehmen wir an, am Markt werde ein identischer Vermögensgegenstand um 1000 gehandelt. Dann ist die Rendite dieses Vermögensgegenstandes 100/1000 = 10% der relevante Kalkulationszinssatz und der Wert der Investition ergibt sich als I = 100/0,1 = 1000. Dieses Ergebnis kann nicht überraschen: Es ist der Wert des identischen, am Markt gehandelten Objektes. Dies wird klar, wenn wir obige Formel etwas expliziter schreiben: $I_1 = E_1/(E_2/I_2)$ mit I_1 = gesuchter Investitionswert, I_2 = Marktwert des Vergleichsobjektes, E_1 = Rente von Investition 1, E_2 = Rente von Investition 2. Die Kapitalwertmethode ermittelt den Marktwert von Investitionen also durch *Vergleich* mit identischen, marktgehandelten Vermögensgegenständen. So unterstreichen z.B. *Brennan/Schwartz*: „In fact, the financial analyst also proceeds by adjustment from the known values of some assets to an estimate of the value of the hypothetical asset. ... The challenge ... is to choose an asset of known value which is closest in characteristics to the asset whose value is to be determined."[92] (Brennan, M.J./E.S. Schwartz (Resource, 1985), S. 78.

[93] Moxter, A. (Grundsätze, 1991)

Diese Unterschiede stellen die Anwendung von Finanzoptionsmodellen zur Bewertung von Handlungsspielräumen zwar nicht grundsätzlich in Frage, müssen aber durch *Anpassungen* dieser Modelle berücksichtigt werden, um eine realistischen Bewertung von Realoptionen sicherzustellen. Dieser Anforderung wird im nächsten Kapitel Rechnung getragen.

Als Fazit dieser Überlegungen kann festgehalten werden, *daß einer sorgfältigen, auf die Berücksichtigung der relevanten Unterschiede bedachten Anwendung der Optionspreistheorie auf Realoptionen keine grundsätzlichen Einwendungen entgegenstehen.* Der Realoptionsansatz beruht auf denselben Annahmen und Vorgehensweisen wie die praktisch bedeutsamen Verfahren der herkömmlichen Investitionsrechnung und unterliegt daher auch keinen weitergehenden Einschränkungen. Beide Richtungen stehen nicht im Gegensatz zueinander, sondern sind im Gegenteil derselben gedanklichen Schule verpflichtet, nämlich der neoklassischen, kapitalmarktorientierten Investitions- und Finanzierungstheorie.[94] Die Integration des Wertes von Handlungsspielräumen in die herkömmlichen Modelle, die durch das Konzept des erweiterten Kapitalwertes geleistet und durch den Realoptionsansatz operationalisiert wird, kann damit als schlüssige und konsistente Weiterentwicklung der Investitionsrechnung gelten.

3.4   EIN EINFÜHRENDES BEISPIEL: DIE INTERPRETATION DES OIL-QUEST-VORHABENS ALS REALOPTION

Um die Fortschritte des Realoptionsansatzes im Vergleich zu den Verfahren der herkömmlichen Investitionsrechnung zu verdeutlichen, wird im folgenden das in Kapitel 2.2 dargestellte Investitionsprojekt von Oilquest mit Hilfe der Optionspreistheorie bewertet. Abbildung 3-13 faßt die Charakteristiken dieses Projektes und die Bewertung durch die traditionelle Ansätze zusammen.

---

[94]   Schmidt, R.H./E. Terberger (Grundzüge, 1996), S. 373 f.

Projektbeschreibung
- Fördermenge: 1,7 Mio. bbl. Erdöl.
- Investition: 25 Mio.
- Betriebsaufwand pro bbl.: 2
- Aktueller Ölpreis: 25, Entwicklung nach Abbildung ... .
- Förderung sofort oder in einem Jahr.
- Kapitalkosten: 15%, Steuersatz 40%, risikoloser Zinssatz: 7%.

Bewertung
- Kapitalwert: -1,9 Mio.
- Entscheidungsbaumverfahren: 2,7 Mio.

Abb. 3-13: Projektdaten und Bewertung des Oilquest-Vorhabens (USD)

Zunächst soll geprüft werden, welches Ergebnis der Realoptionsansatz liefert, wenn Handlungsspielräume *nicht* in das Kalkül einbezogen werden.

Investiert Oilquest heute, beträgt der Bruttoprojektwert S als Barwert der erwarteten Einzahlungen $(34,3 \times 0,5 + 18,8 \times 0,5) \times e^{-0,07} = 23,1$ Mio. USD. Bei einer Investition im Jahr 1 verändert sich der Bruttoprojektwert auf $Su = (46,4 \times 0,5 + 25,4 \times 0,5) \times e^{-0,07} = 33,5$ Mio. USD oder $Sd = (25,4 \times 0,5 + 13,9 \times 0,5) \times e^{-0,07} = 18,3$ Mio. USD.

Damit können die weiteren Parameter der Optionsbewertung ermittelt werden:

$u = Su/S = 33,5/23,1 = 1,45,$

$d = Sd/S = 18,3/23,1 = 0,79,$

$w = \dfrac{e^n - d}{u - d} = \dfrac{e^{0,07} - 0,79}{1,45 - 0,79} = 0,428$ (vgl. Gleichung (3-8))

Der Bruttoprojektwert ohne Handlungsspielräume - also bei sofortiger Investition - kann nach Gleichung (3-7) errechnet werden:

$V = [w \times Su + (1 - w)Sd] \times e^{-n} = (0,428 \times 33,5 + 0,572 \times 18,3) \times e^{-0,07} = 23,1$ Mio. USD. Nach Abzug der Investitionsausgaben ergibt sich ein Gesamtwert der Investition von -1,9 Mio. USD. Dies ist identisch mit dem Ergebnis der Kapitalwertmethode. Werden Handlungsspielräume nicht berücksichtigt, kann der Realoptionsansatz als Ausprägung der Sicherheitsäquivalentmethode des Kapitalwertansatzes interpretiert werden: Die Brutto-

Cash-Flows werden mit Hilfe der risikoneutralen Wahrscheinlichkeit in Sicherheits-äquivalente transformiert und mit dem risikolosen Zinssatz diskontiert.

Die Vertragsgestaltung räumt Oilquest aber das Recht ein, die Förderung der Ölvorkommen um ein Jahr zu verschieben. Diese *Verzögerungsoption* gibt dem Unternehmen die Mög-lichkeit, eine günstige Ölpreisentwicklung durch Förderung der Vorräte auszunützen, bei ungünstigen Marktkonstellationen aber vom Projekt Abstand zu nehmen. Dementsprechend läßt sich die Investitionsmöglichkeit als europäischer Call auf ein Basisobjekt mit dem Wert von 23,1 Mio., einem Ausübungspreis von 25 Mio. und einer Laufzeit von einem Jahr interpretieren. Bei der dargestellten Entwicklung von S ergibt sich der Wert des Projektes in Jahr 1 dann wie folgt:

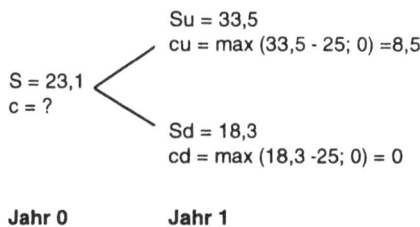

$$S = 23,1 \quad c = ? \quad \begin{cases} Su = 33,5 \\ cu = \max(33,5 - 25;\ 0) = 8,5 \\ \\ Sd = 18,3 \\ cd = \max(18,3 - 25;\ 0) = 0 \end{cases}$$

Jahr 0   **Jahr 1**

Abb. 3-12: Wertentwicklung von Bruttoprojektwert und Investitionsmöglichkeit (Mio. USD)[95]

Der Wert des als Realoption interpretierten Investitionsprojekts ergibt sich aus Gleichung (3-7): $c = \left[w \times c^u + (1 - w) \times c^d \right] \times e^{-r} = \left(0,428 \times 8,5 + 0,572 \times 0 \right) \times e^{-0,07} = 3,4$ Mio. USD. Die Differenz zum Projektwert ohne Handlungsspielraum ist auf die Verzögerungsmöglichkeit zurückzuführen, so daß gilt: 3,4 Mio. USD (Projektwert mit Flexibilität) - (-1,9 Mio. USD) (Projektwert ohne Flexibilität) = 5,3 Mio. USD (Wert der Verzögerungsoption). Dieser Wert wird durch die Kapitalwertmethode nicht erfaßt.

---

[95] In dieser Abbildung wird deutlich, wie die Verzögerungsoption die Struktur der Zahlungsströme ändert: Aus einem symmetrischen Profil, bei dem der Investor sowohl gewinnen als auch verlieren kann (verdeutlicht durch die Entwicklung von S), wird die (einseitige) Gewinnchance der Option (verdeutlicht durch den nichtnegativen Optionswert im unteren Ast). Der Handlungsspielraum hat das Risiko der Investition fundamental verändert.

Im Kapitel 2.3.2 wurde das Entscheidungsbaumverfahren herangezogen, um diesen Handlungsspielraum zu berücksichtigen. Das Ergebnis war ein Projektwert von 2,7 Mio. USD, was eine Bewertung des Handlungsspielraumes mit 2,7 - (-1,9) = 4,6 Mio. USD implizierte - 0,7 Mio. USD tiefer als im Realoptionsansatz. In Kapitel 2.4 wurde bereits theoretisch argumentiert, daß das Entscheidungsbaumverfahren den Marktwert von Handlungsspielräumen nicht korrekt erfaßt, weil es die asymmetrischen Risikostrukturen des Projektes nicht handhaben kann. Dieses Scheitern des Entscheidungsbaumverfahrens kann verdeutlicht werden, indem die Situation von Oilquest näher untersucht und angenommen wird, daß das Unternehmen alternativ die Möglichkeit hat, in ein Portfolio börsengehandelter Erdölkontrakte mit identischer Zahlungsstruktur (im folgenden „Portfolio" genannt) zu investieren.

Oilquest könnte durch geschicktes Agieren am Kapitalmarkt die Zahlungsströme des Projekts genau nachbilden. Dazu müßte es $\delta = (c^u-c^d) / (Su-Sd) = (8,5 - 0) / (33,5-18,3) = 0,559$ Einheiten des Portfolios zum aktuellen Preis von $0,559 \times 23,1 = 12,9$ Mio. USD erwerben.[96] Diesen Kauf finanziert Oilquest durch eine Kreditaufnahme in Höhe von $d \times (Sd-c^d) \times e^{-rt} = 0,559 \times (18,3-0) \times e^{-0,07} = 9,5$ Mio. USD, den restlichen Betrag - 3,4 Mio. USD - bringt das Unternehmen aus Eigenmitteln auf. Diese Investition ist im nächsten Jahr entweder $0,559 \times (33,5 - 12,9) \times e^{0,07} = 8,5$ Mio. USD oder $0,559 \times (18,3 - 12,9) \times e^{0,07} = 0$ USD wert, *weist also genau die Zahlungsströme des Investitionsvorhabens auf.*

Oilquest kann also durch Zahlung von 3,4 Mio. die Zahlungsströme des Investitionsprojektes exakt replizieren, so daß nur eine Bewertung des Investitionsprojektes mit genau 3,4 Mio. ökonomisch korrekt und auf effizienten Märkten von Dauer sein kann - ein schlagendes Argument zugunsten des Realoptionsansatzes. Abbildung 3-14 zeigt, daß eine Bewertung des Investitionsprojekt mit 2,7 Mio. - dem Ergebnis des Entscheidungsbaumverfahrens - Oilquest risikolose Arbitragegewinne in Höhe von 0,7 Mio. ermöglichen würde.

---

[96] Vgl. die Ausführungen in Kapitel 3.3.1.2.2 zur Konstruktion des duplizierenden Portfolios.

Keine Arbitragemöglichkeiten bei Investitionsbewertung von 3,4 Mio. (Realoptionsansatz)

Jahr 0		Jahr 1	Su = 33,5	Sd = 18,3
Verkauf von 0,559 Einheiten PF (Wert 23,	12,9	Kauf von 0,559 Einheiten PF	-18,7	-10,2
Mittelanlage zu 7%	-9,5	Mittelrückfluß	10,2	10,2
Eröffnung der Investitionsmöglichkeit	-3,4	Investition[1]	8,5	0,0
	0,0		0,0	0,0

Arbitragemöglichkeiten in Höhe von 0,7 Mio. bei Investitionsbewertung von 2,7 Mio. (Entscheidungsbaumverfahren)

Jahr 0		Jahr 1	Su = 33,5	Sd = 18,3
Verkauf von 0,559 Einheiten PF (Wert 23,	12,9	Kauf von 0,559 Einheiten PF	-18,7	-10,2
Mittelanlage zu 7%	-10,2	Mittelrückfluß	11,0	11,0
Eröffnung der Investitionsmöglichkeit	-2,7	Investition[1]	8,5	0,0
	0,0		0,7	0,7

PF ... Portfolio
[1] Falls Kapitalwert > 0; sonst Verzicht auf Investition

Abb. 3-13: Arbitragemöglichkeiten bei unterschiedlichen Bewertungen des Oilquest-Projektes (in Mio. USD)

Das Entscheidungsbaumverfahren folgt also mit der Berücksichtigung von Handlungs-möglichkeiten der Entscheidungsträger dem richtigen Ansatz, kann aber die Risikostruktur dieser Optionen nicht adäquat bewerten, weil es den angemessenen risikoangepaßten Zinssatz nicht kennt.[97] Der Realoptionsansatz modelliert die aus Handlungsspielräumen resultierende Asymmetrie der Zahlungsströme und löst damit dieses Problem. Er kann als ökonomisch korrigierte Version des Entscheidungsbaumverfahrens betrachtet werden, in der die tatsächlichen in „risikoneutrale" Wahrscheinlichkeiten umgeformt werden. Dadurch wird die Anwendung des risikolosen Zinssatzes möglich und das Problem angemessener Risikoprämien umgangen. Der Realoptionsansatz baut also auf den Grundlagen von Kapitalwert- und Entscheidungsbaumverfahren auf, ergänzt diese aber um eine angemessene Bewertung des Risikos asymmetrischer Zahlungsströme und ermöglicht es dadurch, eine unter Unsicherheit und Irreversibilität wesentliche und bisher vernachlässigte Komponente des Investitionswertes zu erfassen.

---

[97] Die Rendite von Alternativinvestitionen als Opportunitätskosten hilft nicht weiter, da diese Alternativen nicht dieselben Handlungsspielräume und damit nicht dieselbe Risikostruktur aufweisen. *Ex post* kann übrigens der „richtige" Zinssatz berechnet werden. Wird im vorliegenden Beispiel mit Kapitalkosten von 10,5% gerechnet, führt das Entscheidungsbaumverfahren zum korrekten Investitionswert von 3,4 Mio. USD. Es wäre allerdings reiner Zufall, würden die Entscheidungsträger diesen Zinssatz *ex ante* erraten.

Das Oilquest-Projekt war zur Darstellung der Schwachstellen herkömmlicher Verfahren und zur Verdeutlichung der grundsätzlichen Vorgehensweise des Realoptionsansatzes nützlich, ist aber doch ein stark vereinfachtes Beispiel. Im nächsten Kapitel werden Ansätze zur Modellierung von Realoptionen in realistischeren Situationen vorgestellt und auf zwei Fallstudien aus der Unternehmenspraxis angewendet.

4   DIE BEWERTUNG VON REALOPTIONEN

4.1   KLASSIFIKATIONSSCHEMA UND GRUNDLEGENDE MODEL-LIERUNGSALTERNATIVEN

Wie im letzten Kapitel ausgeführt wurde, weisen Realoptionen im Vergleich zu Finanzoptionen zwei *Besonderheiten* auf: Sie können als *offene Optionen* mehreren Wettbewerbern zugleich offenstehen, und es können *Interaktionen* zwischen Optionen verschiedener Investitionsprojekte und/oder zwischen mehreren Optionen innerhalb eines Vorhabens von Bedeutung sein. Modelle, die den Wert von Realoptionen quantifizieren wollen, müssen diese Eigenschaften abbilden.

Aus dieser Forderung läßt sich eine *Klassifikation* von Realoptionen nach bewertungsrelevanten Aspekten entwickeln (Abbildung 4-1).[1]

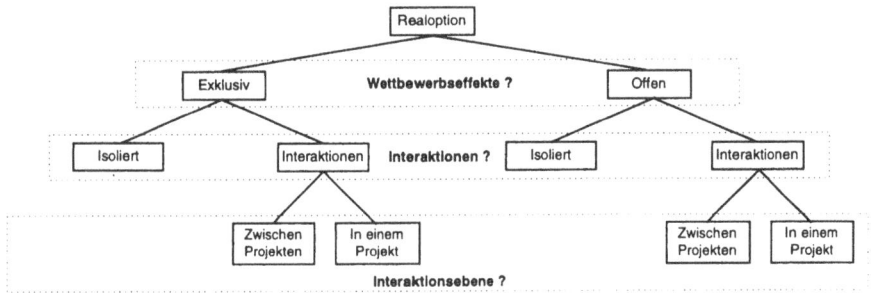

Abb. 4.1:   Klassifikation von Realoptionen nach bewertungsrelevanten Aspekten

Diese Systematik kann nun herangezogen werden, um die vielfältigen realen Entscheidungsprobleme in Gruppen einzuteilen, für die dann sinnvolle Bewertungsmodelle entworfen werden können. So stellt z.B. Oilquests Investitionsprojekt eine exklusive und isolierte Option dar. Der Eintritt in einen neuen geographischen Markt kann als offene Option mit Interaktionen zu Nachfolgeinvestitionen klassifiziert werden.

---

[1]   Alternative Systematisierungsversuche finden sich bei Kester, W.C. (Options, 1984) und Trigeorgis, L. (Framework, 1988). Diese Ansätze bilden aber nicht alle bewertungsrelevanten Dimensionen konsistent ab.

Bei der Entwicklung konkreter Modelle für die einzelnen Gruppen stellt sich die grundlegende Alternative zwischen analytisch-exakten und numerisch-approximativen Ansätzen.

Vertreter der *analytisch-exakten Bewertung* versuchen in der Tradition von *Black und Scholes*, analytische Lösungen der Optionsmodelle zu entwickeln. Dabei gehen sie vom Grundgedanken stetiger stochastischer Prozesse des Basisobjektes und einer dynamischen Replikationsstrategie aus. Analytischen Lösungen der resultierenden Differentialgleichungen sind aber nur unter einschränkenden Annahmen, d.h. für Spezialfälle, ableitbar, so daß Eleganz und Genauigkeit dieses Ansatzes mit hohem mathematischen Aufwand und einem (teilweisen) Verzicht auf eine realitätsnahe Abbildung des Bewertungsproblems erkauft werden. Dennoch erlaubt eine Diskussion dieser Arbeiten neben einem Blick auf den Stand der Forschung interessante Schlußfolgerungen über wertbestimmende Parameter von Realoptionen.

Eine Reihe von Merkmalen realer Investitionsprojekte, v.a. Wettbewerbseffekte und Interaktionen zwischen Optionen, können in analytischen Lösungen nicht erfaßt werden. Hier helfen *numerisch-approximative Ansätze*, v.a. in Form des BOPM[2], die aufgrund ihrer enormen Flexibilität eine realistische Modellierung dieser Effekte erlauben. Der Preis dieser erhöhten Realitätsnähe besteht neben einem höheren Bedarf an Rechnerzeit in einer mathematisch weniger eleganten und nur approximativen Lösung.

Im folgenden werden beide Richtungen verfolgt, wobei die entwickelte Klassifikation das Vorgehen bestimmt: Zunächst werden Modelle *exklusiver isolierter Optionen* vorgestellt, die unter speziellen Bedingungen in analytisch-exakten Lösungen resultieren. Anschließend werden Überlegungen zu *Interaktionen zwischen verschiedenen Investitionsmöglichkeiten* und *zwischen mehreren Optionen innerhalb desselben Projektes* angestellt, die typischerweise numerische Lösungen erfordern. Die Unter-

---

[2]   Andere numerische Verfahren, die zur Lösung analytisch nicht lösbarer Bewertungsprobleme herangezogen werden können, sind u.a. die Monte-Carlo Simulation, die Methode der finiten Differenzen, die numerische Integration und analytische Näherungen. Vgl. z.B. die Nachweise bei Dubofsky, D.A. (Options, 1992), S. 206 f.

suchung exklusiver Optionen schließt mit der Anwendung der entwickelten Modelle auf ein komplexes, reales Entscheidungsproblem aus der Erdölindustrie.

Im zweiten Teil des Kapitels wird untersucht, wie Wettbewerbseffekte in die Modelle integriert und damit *offene Optionen* angemessen bewertet werden können. Auch hier verdeutlicht die Untersuchung eines Entscheidungsproblems aus der Unternehmenspraxis die angestellten Überlegungen.

4.2   EXKLUSIVE OPTIONEN

4.2.1   KLASSIFIKATION GRUNDLEGENDER REALOPTIONSTYPEN

In der Literatur werden verschiedene Grundtypen von Realoptionen angeführt.[3] Abbildung 4-2 ordnet diese Grundtypen in das entwickelte Klassifikationsschema ein.

Klassifikation	Zugehörige Realoptionstypen
Isolierte Optionen	• Verzögerungsoption • Abbruchsoption • Erweiterungs- und Konsolidierungsoption
Optionen mit Interaktionen zu anderen Investitionsprojekten	• Wachstumsoption
Optionen mit Interaktionen innerhalb desselben Projektes	• Option der mehrstufigen Investitionsdurchführung • Option der vorübergehenden Schließung und Wiedereröffnung • Option des Wechsels zwischen verschiedenen Inputs und/oder Outputs

Abb. 4-2:   **Einordnung verschiedener Typen exklusiver Optionen in das Klassifikationsschema**

Diese Einordnung zeigt, daß Interaktionen innerhalb eines Projektes nicht erst dann relevant sind, wenn dieses Projekt *mehrere* Realoptionen enthält. Vielmehr setzen sich bestimmte Realoptionstypen aus mehreren Calls und/oder Puts zusammen. Da Interaktionen schon zwischen diesen Bestandteilen auftreten können, lassen sich solche Realoptionen nicht als isolierte Optionen bewerten. Interaktionen innerhalb eines Projektes sind daher unter zwei Konstellationen relevant:

---

[3]   Vgl. Trigeorgis, L. (Options, 1995) und Copeland, T. et al. (Valuation, 1996), S. 474 ff.

- Das Projekt beinhaltet (nur) *eine* Realoption, die aber aus mehreren Calls und/oder Puts besteht. Dieser Fall ist von Abbildung 4-2 erfaßt. Kapitel 4.2.4.1 stellt solche Realoptionstypen und Ansätze zu ihrer Modellierung dar.

- Das Projekt umfaßt *mehrere* Realoptionen, also z.b. eine Verzögerungs-, eine Abbruchs- und eine Wachstumsoption, die miteinander interagieren. Wenn Abbildung 4-2 also bestimmte Realoptionstypen als isolierte Optionen bezeichnet, so bezieht sich das auf die grundsätzliche Natur des jeweiligen Realoptionstyps und zeigt dessen einfachste Modellierung. Diese Einordnung bedeutet aber nicht, daß solche Realoptionen nicht Gegenstand von Interaktionen sein können, im Gegenteil: Interaktionen zwischen mehreren Realoptionen innerhalb desselben Projektes sind praktisch äußerst relevant und werden im folgenden ebenfalls untersucht (Kapitel 4.2.4.2).

4.2.2 MODELLE ISOLIERTER OPTIONEN

4.2.2.1 VERZÖGERUNGSOPTION

Die *Verzögerungsoption*, die auch im Oilquest-Beispiel relevant war, äußert sich in dem zeitlichen Spielraum, über den Unternehmen typischerweise bei der Wahl des Investitionszeitpunktes verfügen.[4] So kann das Management z.B. die Erschließung eines brachliegenden Grundstückes verschieben, um die zukünftige Entwicklung am lokalen Immobilienmarkt abzuwarten, oder die Einführung eines neuen Produktes verzögern, bis sich der Trend im Konsumentenverhalten deutlicher abzeichnet. Weitere Beispiele finden sich bei der Ausbeutung von Rohstoffvorkommen und in großen Bauvorhaben. Wenn durch die Verschiebung neue Informationen über die Vorteilhaftigkeit des Projektes gewonnen werden, sich also die Unsicherheit im Ablauf der Zeit verringert, können solche Verzögerungsoptionen zur Vermeidung von Fehlentscheidungen beitragen.[5]

---

[4]   Dies ist ausnahmsweise nicht der Fall, wenn das Unternehmen durch behördliche Auflagen, eine Versteigerung oder eine Ausschreibung von Aufträgen dazu gezwungen wird, sofort (oder nie) zu investieren.

[5]   *Dixit/Pindyck* beschreiben den Nutzen einer Verzögerungsoption sehr treffend: „... waiting allows a seperate optimization in each of the contingencies ..., whereas immediate action must be based on only the average ... . This ability to tailor action to contingency ... gives value to the extra freedom to wait." Dixit, A.K./R.S. Pindyck (Investment, 1994), S. 98.

Die Verzögerungsoption wurde v.a. von *McDonald/Siegel*[6], *Paddock et al.*[7], *Inger-soll/Ross*[8], und *Dixit/Pindyck*[9] modelliert.[10] Die Modellierungen lassen sich nach den unterstellen Projekteigenschaften (jederzeitige Ausübbarkeit vs. Ausübbarkeit zu einem bestimmten Zeitpunkt, mit vs. ohne Dividendeneffekte) unterscheiden.

Eine Investitionsmöglichkeit, *die nur am Ende des Verzögerungsspielraumes ausgeübt werden kann*, läßt sich als europäische Call-Option auf den Bruttoprojektwert mit dem Investitionsbetrag als Ausübungspreis modellieren und mit Hilfe des BSOPM bewerten. Entgehen dem Inhaber der Investitionsmöglichkeit durch die Verzögerung keine Zahlungen, wird also unterstellt, daß die Cash-Flows in derselben Form einfach in die Zukunft verschoben werden können, findet die ursprüngliche Black/Scholes-Formel (Gleichung (3-14)) Anwendung. Alternative können solche Zahlungen als Dividenden aufgefaßt und damit das Projekt mit Hilfe des entsprechend modifizierten BSOPM (Gleichung (3-16)) bewertet werden.

Eine Modellierung als europäische Option dürfte allerdings i.d.R. für Realoptionen nicht angemessen sein: Sieht man von Spezialfällen (z.B. vertraglicher Bindung) ab, kann das Unternehmen nahezu beliebig über den Investitionszeitpunkt entscheiden. Verzögerungsoptionen müssen dann als *amerikanische* Option interpretiert werden.

Können Investitionsmöglichkeiten *jederzeit* innerhalb des Verzögerungsspielraumes realisiert werden, ist zu unterscheiden, ob dividendenanaloge zwischenzeitliche Aus-zahlungen anfallen. Investitionsmöglichkeiten ohne solche „Dividenden" können als amerikanische Optionen ohne Dividenden anhand des ursprünglichen BSOPM bewertet werden. Anders verhält es sich, wenn Dividenden zu berücksichtigen sind. Die Wahl des Bewertungsansatzes hängt dann von der Dividendenstruktur ab.

---

[6]   McDonald, R./D. Siegel (Waiting, 1986)
[7]   Paddock, J. et al. (Claims, 1988)
[8]   Ingersoll, J./S. Ross (Waiting, 1992)
[9]   Dixit, A.K./R.S. Pindyck, (Investment, 1994), S. 135-212.
[10] Andere Arbeiten auf diesem Gebiet finden sich bei Tourinho, O. (Reserves, 1979), Cukierman, A. (Effects, 1980), Bernanke, B.S. (Irreversibility, 1983), Titman, S. (Urban, 1985), und Demers, M. (Investment, 1991).

Zunächst ist der *Fall nur einer diskreten, bekannten Dividendenzahlung* denkbar: Das Unternehmen verliert einen Zahlungsstrom D_1 (die „Dividende"), wenn es die Investition nicht vor einem bestimmten Zeitpunkt (dem „Dividendentermin") durchführt. Dies wäre denkbar, wenn ein bestimmter Großkunde nur bis zu einem bestimmten Zeitpunkt zu warten bereit ist und dann das Produkt nicht mehr abnimmt, oder wenn die Verschiebung über einen bestimmten Zeitpunkt hinaus eine Vertragsstrafe nach sich zieht. Das resultierende Bewertungsproblem läßt sich mit Hilfe des Modells von *Roll-Geske-Whaley* (Gleichung (3-18)) lösen.

Sind, wie in der Realität zumeist der Fall, *mehrere Dividendenzahlungen* zu erfassen, existiert keine analytische Lösung. *McDonald/Siegel* gelingt es allerdings, für den *Spezialfall einer unbegrenzten Verschiebbarkeit* des Projektes (also einer unbeschränkten Optionslaufzeit)[11] eine analytische Lösung für die Bewertung einer Verzögerungsoption als amerikanischer Option mit konstanter Dividendenrendite zu entwickeln[12]: Sie untersuchen den optimalen Ausübungszeitpunkt für ein irreversibles Projekt, dessen Bruttozahlungsströme V einer Geometrischen Brownschen Bewegung folgen und das eine konstante prozentuelle Dividende δ ausschüttet. Unter Annahme fixer Investitionsausgaben I finden sie eine Reihe kritischer Projektwerte V_t^*, ab denen eine Ausübung der Option, d.h. die Durchführung der Investition, optimal ist. Ist dagegen $V_t \leq V_t^*$, muß die Investition weiter verzögert werden. Ihre analytische Lösung für den Wert der Investitionsmöglichkeit R mit unendlicher Laufzeit lautet[13]:

$$R = (V^* - I)(V / V^*)^b \quad mit$$
$$V^* = I\left(\frac{b}{b-1}\right)$$
$$b \equiv (\tfrac{1}{2}\hat{\alpha} / \sigma^2) + \sqrt{(\hat{\alpha} / \sigma^2 - \tfrac{1}{2})^2 + 2r / \sigma^2}$$
$$\hat{\alpha} = r - \delta$$
$$\delta = Divdidendenrendite\ (Opportunitätskosten\ der\ Verzögerung)$$

(4-1)

---

[11] In diesem Fall ist die Differentialgleichung nicht von der Optionslaufzeit abhängig, was eine analytische Lösung erlaubt. Vgl. McDonald, R./D. Siegel (Waiting, 1986), S. 712.

[12] McDonald, R./D. Siegel (Waiting, 1986). Siehe auch die detaillierte Darstellung in Dixit, A.K./R.S. Pindyck, (Investment, 1994), S. 135-174 sowie in Dixit, A.K. (Investment, 1992) und Pindyck, R.S. (Irreversibility, 1991).

[13] Zur genauen Vorgehensweise vgl. McDonald, R./D. Siegel (Waiting, 1986), S. 712 ff.

Die komparative Statik dieser Lösung führt zu denselben Ergebnissen wie bei Finanz-optionsmodellen[14]: Höhere Unsicherheit erhöht Optionswert und kritische Ausübungs-schwellen und begünstigt damit die Verzögerung der Investition. Das gleiche gilt für höhere Zinsen, während höhere Opportunitätskosten des Wartens (δ) genau den gegen-teiligen Effekt haben.

McDonald/Siegel erweitern diese Überlegungen auf den Fall stochastischer Investitionskosten, indem sie auch I als Geometrische Brownsche Bewegung modellieren.[15] Die Schwelle Δ, ab der die Durchführung der Investition optimal wird, ergibt sich als $\Delta = \dfrac{b'}{b'-I}$, und der Wert der Investitionsmöglichkeit R als:

$$R = (\Delta - 1)I(V / I\Delta)^{b'} \quad \textit{mit}$$
$$b' \equiv \left[\tfrac{1}{2} - (\hat{\alpha} - \hat{\alpha}')/s^2\right] + \sqrt{\left[(\hat{\alpha} - \hat{\alpha}')/s^2 - \tfrac{1}{2}\right]^2 + 2(r - \hat{\alpha}')/s^2}$$
$$\hat{\alpha}' = r - \delta'$$
$$s^2 = \sigma^2 + \sigma'^2 - 2\rho\sigma\sigma'$$
$$\rho = \textit{Korrelationskoeffizient zwischen V und I}$$

(4-2)

Da b > 1 gilt, ergibt sich aus (4-1), daß der kritische Projektwert V*, ab dem die Durch-führung der Investition ökonomisch sinnvoll ist, größer ist als der beim Kapitalwert-verfahren geltende Grenzwert I.[16] Ökonomisch interpretiert bedeutet dies, daß der durch die sofortige Investition *vernichtete Optionswert als Opportunitätskosten der Aus-übungsentscheidung* in das Bewertungskalkül Eingang finden, der Bruttoprojektwert also mindestens die Summe aus diskontierten Investitionsausgaben *und* diesen Opportunitätskosten betragen muß. McDonald/Siegel rechnen ihr Modell mit ver-schiedenen Parameterkonstellationen durch und kommen zu dem Ergebnis, daß Verzögerungsoptionen und damit diese Opportunitätskosten unter realistischen Annahmen erheblichen Wert haben können. Als Faustregel geben sie an, daß eine Ver-zögerung von Investitionsprojekten optimal ist, bis der Bruttoprojektwert *V* die

---

[14] Vgl. McDonald, R./D. Siegel (Waiting, 1986), S. 714; siehe auch Dixit, A.K./R.S. Pindyck, (Investment, 1994), S. 157.

[15] Dadurch werden interessante Erweiterungen möglich, so z.B. die Anwendung des Modells zur Bewertung der Option, das Projekt gegen einen stochastischen „Scrap-Value" zu veräußern. Vgl. McDonald, R./D. Siegel (Waiting, 1986), S. 711 und S. 714 f.

[16] Beim Kapitalwertverfahren gilt ja als (notwendige und hinreichende) Investitionsbedingung: KW = V – I > 0 ⇔ V > I

Investitionsausgaben *I* um das Zweifache übersteigt - eine fundamentale Abweichung vom Kapitalwertkalkül.[17] Sie folgern: „The rule 'invest if the net present value of investing exceeds zero' is only valid if the variance of the present value of future benefits and costs is zero or if the expected rate of growth of the present value is minus infinity; the value lost by following this suboptimal investment policy can be substantial."[18] Noch direkter äußern sich *Dixit/Pindyck* in ihrer Besprechung des McDonald/Siegel-Modells: „... the simple NPV rule is not just wrong; it is often *very* wrong."[19]

Dixit/Pindyck erweitern dieses Modell, indem sie die Möglichkeit von Sprüngen im Projektwert V einführen.[20] Die qualitativen Aussagen des McDonald/Siegel-Modells werden dadurch nicht berührt.

In der bisherigen Betrachtungsweise stellen die Cash-Flows des Investitionsvorhabens die Quelle der Unsicherheit dar. *Ingersoll/Ross* zeigen, daß eine Warteoption auch bei Unsicherheit über die zukünftige *Zinsentwicklung* ein wertvoller Handlungsspielraum sein kann[21]: Eine Verschiebung des Projektes führt zu einem höheren Kapitalwert, wenn der Zins und damit der relevante Diskontierungssatz in der Zukunft sinkt. Ihr Modell geht von einem Investitionsprojekt aus, daß Investitionsausgaben von I in t und einen Rückfluß von 1 in t + T aufweist. Das Basisobjekt, das sich stochastisch verändert, ist der Zins r. Wie McDonald/Siegel lösen Ingersoll/Ross das Bewertungsproblem für einen Call mit unbegrenzter Laufzeit. Und wie in den auf Cash-Flow-Unsicherheit basierenden Modellen leiten auch sie eine kritische Grenze der stochastischen Größe ab, ab der die Investitionsdurchführung optimal ist - hier eine Zinsgrenze r*, unterhalb der die Investition realisiert wird. Sie können zeigen, daß es nicht ausreicht, daß der interne Zinsfuß r^{iz} gleich der geforderten Rendite r ist, sondern daß r^{iz} r um einen den Wert des Wartens entsprechenden Betrag übertreffen muß. Auch hier gilt: Je höher die Unsicherheit, desto höher ist der Wert des Wartens und desto eher wird die Investition verzögert.

[17] Vgl. McDonald, R./D. Siegel (Waiting, 1986), S. 721.
[18] McDonald, R./D. Siegel (Waiting, 1986), S. 708.
[19] Dixit, A.K./R.S. Pindyck, (Investment, 1994), S. 136.
[20] Dixit, A.K./R.S. Pindyck, (Investment, 1994), S. 161 ff.

Die Autoren erweitern schließlich ihr Modell auf Investitionen mit komplexeren Zahlungsmustern und anderen stochastischen Prozessen.

Die Verzögerungsoption ist der einzige Fall, in dem Realoptionsmodelle großzahlig empirisch getestet wurden: *Quigg* überprüft das Modell von *Williams*[22], in dem die Möglichkeit der Entwicklung eines Grundstückes als Call-Option analysiert wird, anhand der Daten von 2.700 Transaktionen auf dem Immobilienmarkt von Seattle, USA.[23] Ihre Ergebnisse lassen den Schluß zu, daß sich der Wert der Verzögerungsoption in den Marktpreisen widerspiegelt. Der durchschnittliche Optionswert beträgt dabei 6% des Grundstückwertes.[24] Quigg folgert: „This paper provides evidence, based on a large sample of actual real estate transactions, that the real option-pricing model has descriptive value. Market prices reflect a premium for optimal development ... . The basis behind the theory, that the option to wait has value, appears to ring true."[25]

Abbildung 4-1 faßt die verschiedenen analytischen Ansätze zur Modellierung von Verzögerungsoptionen zusammen.

---

[21] Ingersoll, J.E./S.A. Ross (Waiting, 1992).
[22] Williams, J.T. (Development, 1991).
[23] Quigg, L. (Testing, 1993).
[24] Für detaillierte Optionsprämien innerhalb der verschiedenen Marktsegmente siege Quigg, L. (Testing, 1993), S. 636.
[25] Quigg, L. (Testing, 1993), S. 638 f.

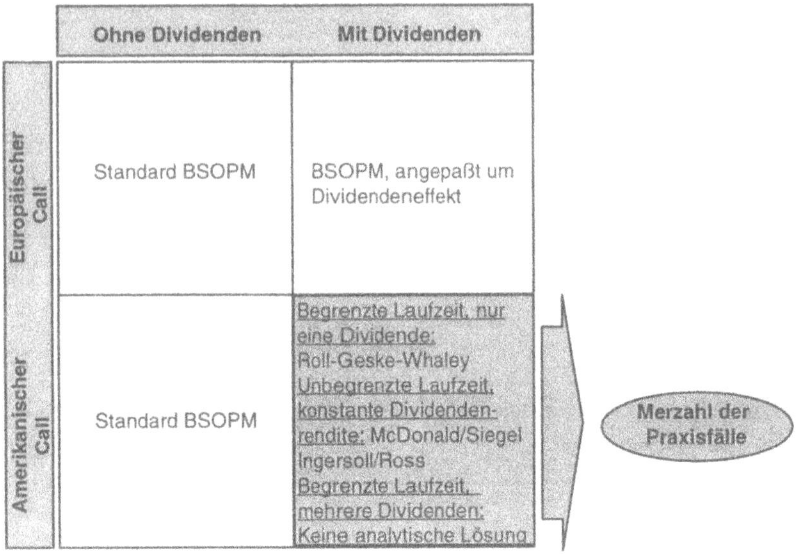

	Ohne Dividenden	Mit Dividenden
Europäischer Call	Standard BSOPM	BSOPM, angepaßt um Dividendeneffekt
Amerikanischer Call	Standard BSOPM	Begrenzte Laufzeit, nur eine Dividende: Roll-Geske-Whaley Unbegrenzte Laufzeit, konstante Dividenden- rendite: McDonald/Siegel Ingersoll/Ross Begrenzte Laufzeit, mehrere Dividenden: Keine analytische Lösung

Merzahl der Praxisfälle

Abb. 4-3:   Analytische Ansätze zur Modellierung der Verzögerungsoption

4.2.2.2 ABBRUCHSOPTION

Häufig ist mit einer Investition eine *Abbruchsoption* verbunden: Wenn sich die Markt-
bedingungen erheblich verschlechtern, ist das Unternehmen nicht an eine Fortsetzung
des Projektes gebunden. Statt dessen kann es das Vorhaben aufgeben - es ist durch eine
Put-Option vor (weiteren) Verlusten geschützt. Solche Abbruchsmöglichkeiten sind
angesichts der enormen Mißerfolgsquote z.B. neueingeführter Produkte[26] wichtige
„Versicherungen" des Unternehmens, die es ihm erlauben, neue Chancen zu ergreifen,
ohne gleich die Existenz des Unternehmens zu gefährden.

Robitchek/Van Horne wiesen bereits 1967 auf die Bedeutung dieser Reaktionsmöglichkeit hin.[27] Sie empfahlen, von der Abbruchsmöglichkeit Gebrauch zu machen,
sobald der Liquidationserlös der Investition den Barwert der erwarteten Cash-Flows
übersteigt. *Dyl/Long* wiesen allerdings darauf hin, daß diese Strategie nicht optimal sein
kann: Sie berücksichtigt nicht, daß ein Unternehmen, das das Projekt nicht sofort ab-

---

[26]   Nach *Cooper/Kleinschmidt* sind 75% der Produktneueinführungen Fehlschläge (Cooper, R.G./E.J.
Kleinschmidt (Products, 1990)). *Clancy/Shulman* berichten ähnliche Werte für neue Finanzprodukte
und -dienstleistungen (Clancy, K.J./R.S. Shulman (Revolution, 1991)).
[27]   Robitchek, A./J.C. Van Horne (Abandonment, 1967).

bricht, die Abbruchsmöglichkeit ja behält und auch später ausüben kann, vernachlässigt also den Flexibilitätswert - Robitchek/Van Horne bewerten die Abbruchsoption so, als ob sie *sofort* ausgeübt werden müßte.[28] Auch Dyl/Long konnten allerdings keinen Ansatz zur Quantifizierung dieses Wertes vorschlagen.

Der Realoptionsansatz löst dieses Problem: Die Möglichkeit, ein Projekt aufzugeben und zum Liquidationswert zu veräußern, kann zunächst als europäischer Put auf den Bruttoprojektwert mit einem Ausübungspreis in Höhe des Liquidationswertes interpretiert werden. Dies wäre z.b. dann angemessen, wenn der Investor ein vertragliches Rückgaberecht hat, das zu einem bestimmten Zeitpunkt zum Tragen kommt, wie dies in bestimmten Leasing-Verträgen der Fall ist. In solchen Fällen kann die Abbruchsoption mit Hilfe des Standard-BSOPM bewertet werden.

Häufiger wird das Unternehmen aber die Möglichkeit haben, die Abbruchsoption zu jedem beliebigen Zeitpunkt während der Laufzeit des Projektes auszuüben. Das BSOPM bietet bei der Bewertung solcher amerikanischen Puts keine Hilfe. In der Literatur wurden deshalb numerische Lösungen dieses Bewertungsproblems entwickelt.

So analysieren *Myers/Majd*[29] die Option, ein Projekt aufzugeben und zum Liquidationserlös zu veräußern. Dabei unterstellen sie eine Geometrische Brownsche Bewegung als Preisprozeß des Bruttoprojektwertes V und die Existenz von Dividenden D. Sie interpretieren dann die Möglichkeit, das Projekt zum Liquidationserlös X zu veräußern, als amerikanische Put-Option auf ein Basisobjekt V bei Dividenden mit Ausübungspreis X und Laufzeit τ. Der Wert *A* dieser Abbruchsoption muß folgende partielle Differentialgleichung erfüllen:

$$\tfrac{1}{2}\sigma^2 V^2 A_{VV} + (r - D)V A_V - A_\tau - rA = 0$$

Nebenbedingungen:

$$A(V,0) = max(X - V,0)$$
$$A(0,\tau) = X \qquad\qquad\qquad\text{(4-3)}$$
$$A(\infty,\tau) = 0$$

---

[28] Dyl, E.A./H.W. Long (Abandonment, 1969)
[29] Myers, S.C./S. Majd (Abandonment, 1990)

Zudem muß die Möglichkeit einer frühzeitigen Ausübung der Option in Betracht gezogen werden. Der Projektwert entspricht also dem Maximum aus Liquidationserlös und Projektwert unter der Annahme des optimalen Abbruchs. Diese Überlegung resultiert in einer Reihe kritischer Projektwerte V^*, unterhalb derer ein Abbruch des Projektes optimal ist.

Da dieses Gleichungssystem keine analytische Lösung besitzt, wenden Myers/Majd eine numerische Lösungstechnik an. Der resultierende Wert der Abbruchsoption erhöht sich mit dem Liquidationserlös, der Volatilität der Projektzahlungsströme und der Laufzeit des Projektes, und sinkt mit höherem Bruttoprojektwert. Diese Ergebnisse stehen in Einklang mit der Optionspreistheorie. Die Autoren zeigen, daß die übliche Vorgehensweise der Investitionsrechnung, einen zum Ende der Projektlaufzeit erwarteten, konstanten Liquidationswert anzusetzen, die Option eines vorzeitigen Projektabbruchs nicht angemessen erfaßt und damit Projekte, die diesen Handlungsspielraum aufweisen, zu niedrig bewertet.

Myers/Majd modifizieren ihr Modell, indem sie auch den Liquidationserlös X als unsichere Größe modellieren. Sie zeigen, daß sich das Problem durch geeignete Transformation im bereits besprochenen Modell eines deterministischen Liquidationserlöses lösen läßt. Interessant ist, daß sich die Option, das Projekt abzubrechen und den (stochastischen) Liquidationswert zu erhalten, als Spezialfall des allgemeinen Ansatzes zur Bewertung von Optionen auf zwei Vermögensgegenstände interpretieren läßt, indem man sie als Recht zum Tausch des Projektwertes gegen den Liquidationserlös versteht. Damit kann eine Abbruchsoption unter den entsprechenden Voraussetzungen durch Gleichung (3-20) bzw. (3-21) bewertet werden.[30]

---

[30] Die Abbruchsoption wurde auch simultan mit anderen Optionstypen modelliert. So nehmen z.B. *Dixit/Pindyck* eine interessante Erweiterung vor, indem sie berücksichtigen, daß die Möglichkeit, eine Investition durchzuführen, auch immer die Möglichkeit eines späteren Abbruchs beinhaltet. Das Bewertungsproblem wird damit zur Suche nach optimalen Ein- und Austrittsstrategien. Die Autoren wenden diese Überlegungen beispielhaft auf die Kupferindustrie an und zeigen, daß die Empfehlungen der konventionellen mikroökonomischen Analyse in suboptimalen Strategien resultieren können. Vgl. Dixit, A.K./R.S. Pindyck, (Investment, 1994), S. 213 ff.

4.2.2.3 ERWEITERUNGS- UND KONSOLIDIERUNGSOPTION

Erweiterungs- und Konsolidierungsoption erlauben es dem Unternehmen, den Umfang des Investitionsprojektes flexibel an neue Informationen anzupassen. Durch eine Erweiterung des ursprünglich geplanten Volumens kann das Unternehmen von einer unerwartet guten Marktentwicklung profitieren, während eine Verringerung des Projektumfanges vor schlechten Marktentwicklungen schützt. Flexible Fertigungssysteme in zyklischen Industrien enthalten beide Optionstypen, während eine Produktionsanlage mit Überkapazität dem Unternehmen eine Erweiterungsoption auf zusätzliche Zahlungsströme für den Fall einräumt, daß das Produkt auf unerwartet gute Marktakzeptanz stößt. Oft weisen auch Vorhaben zur Erschließung von Bodenschätzen solche Optionen auf, so z.b. durch mögliche Veränderungen der Fördergeschwindigkeit. Ein anderes Beispiel für die Nutzung einer Erweiterungsoption besteht darin, ein neues Produkt zunächst nur regional anzubieten und die nationale Markteinführung vom regionalen Erfolg abhängig zu machen. In der Sprache der Finanzoptionen entspricht eine solche Erweiterungsoption einem Call, eine Konsolidierungsoption einem Put auf einen Teil des Bruttoprojektwertes.

Ein Projekt, dessen Umfang im Zeitpunkt T durch eine zusätzliche Investition I^E um $x\%$ erweitert werden kann, beinhaltet einen Call auf $x\%$ des Bruttoprojektwertes mit Ausübungspreis I^E und Laufzeit T. Der Gesamtwert des Projektes setzt sich aus dem Wert ohne Flexibilität $(V-I)$ und dem Optionswert der zukünftigen Investitionsmöglichkeit zusammen, beträgt also $(V - I) + max(xV - I^E, 0)$.[31] Die Erweiterungsmöglichkeit kann demnach als eigenständiges Projekt bewertet werden. Im einfachsten Fall einer europäischen Option ohne Dividenden kommt Gleichung (3-14) zur Anwendung. Dies könnte man sich z.b. vorstellen, wenn ein vertragliches Recht die Erweiterungsmöglichkeit des Unternehmens auf einen bestimmten Zeitpunkt beschränkt. Oft wird das Unternehmen allerdings innerhalb eines gewissen Zeitraumes *beliebig* entscheiden können, so daß eine Modellierung als amerikanische Option

---

[31] Vgl. z.B. Trigeorgis, L. (Options, 1995), S. 6 f.; siehe auch Kasanen, E./L. Trigeorgis (Flexibility, 1992).

notwendig wird. *Dixit/Pindyck*[32] entwickeln analytische Lösungen für die Interpretation von Erweiterungsmöglichkeiten als amerikanische Optionen für den Spezialfall unbegrenzter Laufzeit. Dabei untersuchen sie auch den Einfluß von Anpassungskosten, Abnutzung bereits vorhandener Investitionsgüter und unterschiedlicher Hypothesen über die Grenzproduktivität der zusätzlichen Investitionen und leiten Aussagen zum optimalen Kapitalstock eines Unternehmens ab.[33]

Kogut und *Mahajan* übertragen diese Überlegungen auf zwei interessante Anwendungsfälle.

Kogut wendet den Gedanken der Erweiterungsoption auf *Joint Ventures* an[34]: Viele Joint Ventures geben den Partnern die vertragliche Möglichkeit, den Anteil des anderen Teils zu erwerben. Auf diese Weise gibt das Joint Venture den Partnern eine Erweiterungsoption und reduziert gleichzeitig den zum Erwerb dieser Option notwendigen Kapitaleinsatz. Diese Option wird bei günstiger Marktentwicklung von derjenigen Seite ausgeübt, die der entstandenen Chance einen höheren Wert beimißt (z.B. weil sie aufgrund ihrer Fähigkeiten besser in der Lage ist, die neuen Absatzmöglichkeiten zu nutzen). Trifft diese Interpretation zu, dann müßte eine überraschend günstige Marktentwicklung zu einer Akquisition des Joint Ventures durch eine Seite führen, während eine unter den Erwartungen liegende Entwicklung keine Auswirkungen auf das Joint Venture (v.a. nicht dessen Auflösung[35]) haben dürfte. *Kogut* überprüft diese Hypothese erfolgreich anhand einer Stichprobe von 92 Joint Ventures des verarbeitenden Gewerbes.[36]

Mahajan überträgt die Überlegungen zu Erweiterungsoptionen auf den Fall multinationaler Unternehmen, die das politische Risiko ihrer Direktinvestitionen bewerten

[32] Dixit, A.K./R.S. Pindyck, (Investment, 1994), S. 357 ff.
[33] Zur Bewertung von Erweiterungsoptionen vgl. auch Trigeorgis, L./S.P. Mason (Flexibility, 1987).
[34] Kogut, B. (Ventures, 1991).
[35] Dies gilt, solange keine Folgeinvestitionen erforderlich und die Betriebskosten nicht übermäßig hoch sind. Vgl. Kogut, B. (Ventures, 1991), S. 20.
[36] Zur genauen Vorgehensweise und den Ergebnissen im einzelnen vgl. Kogut, B. (Ventures, 1991), S. 26 ff.

wollen, indem er ihre Situation mit der eines Stillhalters einer Finanzoption vergleicht[37]: Das Unternehmen schreibt dem Gastland eine Kaufoption (zu klassifizieren als Erweiterungsoption) auf den Projektwert, die dieses durch Enteignung des Unternehmens ausüben kann. Der Ausübungspreis besteht aus den Kosten der Enteignung, die Mahajan in Entschädigungszahlungen, Wertverluste des Projektes durch weniger effizientes Management und politische Kosten (wie z.b. Abschreckung weiterer Direktinvestitionen oder handelspolitische Gegenmaßnahmen anderer Staaten) unterteilt. Der Wert dieser Option muß als weiterer Kostenbestandteil in ein erweitertes Kapitalwertkalkül eingehen, wobei der Autor eine Reihe von Hilfsvariablen zur Bewertung vorschlägt. Mahajan konzediert, daß diese Bewertung nicht annähernd so exakt erfolgen kann wie bei einer Finanzoption, zeigt aber auch, daß dieses Modell bestimmte empirisch beobachtbare Verhaltensmuster und Strategien multinationaler Unternehmen besser erklären kann als andere Ansätze.[38]

Das Gegenstück zur Erweiterungsoption bildet die *Konsolidierungsoption*: Das Unternehmen kann die Möglichkeit haben, den Umfang des Projektes um *c*% zu reduzieren und einen Teil I^C der geplanten Investitionsausgaben einzusparen, wenn sich z.B. die Marktgegebenheiten schlechter als erwartet entwickeln. Diese Möglichkeit räumt dem Unternehmen eine Put-Option auf c% des Projektwertes mit einem Ausübungspreis von I^C ein. Der innere Wert dieses Puts ist $max(I^C - cV, 0)$. Damit kann diese Option wie eine Abbruchsoption auf einen Teil des Bruttoprojektwertes bewertet werden.

4.2.3   INTERAKTIONEN ZWISCHEN VERSCHIEDENEN INVESTITIONS-PROJEKTEN

4.2.3.1   ZEITLICH-HORIZONTALE INTERDEPENDENZEN

Zeitlich-horizontale Interdependenzen beruhen auf Abhängigkeiten zwischen *zeitgleich* durchzuführenden Projekten, die sich entweder auf die *Durchführung als solche* oder auf die *Zahlungsströme* beziehen können.

---

[37] Mahajan, A. (Expropriation, 1990).
[38] Mahajan, A. (Expropriation, 1990), S. 93 f.

Ein Beispiel für die erste Gruppe bildet die Situation, in der zwei Projekte nur gemeinsam durchgeführt werden können. Die Investitionsmöglichkeit kann dann als Call auf die Summe der Bruttoprojektwerte mit einem Ausübungspreis in Höhe der Summe der diskontierten Investitionsausgaben interpretiert werden. Im entgegengesetzten Fall, in dem sich zwei Projekte gegenseitig ausschließen, hat das Unternehmen einen Call auf das Maximum der beiden Bruttoprojektwerte, der sich mit Hilfe von Gleichung (3-20) bewerten läßt.

Es ist aber auch denkbar, daß die Durchführung eines Projektes die Cash-Flows eines anderen Vorhabens verändert; ein Beispiel hierfür sind *Synergien* zwischen den Projekten. Solche Abhängigkeiten verändern zwar nicht das Bewertungsmodell an sich, aber die Cash-Flows, die der Optionsbewertung zugrunde liegen, müssen entsprechend angepaßt werden. Ein anschauliches Beispiel solcher Anpassungen findet sich bei *Kester*.[39]

Diese Überlegungen zeigen, daß Realoptionen vom konkreten Bewertungsumfeld abhängig sind und damit für verschiedene Unternehmen stark unterschiedliche Werte aufweisen können.

4.2.3.2   ZEITLICH-VERTIKALE INTERDEPENDENZEN: WACHSTUMSOPTIONEN

Zeitlich-vertikale Interdependenzen zwischen Investitionsvorhaben liegen vor, wenn die Durchführung eines Projektes notwendige Voraussetzung für Folgeprojekte sind. Dies ist die klassische Konstellation von *Wachstumsoptionen*.

Die eigentliche Bedeutung eines Investitionsvorhabens liegt oft weniger in dem unmittelbaren Projekt   als vielmehr in der *Schaffung kritischer Ressourcen* (z.B. technologisches Know-how, Markennamen, Distributionsnetze, Marktkenntnisse, kritisches Produktionsvolumen), die den Zugang zu Folgeprodukten und verwandten Anwendungen erlauben und damit Wachstumsoptionen eröffnen. So ist z.B. die Forschung auf vielen Gebieten der Gentechnologie die Voraussetzung für die Teilnahme an vielen profitablen Anwendungen von morgen. Ein Unternehmen, das in einen neuen

Markt eintritt, erwirbt Wachstumsoptionen, die ihm die Möglichkeit geben, durch Folgeinvestitionen die Brutto-Cash-Flows eventueller Folgeprojekte zu erwirtschaften, ohne daß es zu solchen Investitionen verpflichtet wäre. Wachstumsoptionen messen damit den *strategischen Wert* einer Investition, die den Grundstein einer Kette zusammenhängender Investitionsmöglichkeiten legt.[40]

Wachstumsoptionen sind v.a. in „strategischen Branchen" (Schlüsseltechnologien), bei hohen Lerneffekten und der Möglichkeit von Folgeprodukten sowie in neuen Märkten mit hohem Entwicklungspotential und hohem technologischen Risiko von Bedeutung. *Kester* schätzt den Anteil von Wachstumsoptionen am Marktwert in Branchen wie Elektronik, EDV oder Chemie auf bis zu 80%.[41] *Pindycks* Analyse ergibt, daß Wachstumsoptionen in Branchen mit volatiler Nachfrage über 50% des Unternehmenswertes ausmachen.[42] Aktuelle Beispiele stellen z.B. Biotechnologie-Firmen dar, die, obwohl noch ohne jeglichen Umsatz, vom Markt aufgrund der in der „Entwicklungspipeline" enthaltenen Wachstumsoptionen mit mehrstelligen Millionenbeträgen bewertet werden. Ein anderes Beispiel sind die enorm hohen Marktwerte von Internet-Unternehmen.[43]

Eine Wachstumsoption kann als Call-Option auf den Bruttoprojektwert der Folge-projekte interpretiert werden Die ursprünglichen Investitionsmöglichkeit ist damit eine Option auf den Bruttoprojektwert dieser Investition *und die durch die Investition geschaffenen Wachstumsoption(en)*, und muß daher als *verbundene Option* bewertet werden. Compound-Options-Modelle sind aber nur für europäische Optionen ohne Dividendenzahlungen analytisch lösbar, können also nur stark vereinfachte Anwendungsfälle lösen. Zur realistischeren Abbildung müssen numerische Ansätze herangezogen werden.

---

[39]   Kester, W.C. (Growth, 1993).
[40]   Vgl. z.B. Kester, W.C. (Options, 1984)
[41]   Kester, W.C. (Options, 1984), S. 155.
[42]   Pindyck, R.S. (Investment, 1988).
[43]   So beträgt der Marktwert des Eigenkapitals von *Netscape*, einem Unternehmen mit ca. 350 Mio. USD Umsatz (1996), Anfang 1997 ca. 4,8 Mrd. USD. *Yahoo* weist ähnliche Relationen auf.

Eine interessante Anwendung findet sich bei *Smith/Triantis*[44], die die Bedeutung von Wachstumsoptionen bei strategischen Akquisitionen analysieren und beispielhaft eine Akquisition im Medienbereich mit Hilfe des BSOPM bewerten. *Willner*[45] interpretiert neugegründete Unternehmen in forschungsintensiven Branchen als Portfolios von Wachstumsoptionen.[46] Er erweitert dieses Model um Abbruchsoptionen entlang eines mehrstufigen Investitionsprozesses, um die Situation von „Venture Capital"-Investoren, die ihre Investitionen in Phasen tätigen, besser abzubilden, und berichtet von einer hohen Akzeptanz seines Modells unter „Venture Capital"-Experten.

4.2.4   INTERAKTIONEN ZWISCHEN MEHREREN OPTIONEN INNERHALB DESSELBEN PROJEKTES

4.2.4.1   DARSTELLUNG RELEVANTER OPTIONSTYPEN UND MODELLANSÄTZE: MEHRSTUFIGE INVESTITIONSDURCHFÜHRUNG, VORÜBERGEHENDE STILLEGUNG, WECHSEL

Option der mehrstufigen Investitionsdurchführung

Setzen sich Investitionen aus mehreren Stufen zusammen, die nacheinander durchlaufen werden müssen, dann verfügt das Unternehmen über die Option der mehrstufigen Investitionsdurchführung, die es ihm ermöglicht, als Reaktion auf neue, ungünstige Informationen auf die Durchführung der noch ausstehenden Stufen zu verzichten.

Ein Beispiel sind *Unternehmensgründungen*: Zunächst muß in einer sog. „Seed"-Phase ein schlüssiges Konzept erarbeitet werden. In der „Start-up"-Phase beginnt die Vermarktung der Idee, zunächst noch in eher bescheidenem Rahmen. Wenn sich das Konzept am Markt durchsetzt, folgen dann in der Expansionsphase weitere Investitionen zur breiten Umsetzung der Idee. Auch hier kann das Unternehmen in jeder Phase des Prozesses seine Tätigkeit einstellen, muß also den Weg nicht bis zum bitteren Ende gehen.[47]

---

[44]   Smith, K.W./A.J. Triantis (Value, 1995)
[45]   Willner, R. (Valuing, 1995)
[46]   Besonders interessant an dieser Arbeit ist die Modellierung des Projektwertes als „Jump-Prozeß", durch die der Autor die Möglichkeit grundlegend neuer Entdeckungen besser abzubilden hofft. Dies führt allerdings dazu, daß analytische Lösungen nicht existieren.
[47]   Zur Interpretation von Unternehmensgründungen als Realoptionen vgl. Willner, R. (Start-up, 1995).

Ein weiteres Beispiel findet sich in der von *Kotler/Bliemel* berichteten Praxis vieler Unternehmen, die Entwicklung neuer Produkte in Stufen stufenweise durchzuführen[48]: Dieser Prozeß erstreckt sich von der Ideenvorauswahl über die Konzepterprobung, der Produktentwicklung und der Markterprobung hin zur nationalen Markteinführung. Dabei werden in jeder Stufe diejenigen Ideen aussortiert, deren weitere Verfolgung aufgrund der neuen Information nicht aussichtsreich erschient. Da die Investitionsausgaben pro Stufe enorm ansteigen[49], führt diese stufenweise Selektion zu der Nutzung von Chancen bei Begrenzung der Verlustrisiken.

Das Unternehmen muß also nach jeder Stufe entscheiden, ob es in die nächste Stufe investiert und so seine Option auf die Folgestufen und damit auf das Projekt insgesamt offenhält. Das Projekt kann daher als eine Folge von Optionen auf die jeweils nächste Stufe interpretiert und als *verbundene Option auf den Bruttoprojektwert* bewertet werden.

Wenn während der Konstruktionszeit keine Zahlungen (Dividenden) anfallen und die Entscheidung über die Durchführung der jeweiligen Stufe nur zu einem festen Zeitpunkt möglich ist, kann das Projekt anhand des Compound-Option-Modells von *Geske* (Gleichung (3-17)) bewertet werden. Reale Entscheidungsprobleme werden diese Voraussetzungen aber in der Regel nicht erfüllen. In der Literatur wurden daher komplexere Modelle entwickelt.

Majd/Pindyck modellieren ein mehrstufiges Investitionsprojekt, dessen Durchführung mit Konstruktionsrate i(t) (Geldeinheiten pro Zeit) erfolgt, wobei $0 \leq i(t) \leq k$ mit k als maximaler Konstruktionsrate gilt. Rückflüsse treten erst nach Vollendung der letzten Phase ein, und alle Investitionsoptionen haben eine unbegrenzte Laufzeit. Der Bruttoprojektwert V folgt einer Geometrischen Brownschen Bewegung. K bezeichnet den zur Fertigstellung des Projektes noch erforderlichen Investitionsbetrag, entspricht also der

---

[48]   Kotler, P./F. Bliemel (Marketing, 1995), S. 506 f.

[49]   *Kotler/Bliemel* berichten von Kosten pro Idee in den verschiedenen Stufen in Höhe von 1.000, 20.000, 200.000, 500.000 und 5 Mio. USD. Dabei schafften von anfänglich 64 Ideen nur zwei den Sprung zur

Differenz zwischen den Gesamtausgaben I und dem bisher investierten Teilbetrag und verringert sich pro Zeiteinheit um i.

Majd/Pindyck suchen nun nach der optimalen Konstruktionsrate $i^*(V, K)$. Da der Wechsel der Produktionsrate in ihrem Modell kostenlos möglich ist, ergibt sich i^* als entweder 0 oder maximale Konstruktionsrate k, und zwar je nachdem, ob der kritische Bruttoprojektwert V^* erreicht wird ($i^* = k$) oder nicht ($i^* = 0$). Das Unternehmen muß sich also kontinuierlich zwischen der Durchführung oder der Verzögerung des Projektes entscheiden.

Die Autoren lösen das resultierende Compound-Option-Problem numerisch und erhalten so den Wert der Investitionsmöglichkeit und den kritischen Bruttoprojektwert V^*. Dabei zeigen sie, daß der Bruttoprojektwert, ab dem die herkömmliche Investitionsrechnung die Investitionsdurchführung empfiehlt - der Barwert der verbleibenden Investitionsausgaben des Projektes - systematisch zu tief liegt, also eine zu rasche, suboptimale Investitionsdurchführung empfiehlt. Die Annahme einer gegebenen Investitionsdurchführung und damit die Nichtbeachtung der im Projekt enthaltenen Flexibilität, die Durchführungsgeschwindigkeit zu optimieren, führt damit zu einer erheblichen Unterbewertung der Investition durch die herkömmlichen Verfahren.

Teisberg wendet eine modifizierte Version dieses Modells auf Investitionen von Versorgungsunternehmen an. Dabei gelingt es ihr, Aussagen über die Wirkungen verschiedener Politikmaßnahmen auf das Investitionsverhalten in regulierten Branchen abzuleiten.[50]

---

nationale Markteinführung, die wiederum nur in einem Fall erfolgreich war. Kotler, P./F. Bliemel (Marketing, 1995), S. 506 f.
[50]   Teisberg, E.O. (Option, 1994).

Option der vorübergehenden Stillegung

Die *Option der vorübergehenden Stillegung* gibt dem Unternehmen die Möglichkeit, die Produktion vorübergehend einzustellen, wenn die Erlöse die variablen Kosten nicht decken, und bei verbesserter Marktsituation wieder zu produzieren. Die Produktionsmöglichkeit kann also als Call auf den Barwert der Umsatzerlöse mit einem Ausübungspreis in Höhe der variablen Produktionskosten interpretiert werden.[51]

In einem weiteren wichtigen Beitrag zur Theorie der Realoptionen analysieren *McDonald/Siegel*[52] dieses Problem. Dabei unterstellen sie, daß der Preis pro Verkaufseinheit, *P*, einer Geometrischen Brownschen Bewegung folgt. Das Unternehmen kann nun in jedem Zeitpunkt t zwischen der Stillegung der Produktion (einem Zahlungsstrom von 0) mit der Möglichkeit einer späteren Wiederaufnahme und der Produktion einer Einheit (Zahlungsstrom: Preis P_t - variable Kosten VC_t) wählen. Dabei wird unterstellt, daß die vorübergehende Stillegung keine zusätzlichen Kosten verursacht.[53] McDonald/Siegel interpretieren diese Produktionsmöglichkeiten als eine Reihe europäischer Optionen mit unterschiedlicher Laufzeit auf die Differenz zwischen Umsatzerlösen und Produktionskosten, also auf $max(0, P_t - VC_t)$. Das Unternehmen produziert, wenn der Verkaufserlös über den variablen Kosten liegt, und schließt die Produktion bei negativem Deckungsbeitrag.[54]

---

[51] Im Unterschied zur Abbruchsoption wird hier also nicht die endgültige Beendigung des Projektes, sondern die Möglichkeit einer (kostenlosen) vorübergehenden Stillegung unterstellt. Es ist im Einzelfall zu entscheiden, welche Modellierung angemessen ist.

[52] McDonald, R./D. Siegel (Investment, 1985)

[53] Dies ist eine strenge Annahme, die z.B. in der Erdölindustrie nicht gegeben ist (vgl. Kapitel 4.2.5.5). Einen Mittelweg zwischen kostenloser und unmöglicher Wiederaufnahme (d.h. dem endgültigen Abbruch, wie er in Kapitel 4.2.2.2 modelliert wird) zeigen *Dixit/Pindyck*, die mit *Stillegungskosten* arbeiten. Vgl. Dixit, A.K./R.S. Pindyck, (Investment, 1994), S. 229 ff.

[54] Dabei lassen sie auch die Möglichkeit einer Minderpreissteigerung i.S.v. Kapitel 3.3.1.2.5 zu, indem sie δ als Differenz zwischen Preissteigerung und Gleichgewichtsrendite in ihr Modell einführen.

Der Wert des Investitionsprojektes V ist dann die Summe der einzelnen Optionswerte

F_t, $V = \int_0^T F_t dt$, wobei sich der Wert jeder einzelnen Option F_t nach Gleichung (3-16)

ergibt als[55]:

$$F_t = P_0 e^{-\delta t} N(d_1) - VC_t e^{-rt} N(d_2) \quad mit$$

$$d_1 = \frac{ln(P_0/VC_t) + (r - \delta + \sigma_P^2/2)t}{\sigma_P \sqrt{t}} \tag{4-4}$$

$$d_2 = d_1 - \sigma_P \sqrt{t}$$

Würde man auch die Produktionskosten als unsichere Größe modellieren, könnte man das Modells zur Bewertung von Optionen auf zwei Vermögensgegenstände und damit Gleichung (3-20) anwenden.[56]

Andere Autoren entwickelten Ansätze, in denen die Option der vorübergehenden Schließung und Wiedereröffnung *simultan* mit anderen Optionstypen modelliert wird. So entwickeln *Brennan/Schwartz*[57] eine optimale Produktionsstrategie für eine Rohstoffmine und berücksichtigen dabei sowohl die Option der vorübergehenden Schließung (mit eventueller Wiedereröffnung) als auch die Möglichkeit der endgültigen Aufgabe der Mine. Allerdings ist schon diese Modellierung so komplex, daß eine analytische Lösung der entsprechenden partiellen Differentialgleichung nicht gelingt. Statt dessen greifen die Autoren auf numerische Ansätze zurück, um die optimale Produktionsstrategie (d.h. die Grenzwerte des aktuellen Rohstoffpreises, bei denen sich die optimalen Strategie ändert) und den Wert der Mine unter dieser Strategie zu bestimmen. Sie zeigen, daß die beiden untersuchten Optionen einen wesentlichen Teil des Gesamtwertes der Mine ausmachen.[58] *Dixit/Pindyck* diskutieren ein ähnliches Modell.[59]

---

[55]   Vgl. McDonald, R./D. Siegel (Investment, 1985), S. 332 ff.
[56]   Diese Formel gilt allerdings nur bei δ = 0. Diese Annahme ist im Einzelfall zu prüfen.
[57]   Brennan, M.J./E.S. Schwartz (Resource, 1985)
[58]   Brennan, M.J./E.S. Schwartz (Resource, 1985), S. 86.
[59]   Dixit, A.K./R.S. Pindyck, (Investment, 1994), S. 186 ff.

Option des Wechsels zwischen verschiedenen Inputs und/oder Outputs

Eine *Wechseloption* gibt dem Unternehmen die Möglichkeit, sich durch eine Modifikation der Produktpalette an eine Änderung der relativen Preise auf den Absatzmärkten anzupassen. Ebenso ist es denkbar, daß derselbe Output durch verschiedene Inputfaktorkombinationen erzielt werden kann, so daß der jeweils günstigste Produktionsprozeß herangezogen werden kann. Wechseloptionen sind v.a. in Branchen mit stark volatiler oder schnell wechselnder Nachfrage (z.B. Autos, Mode) von Bedeutung. So betont z.B. *Hiraki* die Bedeutung von Wechseloptionen in Produktionsprozesse für Wettbewerbsvorteile japanischer Unternehmen in High-Tech-Branchen.[60]

Die Modellierung dieser Flexibilität ist relativ komplex, da oft eine Vielzahl von Input- und Outputgütern existieren und je nach Anwendungsfall unterschiedliche technologische Restriktionen des Produktionsprozesses berücksichtigt werden müssen.

Kensinger[61] untersucht die Option, bei gegebenem Input zwischen zwei Outputgütern *A* und *B* zu wählen. Das Unternehmen kann also zu diskreten Zeitpunkten *t* (mit t = 1, 2, ..., T) entweder *A* produzieren oder zu *B* zu wechseln, d.h. die Zahlungsströme von *A* gegen die von *B* tauschen. Dieses Recht stellt eine Reihe von *T* europäischen Optionen unterschiedlicher Laufzeit auf den Tausch zweier Vermögensgegenstände dar und kann als Summe dieser Optionen bewertet werden[62], wobei sich der Wert der einzelnen Option nach dem Modell von *Margrabe* bestimmen läßt. Der Wert des Investitionsvorhabens setzt sich dann aus dem Wert des Basisprojektes *A* und dem Wert der Flexibilität zusammen.[63]

Die Modellierung Kensingers ist allerdings eine starke Vereinfachung realer Gegebenheiten: Flexible Fertigungssysteme weisen zumeist weit mehr Flexibilität auf, als dies

---

[60] Hiraki, T. (Governance, 1995), S. 154 ff.
[61] Kensinger, J.W. (Value, 1987)
[62] Dies gilt nur, wenn von sog. „Switching costs" abgesehen wird. In der Realität werden Veränderungen des Produktionsprogrammes aber meistens zu Anpassungskosten führen.
[63] Dieses Modell ist damit ein Anwendungsfall des unter ... diskutierten allgemeinen Bewertungsmodells für Optionen auf zwei Vermögensgegenstände

durch den Fall zweier Outputgüter bei konstantem Input erfaßt wird. Zudem gilt Kensingers analytische Lösung nur, wenn die Basisobjekte keine Dividenden ausschütten. In der Realität wird aber genau diese Annahme oft nicht erfüllt sein. Andere Autoren haben deshalb komplexere und z.T. realitätsnähere Modelle vorgestellt.[64]

So untersuchen *Triantis/Hodder* ein flexibles Produktionssystem, mit dem als Reaktion auf veränderte Markbedingungen die Aufteilung der Produktionskapazität auf n verschiedene Produkte verändert werden kann.[65] Das Produktionssystem weist eine Kapazität von Q und Investitionskosten von I auf. Die Fertigung von Produkt i mit momentanem Absatzpreis $P_i(t)$ und variablen Kosten $C_i(t)$ erzeugt einen Cash-Flow $R_i(t) = P_i(t) - C_i(t)$. Dieser Cash-Flow hängt von der Produktionsquote des Produktes $q_i(t)$ als Anteil des Produktes an der Gesamtkapazität ab und entwickelt sich stochastisch über die Laufzeit des Projektes. Die Lebensdauer des Produktionssystems beträgt T und ist in N Perioden der Länge τ unterteilt. Das Unternehmen wählt jeweils am Anfang der N Perioden unter Beachtung der Kapazitätsgrenze Q die Produktionsquoten für jedes der n Produkte, wobei die Autoren unterstellen, daß es die Produktion zwar nicht abbrechen, aber vorübergehend stillegen kann; unabhängig vom Status des Projektes fallen pro Periode fixe Kosten in Höhe von $C_F(Q)$ an.[66] Das Produktionsprogramm ergibt sich dann durch die Auswahl der Produktionsquoten über die Lebenszeit des Systems.

Das Unternehmen kann also am Beginn jeder Periode über 1. Produktion oder Stillegung und 2. den Outputmix entscheiden und verfügt damit über eine Reihe europäischer Call-Optionen mit gestaffelten Fälligkeitsterminen, die das Recht beinhalten, den optimalen Outputmix zu produzieren. Der Wert der gesamten Produktion ergibt sich dann als Summe dieser Optionswerte. Der Kapitalwert des Projektes, dieses Produktionssystem zu errichten, errechnet sich aus dieser Summe abzüglich dem Bar-

---

[64]   Vgl. z.B. Kulatilaka, N. (Flexibility, 1988); Triantis, A.J./J.E. Hodder (Flexibility, 1990); Aggarwal, R. (Justifying, 1991); He, H./R.S. Pindyck (Investments, 1992); Cortazar, G./E.S. Schwartz (Compound, 1993); Kulatilaka, N. (Flexibility, 1993); Baldwin, C./K. Clark (Modularity, 1993); (Kulatilaka, N./L. Trigeorgis (General, 1994); Kamrad, B./R. Ernst (Manufacturing, 1995).

[65]   Triantis, A.J./J.E. Hodder (Flexibility, 1990). Dabei unterstellen sie, daß der Wechsel des Produktionsprogrammes keine Kosten verursacht.

wert der Fixkosten und der Investitionsausgaben. Triantis/Hodder ermitteln eine analytische Lösung für die optimalen Produktionsmengen und den Wert der Optionen für den Zwei-Produkt-Fall.[67] Sie rechnen das Modell mit Beispielswerten durch und kommen zu dem Ergebnis, daß in vielen realistischen Situationen der Wert der Handlungsmöglichkeiten die höheren Investitionskosten durchaus rechtfertigen kann.[68] Ihr Modell wird von *He/Pindyck* erweitert, die die Möglichkeit einer späteren Kapazitätserweiterung zulassen.[69] *Kulatilaka* modelliert ebenfalls die Bewertung von Produktionsflexibilität innerhalb des Realoptionsansatzes[70] und stellt die Vorzüge in einem anschaulichen Beispiel dar.[71]

4.2.4.2 ANALYSE VON INTERAKTIONEN

Die dargestellten Ansätze modellieren zwar Realoptionstypen, die simultan mehrere Optionen beinhalten, ignorieren aber weitgehend das Problem möglicher Interaktionen, d.h. gegenseitiger Wertbeeinflussungen zwischen diesen einzelnen Optionen. Wie bereits ausgeführt, beschränkt sich zudem die Bedeutung solcher Interaktionen nicht auf den im vorigen Abschnitt untersuchten Fall, in dem ein Projekt nur eine Realoption aufweist, die ihrem Wesen nach mehrere Calls und/oder Puts umfaßt. Vielmehr können in einem Projekt *mehrere Realoptionen* enthalten sein, deren Werte sich u.U. gegenseitig beeinflussen; dies dürfte in der Praxis sogar der Normalfall sein. So sind Investitionen denkbar, die eine Kombination von Verzögerungs-, Abbruchs-, Stillegungs-, Konsolidierungs- und Erweiterungsoptionen und vielleicht noch zeitlich-vertikale Interdependenzen zu Folgeinvestitionen (Wachstumsoptionen) beinhalten. Damit wird eine detaillierte Untersuchung solcher Wechselwirkungen erforderlich.

Interaktionen zwischen Optionen sind irrelevant, wenn jede Option auf ein eigenes Basisobjekt besteht (z.B. auf eine Anzahl von Aktien eines Unternehmens). Jede

---

[66] Vgl. zu Details der Modellspezifikation Triantis, A.J./J.E. Hodder (Flexibility, 1990), S. 550 ff.
[67] Vgl. Triantis, A.J./J.E. Hodder (Flexibility, 1990), S. 552 ff.
[68] Triantis, A.J./J.E. Hodder (Flexibility, 1990), S. 558 f.
[69] He, H./R.S. Pindyck (Investments, 1992).
[70] Kulatilaka, N. (Flexibility, 1988) und (Flexibility, 1993).
[71] Vgl. auch *Carr*, der eine Folge europäischer Wechseloptionen als verbundene Call-Optionen analysiert und seine Überlegungen später auf *amerikanische* Wechseloptionen erweitert. Carr, P. (Sequential, 1988), und (American, 1995). Eine verbundene Wechseloption ist eine Call-Option, die

beliebige Kombination von Optionen läßt sich dann als Summe der einzelnen Optionswerte bewerten. Dies ist bei Finanzoptionen der Normalfall. Realoptionen, die in einem
Projekt enthalten sind, beziehen sich aber auf *ein- und dasselbe* Basisobjekt, nämlich
den Bruttoprojektwert. Es kann daher im Regelfall nicht von einer Additivität der
Optionswerte ausgegangen werden.[72]

Interaktionen zwischen Optionswerten beruhen auf zwei Effekten[73]:

1. *Durch die Existenz späterer Optionen erhöht sich der Wert des Basisobjektes für die
   anfänglichen Optionen*, der sich ja aus dem Bruttoprojektwert und dem Wert späterer
   Optionen zusammensetzt. Ist die anfängliche Option ein Call (Put), erhöht
   (verringert) sich so ihr Wert. Der Wert z.B. einer anfänglichen Verzögerungsoption
   erhöht sich daher, wenn später eine Erweiterungsmöglichkeit gegeben ist.

2. *Die Ausübung anfänglicher Optionen verändert das Basisobjekt späterer Optionen.*
   So verringert z.B. eine Konsolidierungsoption das Projektvolumen und damit den
   Wert einer späteren Wechseloption.

Diese Effekte führen dazu, daß sich der Wert der in einem Investitionsprojekt enthaltenen Optionen nicht einfach als Summe der einzelnen Optionswerte bestimmen läßt.
Dabei sind zwei Fragen von Interesse: Ist die Interaktion *positiv oder negativ*, d.h. liegt
der Gesamtwert über oder unter der Summe der Einzelwerte ? Und: Welche Faktoren
bestimmen die *Stärke* der Interaktion ?

---

dem Inhaber das Recht gibt, durch Zahlung des Ausübungspreises eine (einfache) Call-Option auf den
Tausch eines riskanten Vermögensgegenstandes gegen einen anderen zu erwerben.

[72] Dies ist eine Erkenntnis aus dem Gebiet der Finanztheorie: Sind mehrere Finanzoptionen auf dasselbe
Basisobjekt geschrieben, müssen Interaktionen zwischen den Optionswerten berücksichtigt werden.
Dies gilt z.B. für „Callable-convertible bonds" oder für Anleihen, die vom Emittenten zu
verschiedenen Zeitpunkten zurückgerufen werden können. Vgl. z.B. Park, S.Y./Subrahmanyam, M.G.
(Features, 1990), S. 393 ff.

[73] Vgl. hierzu und zum folgenden Trigeorgis, L. (Nature, 1993) und Park, S.Y./Subrahmanyam, M.G.
(Features, 1990), S. 393 ff..

Die *Richtung* der Interaktion ergibt sich aus dem *Typ der ersten Option*. Ist diese ein Put, so ist die Interaktion negativ: Zum einen sinkt der Wert eines Puts durch die mit den folgenden Optionen verbundene Erhöhung des Wertes des Basisobjektes. Zum anderen verringert ein Put die Wahrscheinlichkeit, daß spätere Optionen auf den vollen Wert des Basisobjektes (oder, wie im Fall der Abbruchsoption, überhaupt) ausgeübt werden. Der geringere Wert von sowohl der anfänglichen als auch der späteren Optionen führt zu einem Gesamtwert, der unter der Summe der einzelnen Optionswerte liegt.[74] Ist die erste Option dagegen ein Call, gilt genau das Gegenteil. Damit ist die Reihenfolge der Optionen entscheidend: Ein Put, gefolgt von einem Call, führt zu negativer, ein Call, gefolgt von einem Put, zu positiver Interaktion.

Die *Stärke* der Interaktion hängt davon ab, wie stark sich die Ausübungsbereiche der Optionen überschneiden, oder - statistisch für den Fall zweier Optionen formuliert - wie hoch die Wahrscheinlichkeit der Ausübung *beider* Optionen ist.[75] Diese Wahrscheinlichkeit ergibt sich aus drei Faktoren:

1. Gleichartigkeit des Optionstyps
2. Zeitliche Trennung der Optionen (Abstand zwischen den Verfallsterminen)
3. Verhältnis zwischen Ausübungspreis und Preis des Basisobjektes

Optionen unterschiedlichen Typs - d.h. Calls und Puts - werden unter entgegengesetzten Bedingungen ausgeübt, so daß die Wahrscheinlichkeit der gemeinsamen Ausübung und damit auch die Interaktion zwischen den Optionen gering ist. Ihr Wert kann damit - zumindest näherungsweise - additiv bestimmt werden. Handelt es sich aber um Optionen desselben Typs, werden sie unter denselben Bedingungen ausgeübt und weisen eine

---

[74] Dies gilt in jedem Fall, wenn die spätere Option ein Call ist. Im Falle eines späteren Puts stimmt dies streng genommen nur, wenn auch der Ausübungspreis des späteren Puts durch die Ausübung des ersten proportional zum Projektwert verringert wird. Ist dies nicht der Fall, *steigt* der Wert des späteren Puts durch den ersten. Der Gesamteffekt wird aber immer noch negativ sein.

[75] Alternativ könnte man auch von der bedingten Wahrscheinlichkeit der Ausübung der zweiten Option im Falle der Ausübung der ersten Option sprechen.

hohe Interaktion auf. Eine additive Bewertung würde in diesem Fall zu groben Fehlern führen.[76]

Der Abstand zwischen den Verfallsterminen der Optionen[77] ist ein zweiter Einflußfaktor der Interaktionsintensität. Ist dieser Abstand vernachlässigbar gering (haben die Optionen also nahezu denselben Ausübungszeitpunkt), dann überschneiden sich die Ausübungsbereiche der Optionen kaum. Die Interaktion ist dann bei Optionen gegensätzlichen Typs vernachlässigbar, da *entweder* der Call *oder* der Put ausgeübt wird. Beide Chancen sind wertvoll, es herrscht Additivität. Bei Optionen des gleichen Typs sind die Interaktionen dann aber maximal: Hat ein Unternehmen zwei Puts mit derselben Laufzeit, ist der Wert nicht die Summe, sondern das Maximum der beiden Optionen. Die andere Option würde ja nur genau dann ausgeübt, wenn die wertvollere ausgeübt wird, und ist damit wertlos. Bei hoher zeitlicher Trennung der Optionen gilt das Gegenteil.[78]

Das Verhältnis zwischen Preis des Basisobjektes und Ausübungspreis ist ein weiterer Einflußfaktor: Optionen, die weit „out of the money" sind, weisen nur geringe Interaktionen auf, während sich die Werte von Optionen „in the money" eher gegenseitig beeinflussen. Damit ist klar, daß gerade dann, wenn die Optionswerte am höchsten und damit für die Bewertung bedeutsam sind (bei „in-the-money"-Optionen) eine additive Bewertung der Optionen am wenigsten angemessen ist.

---

[76] Die Richtung dieses Fehlers hängt, wie oben dargestellt, vom Typ der ersten Option ab.
[77] Trigeorgis spricht in diesem Zusammenhang von dem Ausmaß der Trennung („Separation") der Optionen. Vgl. Trigeorgis, L. (Nature, 1993).
[78] Vgl. Trigeorgis, L. ((Nature, 1993) für eine detaillierte Diskussion dieser Ergebnisse.

Abbildung 4-4 verdeutlicht die angesprochenen Zusammenhänge für den Fall zweier entgegengesetzter Optionstypen.[79]

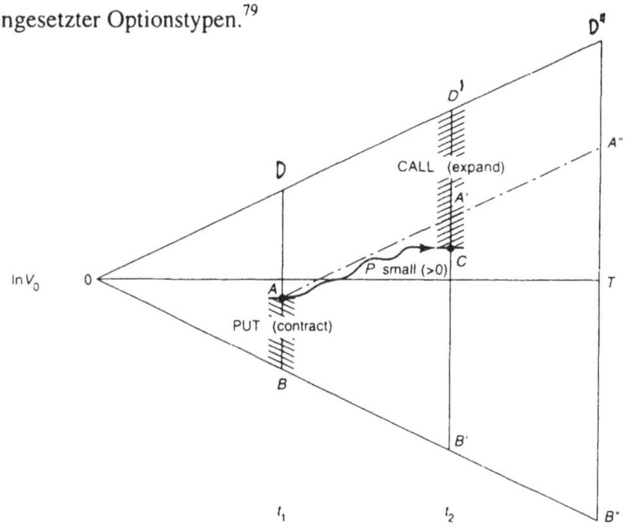

Abb. 4-4: Beispielhafte Darstellung von Interaktionen zwischen Optionen entgegengesetzten Typs

Die schraffierten Regionen kennzeichnen die Ausübungsbereiche der europäischen Optionen mit den Ausübungspreisen A bzw. A'. Beide Optionen sind demnach „out of the money", der Put weist einen früheren Ausübungszeitpunkt auf. Werden die Optionen nicht ausgeübt, kann $\ln V$ bis zum Zeitpunkt T Werte innerhalb des Dreiecks $OB''D''$ annehmen. Wird der Put in t_1 ausgeübt, reduzieren sich die möglichen Werte von V in t_2 (dem Ausübungszeitpunkt des Calls) auf $ABB'A'$. Damit bleibt nach Ausübung des Puts nur der Bereich $A'C$ als Ausübungsbereich des Calls. Die Wahrscheinlichkeit, daß der Call ausgeübt wird, ist dann gering - die Ausübungsbereiche der beiden Optionen überschneiden sich also nur zu einem kleinen Teil. Je kleiner diese Überschneidung ist, desto schwächer ist die Interaktion zwischen den Optionswerten. An dieser Abbildung wird auch die Bedeutung der beiden anderen Einflußgrößen klar: Wäre die zeitliche Trennung gleich null (d.h. würden beide Optionen entweder in t_1 oder in t_2 auslaufen), würden sich die Ausübungsbereiche der Optionen überhaupt nicht überschneiden, die Optionswerte könnten additiv ermittelt werden. Gleichzeitig wird deutlich, daß der

---

[79] Trigeorgis, L. (Nature, 1993)

Überschneidungsbereich deutlich größer wäre, wenn beide Optionen „in the money" wären (siehe Abbildungen 4-4a und 4-4b).

Abbildung 4-5 zeigt den Fall zweier gleichartiger Optionen.

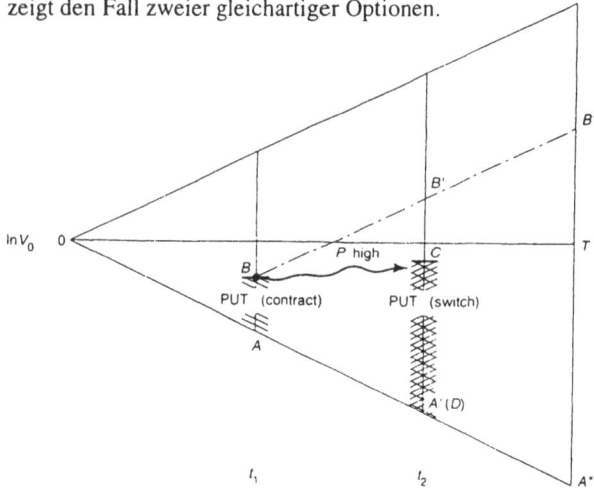

Abb. 4-5:   Beispielhafte Darstellung von Interaktionen zwischen Optionen desselben Typs

Hier wird deutlich, daß der Wert der Optionen durch eine additive Bewertung des Projektes deutlich überschätzt werden würde, da sich die Ausübungsbereiche stark überschneiden. Die Ausübung des ersten Puts (z.B. einer Konsolidierungsoption) würde den Wert des zweiten Puts (z.B. einer Wechseloption) reduzieren, im Extremfall - z.B. bei der Abbruchsoption - sogar völlig vernichten. Der zusätzliche Wert des zweiten Puts wäre dann nicht etwa der optionstheoretische Wert, sondern null. Decken sich also die Ausübungsbereiche der Puts, ist ihr Wert nicht die Summe, sondern das Maximum der beiden Einzelwerte. Im Fall zweier Calls wären diese Interaktionen positiv.

Trigeorgis untersucht die Interaktionen zwischen verschiedenen Realoptionen innerhalb eines Projektes. Seine Ergebnisse bestätigen die gerade angestellten Überlegungen. In seinem Beispiel beträgt der Wert aller fünf Realoptionen nur knapp mehr als die Hälfte der summierten Einzelwerte - eine isolierte Bewertung der Optionen würde zu einer erheblichen Überbewertung des Projektes führen. Zudem stellt er fest, daß der Grenznutzen einer weiteren Realoption stark abnimmt, weil sich die Ausübungsbereiche mehr und mehr überschneiden[80] (anders gesagt: Weil das Unternehmen durch ähnliche Optionen bereits zur Abwehr von Verlusten bzw. zur Nutzung von Chancen gerüstet ist).

Diese Erkenntnis ist für die Bewertungspraxis von erheblicher Bedeutung: Es müssen nicht alle etwa vorhandenen Realoptionen erfaßt werden, um ein hinreichend zuverlässiges Bewertungsergebnis zu gewährleisten. Vielmehr kann die Bewertung erheblich vereinfacht werden, indem der Bewerter Optionen vernachlässigt, die Kennzeichen starker Interaktion aufweisen. Er kann sich also auf die wesentlichen Realoptionen konzentrieren. Abbildung 4-6 gibt ihm dabei eine Orientierungshilfe.

		Zeitliche Trennung			
		gering		hoch	
		out of the money	in the money	out of the money	in the money
Optionstyp	identisch	Mittel/Hoch	Hoch	Niedrig/Mittel	Mittel/Hoch
	verschieden	Niedrig	Niedrig/Mittel	Niedrig	Mittel

Abb. 4-6: **Intensität der Interaktionen zwischen Realoptionen innerhalb eines Projektes in Abhängigkeit von Optionseigenschaften**

Der Anwender kann nun in der konkreten Entscheidungssituation die im Projekt enthaltenen Realoptionen in diese Matrix einordnen. Je nachdem, welcher Kompromiß zwischen Exaktheit und Aufwendigkeit der Modellierung für ihn akzeptabel ist, wird er dann eine Auswahl der einzubeziehenden Optionen treffen. Legt er z.B. hohen Wert auf die Genauigkeit der Bewertung, so wird er auf die Modellierung nur derjenigen Optionen verzichten, die eine hohe Interaktionsintensität aufweisen. Eine weniger aufwendige, allerdings auch ungenauere Bewertung würde dagegen nur die Optionen mit niedriger oder niedrig/mittlerer Interaktionsintensität berücksichtigen.

Die bisherigen Ausführungen lassen auch ein Fazit hinsichtlich der relativen Vorteilhaftigkeit der beiden grundsätzlichen Modellierungsalternativen zu: Analytisch-exakte Lösungen sind nur unter stark vereinfachten Konstellationen, also für Spezialfälle, lösbar.[81] Zudem droht die formale Komplexität dieser Ansätze die ökonomische Intuition der Problemformulierung in den Hintergrund zu drängen, was die Gefahr von inkonsistenten, ökonomisch sinnlosen Modellierungen nach sich zieht. Da die

---

[80] In seinem Beispiel wird durch eine Option fast 50%, durch zwei Optionen bereits 75% des Wertes aller fünf Optionen erfaßt.

[81] Vgl. hierzu auch McDonald, R./D. Siegel (Waiting, 1986), S. 708, Fn.1.

Näherungen der numerisch-approximativen Ansätze i.d.R. ohnehin nur zu vernachlässigbar geringen Fehlern führen, kann die *Überlegenheit numerisch-approximativer
Modelle für die Analyse praktischer Entscheidungsprobleme* festgestellt werden.[82,83]

4.2.5   FALLSTUDIE: EXPLORATION UND ENTWICKLUNG VON ERDÖL-VORKOMMEN

4.2.5.1   VORSCHLAG EINER VORGEHENSWEISE ZUR PRAKTISCHEN ANWENDUNG DES REALOPTIONSANSATZES

Die meisten realoptionstheoretischen Arbeiten beschränken sich auf konzeptionelle
Beispiele, die zwar den Realoptionsansatz verdeutlichen, nicht aber dessen praktische
Umsetzbarkeit prüfen. Die vorliegende Arbeit will genau diese Schwachstelle aus-
räumen: Auf der Grundlage einer Kooperation mit einem großen Mineralölkonzern[84]
wird ein Entscheidungsproblem aus der Unternehmenspraxis realitätsgetreu abgebildet:
Die Frage, ob ein konkretes Vorhaben zur Erschließung von Erdöl- und Erdgas-
vorkommen realisiert werden soll. Anhand dieses Problems wird geprüft, ob sich der
Realoptionsansatzes der Herausforderung praktischer Fragestellungen erfolgreich stellen
kann. Das Beispiel wurde aus zwei Gründen gewählt. Zum einen stellt es einen ein-
deutigen Fall exklusiver Optionen dar - nur *ein* Unternehmen kann die vorhandenen
Vorkommen ausbeuten. Zum anderen existiert ein breiter Markt für verschiedenste
Kontrakte auf Erdöl, so daß die Anwendbarkeit der Optionspreistheorie außer Frage
steht.

Eine praktische Anwendung des Realoptionsgedankens kann in fünf Schritten erfolgen
(Abbildung 4-7).

---

[82]   So folgert auch *Sick*: "Little, if anything, is given up by taking a discrete-time approach to analyzing
real options ... . The primary problem for the practioneer is to have analytic tools that are reliable and
unlikely to result in bizarre normative prescriptions. By keeping the economic intuition in the problem
as long as possible, there is less likelihood of a serious modelling error." Sick, G. (Options, 1995), S.
668.

[83]   Diese Einschätzung wird auch durch Diskussionen bestätigt, die der Verfasser mit Praktikern geführt
hat. Während diese theoretisch-exakte Modelle weitgehend nicht verstanden, konnten sie numerisch-
approximative Modelle auf ihre Probleme anwenden und mit ökonomischer Logik füllen.

[84]   Aus Vertraulichkeitsgründen kann der Name des Kooperationspartners nicht genannt werden.

Beschreibung des Entscheidungs- problems	Identifikation der wichtigen Handlungs- spielräume	Interpretation als Real- optionen und Ermittlung der Modellparameter	Wahl des Bewertungs- ansatzes und Ermittlung des Projektwertes	Entscheidung über das Projekt und Ableitung der optimalen Strategie
• Problembeschreibung		• Definition der RO	• Auswahl eines geeigneten RO- Modells	• Realisation des Projektes ?
• Datensammlung		• Ermittlung der Parameter (S, X, T, r, D, σ)	• Sensitivitäts- analysen	• Operationale An- weisungen für optimale Umsetzung
			• Plausibilitäts- überlegungen (OPT)	

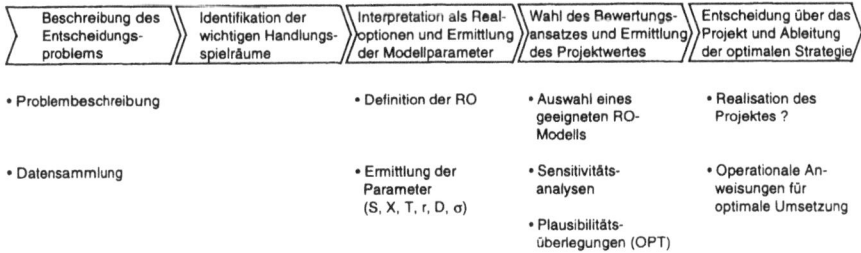

Abb. 4-7: Vorgehen zur Anwendung des Realoptionsansatzes auf praktische Entscheidungsprobleme

1. *Beschreibung des Entscheidungsproblems:* Das Entscheidungsproblem wird beschrieben; alle Daten, die für die folgenden Bewertungsschritte erforderlich sind, müssen zusammengetragen werden.

2. *Identifikation der vorhandenen Handlungsspielräume und Auswahl der wichtigen Formen:* Anhand einer genauen Analyse u.a. der technischen und juristischen Rahmenbedingungen müssen vorhandene Handlungsspielräume aufgespürt werden. Um die Komplexität des Bewertungsproblems zu reduzieren, kann das Spektrum vorhandener Handlungsspielräume mit Hilfe der in Abbildung 4-6 zusammen- gefaßten Kriterien auf voraussichtlich wichtige Wertkomponenten reduziert werden.

3. *Interpretation der Handlungsspielräume als Realoptionen und Ermittlung der Bewertungsparameter:* Die ausgewählten Handlungsspielräume müssen in die Sprache der Optionspreistheorie übersetzt werden. Dies erfordert ihre Formulierung als spezifische Optionen und die Ermittlung der konkreten Ausprägungen der Bewertungsparameter: Basisobjekt, Ausübungspreis, Laufzeit, risikoloser Zinssatz, Volatilität, und etwaige Dividendenzahlungen. Diese Optionen können dann in das Klassifikationsschema von Abbildung 4-1 eingeordnet werden.

4. *Wahl des geeigneten Bewertungsansatzes und Ermittlung des erweiterten Kapital- wertes:* Aufbauend auf der optionstheoretischen Formulierung des Bewertungs- problems und der Klassifikation der relevanten Realoptionen kann nun ein geeignetes Bewertungsmodell gewählt und zur Ermittlung des erweiterten Kapitalwertes heran- gezogen werden. Der so ermittelte Projektwert wird auf seine Sensitivität hinsichtlich

der Modellparameter überprüft, um die kritischen Parameter zu identifizieren und die Plausibilität der Bewertung anhand bekannter Ergebnisse der Finanzoptionstheorie zu überprüfen.

5. *Entscheidung über die grundsätzliche Attraktivität des Projektes und Ableitung der optimalen Umsetzungsstrategie*: Im letzten Schritt wird entschieden, ob das zu beurteilende Projekt grundsätzlich realisiert wird oder nicht. Fällt diese Prüfung positiv aus, kann aus dem Bewertungsergebnis gleichzeitig eine optimale Investitionsstrategie abgeleitet werden, die es dem Management erlaubt, auf die konkrete Realisation der unsicheren Größen mit der jeweils wertmaximierenden Investitionsaktivität zu antworten.

Für die folgende Fallstudie bedeutet dieses Vorgehen, daß zunächst der grundsätzliche Ablauf von Explorations- und Entwicklungsprojekten erörtert werden muß, um die Grundlage für eine realistische Modellierung des Bewertungsproblems zu schaffen (Kapitel 4.2.5.2). In Kapitel 4.2.5.3 wird das konkrete Entscheidungsproblem aus der Praxis des kooperierenden Unternehmens dargestellt und anschließend mit Hilfe der Kapitalwertmethode (Kapitel 4.2.5.4) und des Realoptionsansatzes (Kapitel 4.2.5.5) gelöst. Die Fallstudie endet mit einer Diskussion der Ergebnisse dieser Ansätze sowie der Ursachen und praktischen Konsequenzen der auftretenden Unterschiede. Eine thesenförmige Zusammenfassung der zentralen Aussagen beschließt den Abschnitt über exklusive Optionen.

4.2.5.2   EXPLORATION UND ENTWICKLUNG VON ERDÖL- UND ERDGAS-VOR-KOMMEN - ABLAUF UND RISIKEN[85]

Die Erschließung von Kohlenwasserstoffe (KW)-Vorkommen (v.a. Erdöl und Erdgas)[86] läßt sich idealtypisch in zwei Hauptphasen einteilen: In die Explorations- und in die Entwicklungs- bzw. Produktionsphase.

---

[85]   Der Verfasser möchte sich bei Herrn *Dipl. Ing. Christian Wallner* und dem Leiter der Abteilung zur Projektbeurteilung des kooperierenden Unternehmens für die Vermittlung von Grundlagenwissen aus dem Erdölwesen und der Bereitstellung wissenschaftlicher Materialien bedanken.

[86]   In der Praxis wird von KW- (und nicht von Erdöl- bzw. Erdgas-) Vorkommen gesprochen, da Lagerstätten immer verschiedene Kohlenwasserstoffe enthalten. Diesem Sprachgebrauch wird hier gefolgt.

In der *Explorationsphase* wird geprüft, ob auf dem untersuchten Gebiet mit nennenswerten KW-Vorkommen zu rechnen ist. Hierzu bieten sich nach der Auswertung von eventuellen Gas-, Öl- und Salzwasseranzeichen (sog. „Seeps") an der Erdoberfläche sowie geologischer Kartierungen zunächst Verfahren der *Seismik* an, die die Ausbreitung künstlich erzeugter Druckwellen sowie deren Laufzeit in der Erdkruste messen und auf der Grundlage physikalischer Wellengesetze Rückschlüsse auf geologische Eigenschaften und den Aufbau des Untergrundes des untersuchten Gebietes erlauben.[87] Das Ergebnis seismischer Untersuchungen bilden Hypothesen über grundlegende gesteinsphysikalische Daten, v.a. über Gesteinsarten, Schichtfolgen, und Anomalien in der Erdkruste, wobei besonders auf Brüche und Überschiebungen als mögliche KW-Lagerstätten[88] (sog. „KW-Fallen") geachtet wird.[89] Aus diesen Ergebnissen können Annahmen über eventuell vorhandene KW-Vorkommen abgeleitet werden, die allerdings nur einen ersten Anhaltspunkt bilden.[90] Die Kosten seismischer Untersuchungen sind vom Terrain und von der Frage abhängig, ob es sich um „offshore" oder „onshore"-Gebiete handelt, und belaufen sich auf zwischen 500 und bis zu 20.000 USD pro Kilometer.

Liefert die Seismik grundsätzlich positive Resultate, werden im nächsten Schritt Explorationsbohrungen (sog. „Wild-Cat-Bohrungen") unternommen, die weitere Analysen des Areals ermöglichen. Die Erfolgschance solcher Bohrungen, d.h. daß auch tatsächlich die vorhergesagten KW-Vorkommen gefunden werden, beläuft sich auf ca.

---

[87] Dabei lassen sich verschiedene Formen, so z.B. Reflexions- und Refraktionsseismik unterscheiden. Im modernen, allerdings auch kostspieligen Verfahren der 3-D-Seismik wird sogar eine räumliche Darstellung des Untergrundes möglich. Daneben existieren andere, nicht-seismische Untersuchungsmethoden (wie z.B. die sog. Potentialverfahren), die aber in der Praxis nur von untergeordneter Bedeutung sind. Vgl. Weber, F./E. Ströbel (Prospektionsmethoden, 1993), S. 58 ff.

[88] Unter einer Lagerstätte wird eine natürliche Anreicherung von wirtschaftlich nutzbaren, flüssigen oder gasförmigen Kohlenwasserstoffen in Speichergesteinen meist tief unter der Erdoberfläche verstanden. Murer, H. (Lagerstättenphysik, 1993), S. 155. In Österreich liegen solche Lagerstätten zumeist in einer Tiefe zwischen 500 und 6.000 Metern.

[89] Zu Auswertungsmethoden und Ergebnissen seismischer Messungen vgl. Weber, F./E. Ströbel (Prospektionsmethoden, 1993), S. 68 ff.

[90] So beträgt die Erfolgsquote von Explorationsbohrungen, die auf der Grundlage seismischer Messungen unternommen werden, zwischen 14 und 22%. Vgl. Wintersteller, W. (Risk, 1993), S. 39.

10-25%.[91] Bohrkosten hängen v.a. von der Tiefe (sog. „Teufe") und der Lage (onshore/offshore) der Bohrung ab und belaufen sich auf zwischen 0.5 und 50 Mio. USD.[92] Diese Bohrungen werden durch geophysikalische Bohrlochmessungen (sog. „well logging") ausgewertet, die Aussagen über entscheidende petrophysikalische Daten wie Mächtigkeit (Dicke), Wassersättigung, Porosität und Permeabilität des Lagerstättengesteines sowie Art (Öl/Gas) und Mischverhältnisse eventueller KW-Vorkommen[93] ermöglichen und die seismischen Ergebnisse hinsichtlich der Schichtfolge und Brüche/Verwerfungen v.a. durch eine verbesserte Tiefenmessung überprüfen.[94] Informationen über die durchbohrten Schichten werden auch durch das zu Tage geförderte Gestein („Bohrklein") und durch Entnahmen von Gesteinsproben („Bohrkerne") gewonnen. In erfolgreichen Wild-Cat-Bohrungen werden erste Förderversuche (sog. „Well test") unternommen, die weitere, für die Produktion wichtige Daten wie z.B. die voraussichtliche Entwicklung des Lagerstättendruckes und Eigenschaften des produzierten Mediums (Dichte, Viskosität) liefern. Als letzte Explorationsstufe werden weitere Bohrungen abgeteuft, um die flächenmäßige Ausdehnung des Fundes zu erforschen („Erweiterungsbohrungen" oder „Appraisal wells").[95] Die Explorationsphase resultiert damit in relativ konkreten Aussagen über Eigenschaft und Größe eventuell gefundener KW-Vorkommen.

In der *Entwicklungs-/Produktionsphase* werden weitere Bohrungen („Entwicklungsbohrungen") abgeteuft, deren Erfolgsquote aufgrund des verbesserten Informationsstandes zwischen 75 und 95% beträgt. Die Kosten betragen 80 bis 90% der Wild-Cat-Kosten. Um die Produktion aufnehmen zu können, müssen die obertägigen

---

[91] AAPG Drilling Statistics 1986, zit. nach: Kwan, J.T. (Risk, 1996), S. 31.
[92] Spörker, H. (Technik, 1993), S. 113.
[93] Die Porosität ist definiert als Verhältnis von Porenvolumen zu Totalvolumen eines bestimmten Gesteins. Sie kann anhand von Gesteinskernen geschätzt werden, die im Rahmen der Wild-Cat-Bohrungen gezogen wurden. Geophysikalische Bohrlochmessungen verbessern u.a. das Verständnis der Gesteinszusammensetzung und erlauben damit zuverlässigere Porositätsschätzungen. Die Permeabilität mißt die Durchlässigkeit des Gesteins. Unter der Dichte des Rohöles versteht man dessen spezifisches Gewicht (in kg/m3), während die Viskosität die Zähigkeit angibt. Die sog. Wassersättigung gibt an, welcher Anteil der Porosität von Wasser eingenommen wird, und liegt zwischen 5 und 100%. Ab ca. 60% ist eine Öl- oder Gasproduktion kaum noch möglich. Vgl. Lohrbach, M. (Einführung, 1986), S. 127 ff. ; Horvath, S. (Bohrlochmessungen, 1993), S. 136 ff.
[94] Zu geophysikalischen Bohrlochmessungen vgl. Horvath, S. (Bohrlochmessungen, 1993), S. 136 ff.
[95] Diese Stufe wird in der Industrie manchmal als eigene Phase („Appraisalphase") bezeichnet.

Produktionseinrichtungen zur Verfügung stehen, die v.a. aus Separatoren und Pipelines (mit den entsprechenden Pumpstationen) und offshore zusätzlich aus Plattformen und eventuell benötigten Lagertankern bestehen. Der Förderbetrieb wird dann aufgenommen, wobei die Festlegung der Produktionsrate (gemessen in „thousand barrells per day", tbpd) Aufgabe des sog. *Lagerstättenmanagements* ist. Ein wichtiger Teil des Lagerstättenmanagements besteht in der Entscheidung über sog. *sekundäre bzw. tertiäre Fördermaßnahmen*: Anfänglich fließen KW aufgrund des primär in der Lagerstätte vorhandenen Drucks. Dieser Druck läßt aber mit der zunehmenden Förderung aus der Lagerstätte nach, was sich zunächst in einem Abfall der Produktionsrate und schließlich in einem völligen Stillstand des natürlichen KW-Flusses zeigen kann. Durch die Anwendung von künstlichen Förderverfahren (Pumpen, Gas lifting) wird die Förderung aufrecht erhalten, unterliegt aber weiterhin dem natürlichen Produktionsabfall. Das Lagerstättenmanagement muß dann entscheiden, ob es durch Sekundär-Maßnahmen den Druck erhöhen und so den sog. „Ausbeutefaktor"[96] verbessern will. Dies ist z.B. durch die Injektion von Gas oder Wasser (sog. Wasserfluten) in die Lagerstätte möglich. Um den Ausbeutefaktor weiter zu erhöhen, können auch sog. „Enhanced Oil Recovery" (EOR)-Maßnahmen (z.B. Injektion von chemischen Stoffen) durchgeführt werden.[97] Andere Mittel zur Erhöhung des Ausbeutefaktors und/oder Verbesserung der Produktionsrate der Einzelbohrung bestehen z.B. in sog. Horizontalbohrungen oder in einer Verbesserung der Permeabilität durch Stimulationstechniken.[98]

Das *Risiko der KW-Exploration und -produktion* ist erheblich: „The petroleum exploration and production industry is characterized as a 'risk business'. ... [It] deals with a greater degree of uncertainty and risk than almost any other capital intensive industry."[99] Dieses Risiko läßt sich in vier Faktoren aufspalten:[100] Technologisches,

---

[96] Unter dem Ausbeutefaktor (auch „Entölungsgrad" bzw. „Entgasungsgrad" oder „recovery factor") versteht man den Anteil der in der Lagerstätte vorhandenen Vorräte (des sog. „Original oil in place" bzw. des „Original gas in place"), der auch tatsächlich gefördert wird. Er beträgt bei Erdöllagerstätten zwischen 25 und 70% (mit 37% als durchschnittlichem Wert für österreichische und 32% für amerikanische Lagerstätten). Vgl. Murer, H. (Lagerstättenphysik, 1993), S. 156.

[97] Vgl. zu EOR-Maßnahmen Murer, H. (Lagerstättenphysik, 1993), S. 156 ff.

[98] Vgl. Grün, W. (Horizontalbohrtechnik, 1993), S. 189 ff., sowie Gross, E. (Ölförderung, 1993), S. 173 ff.

[99] Wintersteller, W. (Risk, 1993), S. 2.

politisches, geologisches und Preisrisiko. Dabei spielen das geologisches Risiko und das Preisrisiko die entscheidende Rolle.[101]

Das *geologische Risiko* bezeichnet die Gefahr von Fehlinvestitionen in geologisch nicht geeignete Projekte und bezieht sich damit auf die Unsicherheit hinsichtlich der grundsätzlichen Existenz von KW-Vorkommen sowie der entscheidenden petrophysikalischen Parameter solcher Vorkommen. Dieses Risiko ist v.a. in der Explorationsphase hoch, wie z.b. an der oben erwähnten Erfolgswahrscheinlichkeit und den Kosten von Wild-Cat-Bohrungen ersichtlich ist, und nimmt mit zunehmendem Wissen um die geologische Beschaffenheit des untersuchten Areals ab. Damit spielt es auch in der Entwicklungs- und Produktionsphase noch eine gewisse Rolle, verliert aber gegenüber dem nun entscheidenden *Preisrisiko* an Bedeutung. Dieses Risiko ergibt sich aus der Volatilität der Marktpreise für KW und deren Produkte. Abbildung 4-8 zeigt den Ölpreisverlauf der letzten sieben Jahre und verdeutlicht damit das Ausmaß des Preisrisikos.

---

[100]   Ähnlich Wintersteller, W. (Risk, 1993), S. 4; Remp, W. (Risikobewertung, 1993), S. 99. Vgl. grundlegend Garb, F.A. (Risk, 1988).

[101]   Unter dem politischen Risiko versteht man mögliche Änderungen der politischen Rahmenbedingungen im Gastland, v.a. in bezug auf Besteuerung, politische Unruhen oder - im Extremfall - Enteignung. Vgl. zu einer realoptionstheoretischen Sichtweise dieses Risikoaspektes die bereits dargestellte Studie von *Mahajan* (Mahajan, A. (Expropriation, 1990)). Das technologische Risiko bezeichnet die Unsicherheit über zukünftige Entwicklungen der E&P-Technologie und deren Kosten.

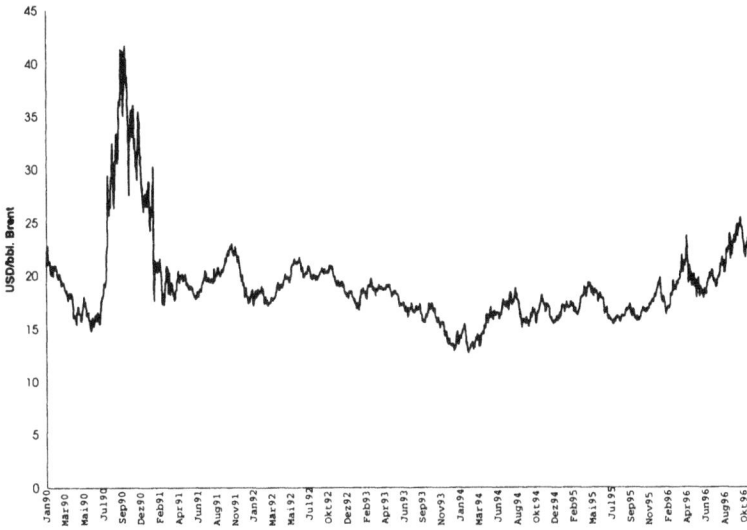

Abb. 4-8: Entwicklung des Erdölpreises, 1990-1996 (USD pro bbl. Brent)

Wintersteller folgert: "The usual reference is to the geological risk of non-productive wells. With the growing volatility of oil and gas prices, financial risk is becoming an increasingly important factor."[102]

Der Prozeß der KW-Exploration und -produktion sowie die entscheidenden Risikofaktoren lassen sich durch Abbildung 4-9 zusammenfassen.

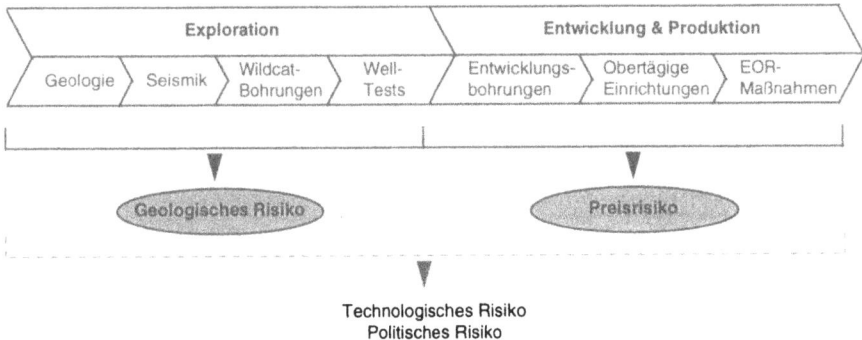

Abb. 4-9: Kohlenwasserstoffe-Exploration und -produktion - Ablauf und entscheidende Risikotypen

---

[102] Wintersteller, W. (Risk, 1993), S. 2.

4.2.5.3   DAS ENTSCHEIDUNGSPROBLEM

Das Unternehmen überlegt sich, ob es ein bestimmtes E&P-Projekt durchführen soll. Die KW-Vorkommen befinden sich offshore in durchschnittlicher Entfernung von 50 km von der Küste. Die Wassertiefe beträgt ca. 40 m, es wird mit drei Feldern in einer Tiefe von 2000 m gerechnet. Die Reserven werden auf 22 Mio. bbl. Öl und 45 BCF Gas (Feld 1), 10 Mio. bbl. Öl und 20 BCF Gas (Feld 2) und 7 Mio. bbl. Öl und 14 BCF Gas (Feld 3) geschätzt.[103] Die Felder sollen gemeinsam entwickelt werden, wobei eine fixe Produktionsplattform über dem Feld 1 errichtet wird. Feld 2 wird als Satellit zu Feld 1 eingerichtet, Feld 3 wird über Einzelsonden an Feld 1 angebunden.

Das produzierte Öl wird in einem Lagertanker zwischengelagert und direkt von dort verkauft. Für das produzierte Gas ist eine Pipeline an die Küste geplant. Dort wird das Gas in die bestehende Infrastruktur eingespeist und an den Anlageeigner verkauft.

Beim Betrieb der Felder fallen fixe und variable Kosten an. Für Instandhaltung und Management werden 5% der kumulierten Investitionen pro Jahr als Fixkosten veranschlagt. Die variable Kosten für Aufbereitung und Export der geförderten KW betragen 1,5 USD/bbl. Öl bzw. 0,3 USD/MCF Gas.

Das Unternehmen erwartet einen Ölpreis in Höhe von 17 USD/bbl und einen Gaspreis von 2,15 USD/MCF. Beide Preise verändern sich annahmegemäß über die Laufzeit des Projektes nicht.

Abbildung 4-10 faßt die geschätzten Investitionen[104], Betriebskosten und Fördermengen des Projektes zusammen.

---

[103] Feld 1 zeigt Förderkapazitäten von ca. 3.000 bbl./d pro Bohrung, während Feld 2 und Feld 3 schlechter ausgebildet sind und nur 500 bis 1.500 bbl./d pro Bohrung erwarten lassen.

[104] Die Entwicklungsinvestitionen fallen für die Plattform, die Produktionseinrichtungen, die Gaspipeline zur Küste, den Lagertanker mit Anlagestelle und die Produktionsbohrungen an.

| Jahr | Investitionen | | Betriebskosten | | Erdöl | Erdgas |
	Exploration	Entwicklung	Variabel	Fix	MMBO	BCF
1997	3,9	0,0	0,0	0,0	0,0	0,0
1998	6,1	0,0	0,0	0,0	0,0	0,0
1999	26,5	0,0	0,0	0,0	0,0	0,0
2000	15,4	0,0	0,0	0,0	0,0	0,0
2001	19,1	0,0	0,0	0,0	0,0	0,0
2002	1,0	0,0	0,0	0,0	0,0	0,0
2003	0,0	44,2	0,0	0,0	0,0	0,0
2004	0,0	61,0	3,9	5,3	1,9	3,8
2005	0,0	36,3	11,8	7,1	5,6	11,2
2006	0,0	20,0	11,8	8,1	5,6	11,2
2007	0,0	26,0	10,0	9,4	4,8	9,5
2008	0,0	0,0	8,5	9,4	4,1	8,1
2009	0,0	0,0	7,2	9,4	3,4	6,9
2010	0,0	0,0	6,1	9,4	2,9	5,9
2011	0,0	0,0	5,2	9,4	2,5	5,0
2012	0,0	0,0	4,4	9,4	2,1	4,2
2013	0,0	0,0	3,8	9,4	1,8	3,6
2014	0,0	0,0	3,2	9,4	1,5	3,1
2015	0,0	0,0	2,7	9,4	1,3	2,6
2016	0,0	0,0	2,3	9,4	1,1	2,2
Gesamt	72,0	187,5	81,0	114,2	38,6	77,2

Abb. 4-10: Investitions- und Betriebskosten (Mio. USD) sowie Fördermengen des Projektes, 1996 - 2016

Für die Ermittlung der Steuerzahlungen als wesentliches Element der nachfolgenden Bewertungen spielt der Typ des Vertrages zwischen Erdölunternehmen und Gastland eine kritische Rolle. Grundsätzlich lassen sich zwei Formen unterscheiden:

• Konzessionsvertrag

• Produktionsteilungsvertrag

Bei einem *Konzessionsvertrag* erhält der Lizenznehmer (d.h. die Erdölgesellschaft) die seinem Anteil („Working Interest") entsprechende Menge der Produktion und trägt die anteiligen Projektkosten. Die Erlöse unterliegen der Steuergesetzgebung des jeweiligen Landes. In zahlreichen Ländern besteht zu diesem Zweck eine eigenständige, in das Steuersystem eingebettete Erdölgesetzgebung. Meist ist in diesen Verträgen eine direkt vom Umsatz zu bezahlende Abgabe enthalten (Förderzins oder Royalty). Die Rückgewinnung der Explorations- und Entwicklungskosten erfolgt über die Absetzung der Aufwendungen und Abschreibungen der Investitionen in der Errechnung des zu versteuernden Gewinnes.

Ein *Produktionsteilungsvertrag* („Production Sharing Agreement") wird zwischen dem Staat oder einer den Staat vertretenden nationalen Erdölgesellschaft („First Party") und einem oder einer Gruppe von Lizenznehmern („Contractor") abgeschlossen. Die First Party stellt dabei dem Contractor ein klar definiertes Gebiet zur Verfügung. In diesem Gebiet wird vom Contractor ein verhandeltes Arbeitsprogramm durchgeführt. Im reinen Produktionsteilungsvertrag sind alle Explorationskosten, die nachfolgenden Investitionen in Feldentwicklungen und die Produktionskosten vom Contractor zu tragen. Kommt es in einem Gebiet zur Förderung, wird die Produktion in zwei Teile geteilt: Das sog. „Cost Oil" steht dem Contractor zur Kostenrückgewinnung zur Verfügung, während das „Profit Oil" nach einem im Vertrag festgelegten Schlüssel zwischen First Party und Contractor geteilt wird.[105] Der Anteil am Profit Oil steuert also die Wirtschaftlichkeit des Projektes für den Contractor. Der Contractor verfügt frei über die als Cost Oil und Profit Oil-Anteil erhaltenen KW-Mengen[106], jede weitere Besteuerung entfällt.

Im vorliegenden Fall handelt es sich um einen Spezialfall, der einen Produktionsteilungsvertrag mit Besteuerung verbindet: Das Cost-Oil beträgt 50% der Fördermenge, der Profit Oil-Anteil des Contractors beläuft sich je nach Produktionsrate auf 30% bis 50%. Der Staat verlangt einen Förderzins in Höhe von 10% der Förderung. Gewinne werden mit 50% Gewinnsteuer, das exportierte Profit-Oil mit 25% Exportsteuer belegt.

4.2.5.4 BEWERTUNG DES PROJEKTES ANHAND DER KAPITALWERTMETHODE

Die Kapitalwertmethode ermittelt zunächst anhand der erwarteten Entwicklung von Fördermengen und Absatzpreisen die Umsatzerlöse des Projektes. Durch Subtraktion von Betriebskosten und Steuern[107] ergeben sich die Brutto-Cash-Flows, von denen die Explorations- und Entwicklungsinvestitionen abgezogen werden, um die freien Cash-

---

[105] Der Teilungsschlüssel kann von verschiedenen Faktoren abhängig gemacht werden, so z.B. der kumulativen Produktion, der täglichen Produktionsrate, der Profitabilität des Projektes oder einer Kombination dieser Faktoren.

[106] Als Faustregel gilt, daß der Contractor über Cost und Profit Oil typischerweise 30% bis 40% der Gesamtproduktion eines Feldes erhält.

[107] Die Steuerzahlungen hängen u.a. ab von der Höhe der „Royalty"-Anteile sowie der „Cost Oil"- und „Profit Oil"-Faktoren, die wiederum je nach Höhe der kumulierten Produktionsrate (bbl. pro Tag) gestaffelt sind. Insgesamt ist die Steuerberechnung aufwendig - ein Preis, der angesichts der Bedeutung einer korrekten Erfassung von Steuerwirkungen gerne gezahlt wird.

Flows zu errechnen. Im nächsten Schritt werden die gewichteten Kapitalkosten ermittelt[108] und die freien Cash-Flows mit diesem Zinssatz diskontiert. Das Ergebnis ist der Kapitalwert des Gesamtprojektes, der sich auf die beiden Projektphasen Exploration und Entwicklung aufteilen läßt (Abbildung 4-11).

Ermittlung der freien Cash-Flows

	1997	1998	1999	2000	2001	2002	2003	2004	2005	2006
Umsatzerlöse	0,0	0,0	0,0	0,0	0,0	0,0	0,0	23,2	67,9	67,9
- Betriebsaufwendungen	0,0	0,0	0,0	0,0	0,0	0,0	0,0	7,8	16,0	16,9
= Operativer Cash-Flow	0,0	0,0	0,0	0,0	0,0	0,0	0,0	15,4	51,9	51,1
- Steuern	0,0	0,0	0,0	0,0	0,0	0,0	0,0	4,3	11,9	11,9
= Brutto-Cash-Flow	0,0	0,0	0,0	0,0	0,0	0,0	0,0	11,1	40,0	39,1
- Explorationsinvestitionen	3,9	6,1	26,5	15,4	19,1	1,0	0,0	0,0	0,0	0,0
- Entwicklungsinvestitionen	0,0	0,0	0,0	0,0	0,0	0,0	37,6	51,9	30,9	17,0
= Freier Cash-Flow	-3,9	-6,1	-26,5	-15,4	-19,1	-1,0	-37,6	-40,7	9,1	22,1

	2007	2008	2009	2010	2011	2012	2013	2014	2015	2016
Umsatzerlöse	58,1	49,8	42,5	36,1	30,7	26,2	22,2	18,9	16,1	13,7
- Betriebsaufwendungen	16,5	15,2	14,1	13,2	12,4	11,8	11,2	10,7	10,3	9,9
= Operativer Cash-Flow	41,6	34,6	28,4	22,9	18,3	14,4	11,1	8,2	5,8	3,7
- Steuern	10,4	9,0	7,8	6,6	5,6	4,8	4,1	3,5	2,9	2,5
= Brutto-Cash-Flow	31,3	25,6	20,6	16,3	12,6	9,6	7,0	4,7	2,8	1,2
- Explorationsinvestitionen	0,0	0,0	0,0	0,0	0,0	0,0	0,0	0,0	0,0	0,0
- Entwicklungsinvestitionen	22,1	0,0	0,0	0,0	0,0	0,0	0,0	0,0	0,0	0,0
= Freier Cash-Flow	9,2	25,6	20,6	16,3	12,6	9,6	7,0	4,7	2,8	1,2

Ermittlung des Kapitalwertes

	1997	1998	1999	2000	2001	2002	2003	2004	2005	2006
Freie Cash-Flows	-3,9	-6,1	-26,5	-15,4	-19,1	-1,0	-37,6	-40,7	9,1	22,1
Barwertfaktor	0,900	0,810	0,729	0,657	0,591	0,532	0,479	0,431	0,388	0,349
Barwert der freien Cash-Flows	-3,5	-4,9	-19,3	-10,1	-11,3	-0,5	-18,0	-17,5	3,5	7,7

	2007	2008	2009	2010	2011	2012	2013	2014	2015	2016
Freie Cash-Flows	9,2	25,6	20,6	16,3	12,6	9,6	7,0	4,7	2,8	1,2
Barwertfaktor	0,314	0,283	0,255	0,229	0,206	0,186	0,167	0,151	0,136	0,122
Barwert der freien Cash-Flows	2,9	7,2	5,2	3,7	2,6	1,8	1,2	0,7	0,4	0,2

Kapitalwerte:	
Exploration	-49,7
Entwicklung	1,6
Gesamt	-48,1

Abb. 4-11: Ermittlung des Projektwertes nach der Kapitalwertmethode (Mio. USD)

Damit ist die Entscheidung klar: Der marginal positive Wert der Entwicklungsphase kann die Explorationsaufwendungen nicht rechtfertigen, das Projekt muß unterbleiben.

---

[108] Die einzelnen Daten der Kapitalkostenermittlung können nicht angeführt werden, da aus Fremdkapitalkosten und Kapitalstruktur eventuell Rückschlüsse auf die Identität des Unternehmens

Diese Bewertung basiert auf zwei zentralen Annahmen:

- *Das Ölpreisszenario:* Die Experten des Unternehmens gehen davon aus, daß der Ölpreis während der Projektlaufzeit stabil bleibt. Der Wert der Entwicklungsphase[109]
reagiert stark auf Abweichungen von diesem Szenario: Schon ein minimal anderer
Ölpreisverlauf resultiert in einem negativen Kapitalwert auch der Entwicklungsphase
(Abbildung 4-12).

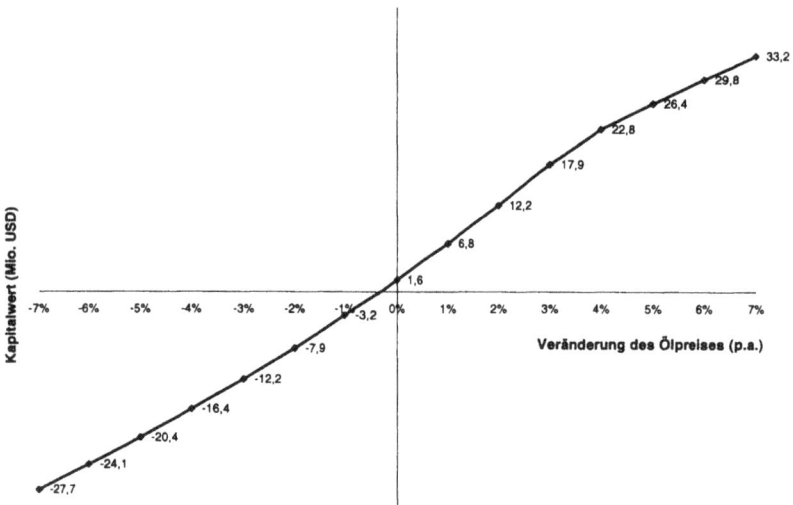

Abb. 4-12: Kapitalwert der Entwicklungsphase unter alternativen Ölpreisszenarien

Angesichts der starken historischen Ölpreisschwankungen (Abbildung 4-8) muß daher
von einem hohen Preisrisiko des Projektes gesprochen werden.

- *Keine Handlungsspielräume des Unternehmens:* Die Kapitalwertbetrachtung beruht
auf der Annahme, daß sich das Management *heute* zur Durchführung *aller*
Investitionen sowohl der Exploration als auch der Entwicklung verpflichten muß,
also nicht die Möglichkeit hat, die Investitionstätigkeit späterer Perioden von der
Ölpreisentwicklung bis zum Entscheidungszeitpunkt abhängig zu machen. Solche

---

möglich wären. Diese Details sind allerdings für die weiteren Ausführungen ohne Bedeutung.
[109] Der Kapitalwert der Exploration ist mangels Umsatzerlösen vom Ölpreis unabhängig.

Handlungsspielräume wären angesichts der hohen Unsicherheit des zukünftigen Ölpreises und der starken Sensitivität des Projektwertes wichtige Wertkomponenten, deren Vernachlässigung zu einer Unterbewertung des Projektes führen würde. Diese Überlegung wird im nächsten Schritt vertieft.

4.2.5.5   BEWERTUNG DES PROJEKTES ANHAND DES REALOPTIONSANSATZES
Identifikation relevanter Handlungsspielräume
Zunächst müssen eventuell vorhandene Handlungsspielräume identifiziert und die relevanten Formen herausgefiltert werden. Lassen sich solche Reaktionsmöglichkeiten nicht finden - sind also keine Realoptionen vorhanden -, liefert die Kapitalwertmethode den korrekten Projektwert.

Anhand des in Abschnitt 4.2.5.2 entwickelten Prozesses der Erdölexploration und -entwicklung lassen sich vier verschiedene Handlungsspielräume identifizieren, die in einem konkreten E&P-Projekt von Bedeutung sein können (Abbildung 4-13):

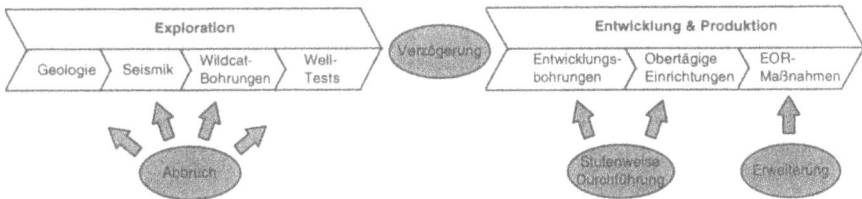

Abb. 4-13: Handlungsspielräume in Erdölprojekten

- *Abbruch* des Projektes in einer Stufe der Explorationsphase aufgrund geringer Erfolgsaussichten
- *Verzögerung der Entwicklung* von KW-Vorkommen nach abgeschlossener Exploration
- *Stufenweise Entwicklung* der KW-Vorkommen
- *Erweiterung* des Projektes in der Entwicklungsphase durch EOR-Maßnahmen zur Verbesserung des Ausbeutefaktors.

Grundsätzlich ist der *Abbruch* des Projektes in allen Stufen des Explorations- und Entwicklungsprozesses möglich. Diese Möglichkeit bietet in der Explorationsphase

Schutz vor dem geologischen Risiko, so z.B., wenn nach schlechten Seismik-Ergebnissen auf Wildcat-Bohrungen verzichtet und das Projekt aufgegeben wird. Andererseits wäre es auch denkbar, ein bereits in Produktion stehendes Feld aufzugeben, wenn angesichts niedriger Ölpreise die Umsatzerlöse unter die variablen Betriebskosten fallen. In der Praxis wird die Abbruchsmöglichkeit allerdings fast ausschließlich in der Explorationsphase wahrgenommen, also v.a. als Instrument zur Handhabung des geologischen Risikos eingesetzt. Dies liegt zunächst daran, daß nach der Exploration und der Errichtung der obertägigen Anlagen die wesentlichen Investitionen getätigt sind, die Schutzwirkungen eines Abbruchs also deutlich geringer sind als in der Exploration. Zudem sind stillgelegte Anlagen nach relativ kurzer Zeit unbrauchbar - sofern sie nicht unter unverhältnismäßig hohen Kosten gewartet werden -, so daß eine Wiedereröffnung der Anlage bei gestiegenem Ölpreis kostspielig oder gar unmöglich ist. Abbruchsmöglichkeiten werden daher nur in der Explorationsphase berücksichtigt.

Ob eine *Verzögerung* der Phasen möglich ist, hängt von technischen und v.a. juristischen Fragen ab. In der Regel verpflichtet sich das Unternehmen zu Explorationsinvestitionen, hat also bezüglich der Exploration keinen Spielraum. Die Entwicklung ist technisch von der Exploration unabhängig, so daß es eine Frage der Vertragsgestaltung ist, ob eine Verzögerung der Entwicklung im konkreten Fall möglich ist. In der Praxis ist dies oft der Fall.[110]

Die *Entwicklung von KW-Vorkommen in Phasen* bedeutet, daß zunächst nur ein Teil der Vorräte entwickelt wird, also nur wenige Entwicklungsbohrungen gesetzt werden. In weiteren Entwicklungsphasen können dann zusätzliche Bohrungen abgeteuft werden, die weitere Teile der Lagerstätte abdecken. Das Unternehmen wird diese zusätzlichen Investitionen nur bei günstiger Ölpreisentwicklung vornehmen.

Schließlich kann im Rahmen des Lagerstättenmanagements über eine *Ausweitung des Projektes durch EOR-Maßnahmen* entschieden werden. Das Unternehmen muß die zu

---

[110] So auch z.B. Pickles, E./J.L. Smith (Petroleum, 1993), S. 3 FN 1.

erwartenden Erträge, die aus der schnelleren und vollständigeren Ausbeutung der KW-Vorkommen zu erwarten sind, den zusätzlichen Investitionskosten gegenüberstellen.

Eine Analyse der juristischen und technischen Gegebenheiten des konkreten Projektes ergibt folgendes: Das Unternehmen müßte sich zu einer *vollständigen* Exploration verpflichten, so daß Abbruchsmöglichkeiten nicht relevant sind. Allerdings könnte es die Entwicklung des Feldes um bis zu vier Jahre verschieben. Zudem muß es nicht sofort auf die Entwicklung aller drei Felder festlegen, sondern kann im Laufe der Zeit über zusätzliche Bohrungen entscheiden - ein Schutz vor einer ungünstigen Ölpreisentwicklung. Abbildung 4-14 zeigt die Aufteilung der Gesamtproduktion und der Investitionskosten auf die drei Felder. Dabei wird ersichtlich, daß Feld 2 (spätestens) ein Jahr , Feld 3 (spätestens) drei Jahre nach Feld 1 entwickelt werden kann.[111]

Jahr	Feld 1			Feld 2			Feld 3			Gesamt		
	Öl	Gas	Investition	Öl	Gas	Investition	Öl	Gas	Investition	Öl	Gas	Investition
2003	0,0	0,0	44,2	0,0	0,0	0,0	0,0	0,0	0,0	0,0	0,0	44,2
2004	1,9	3,8	48,8	0,0	0,0	12,2	0,0	0,0	0,0	1,9	3,8	61,0
2005	3,6	7,3	14,5	2,0	3,9	21,8	0,0	0,0	0,0	5,6	11,2	36,3
2006	3,4	6,7	0,0	1,6	3,1	10,0	0,7	1,3	10,0	5,6	11,2	20,0
2007	2,4	4,8	0,0	1,4	2,9	0,0	1,0	1,9	26,0	4,8	9,5	26,0
2008	2,0	4,1	0,0	1,0	2,0	0,0	1,0	2,0	0,0	4,1	8,1	0,0
2009	1,7	3,4	0,0	0,9	1,7	0,0	0,9	1,7	0,0	3,4	6,9	0,0
2010	1,5	2,9	0,0	0,7	1,5	0,0	0,7	1,5	0,0	2,9	5,9	0,0
2011	1,2	2,5	0,0	0,6	1,2	0,0	0,6	1,2	0,0	2,5	5,0	0,0
2012	1,1	2,1	0,0	0,5	1,1	0,0	0,5	1,1	0,0	2,1	4,2	0,0
2013	0,9	1,8	0,0	0,5	0,9	0,0	0,5	0,9	0,0	1,8	3,6	0,0
2014	0,8	1,5	0,0	0,4	0,8	0,0	0,4	0,8	0,0	1,5	3,1	0,0
2015	0,7	1,3	0,0	0,3	0,7	0,0	0,3	0,7	0,0	1,3	2,6	0,0
2016	0,6	1,1	0,0	0,3	0,6	0,0	0,3	0,6	0,0	1,1	2,2	0,0

Öl in Mio. bbl.
Gas in Mrd. Cubic Feet
Investitionen in Mio. USD

Abb. 4-14: Produktionsmengen und Entwicklungsinvestitionen der drei Felder

Sekundäre und tertiäre Maßnahmen spielen im vorliegenden Fall aus technischen Gründen keine Rolle. Die relevanten Handlungsmöglichkeiten bestehen damit in der Möglichkeit, die Entwicklung zu verzögern und/oder in Phasen durchzuführen.

Damit läßt sich schon jetzt festhalten, daß die Kapitalwertmethode die *Explorationsphase* richtig bewertet, da sich dort keine Handlungsmöglichkeiten finden, deren Wert

---

[111] Der Leser kann überprüfen, daß Produktionsmengen und Investitionen der drei Felder sowohl in zeitlicher als auch betragsmäßiger Hinsicht genau den Daten des Gesamtentwicklungsvorhabens entsprechen, das mit Hilfe der Kapitalwertmethode bewertet worden ist. V.a. sind keine weiteren Verzögerungsmöglichkeiten unterstellt worden - das Gesamtvorhaben ist lediglich in drei Teile zerlegt worden.

sie hätte vernachlässigen können. Anders verhält es sich mit der Entwicklungsphase, in der Handlungsspielräume vorhanden sind. Es stellt sich daher die Frage, ob der Kapitalwert dieser Phase - 1,6 Mio. USD - alle wesentlichen Wertpotentiale widerspiegelt. Die folgenden Ausführungen gehen dieser Frage nach, indem sie die Entwicklungsphase als eine Kette verbundener Realoptionen interpretieren und bewerten.

Definition der Realoptionen und Ermittlung der Bewertungsparameter

Die identifizierten Handlungsspielräume müssen nun in Realoptionen „übersetzt" werden:

* Die Möglichkeit, die Durchführung der Entwicklung zu verschieben, stellt eine exklusive *Verzögerungsoption* dar, die das Unternehmen vier Jahre lang (Laufzeit) dazu berechtigt, gegen Zahlung des Barwertes der Entwicklungsinvestitionen (Ausübungspreis) den Bruttoprojektwert[112] (Basisobjekt) zu erhalten. Der Wert des Basisobjektes schwankt mit dem Ölpreis, der im zu entwickelnden Optionspreismodell die Rolle der exogenen stochastischen Größe spielt. Da diese Möglichkeit jederzeit wahrgenommen werden kann, ist sie als *amerikanischer Call* zu interpretieren. Das Unternehmen übt diese Option aus, indem es die Entwicklung vornimmt.

* Diese Interpretation vernachlässigt die Tatsache, daß das Projekt in drei Phasen (Feld 1 - 3) durchgeführt werden kann: Das Unternehmen muß nach Auslaufen der Verzögerungsmöglichkeit nicht alle drei Felder entwickeln, sondern kann sich zunächst auf Feld 1 beschränken und die anderen Felder später erschließen. Damit erhält es bei Ausübung der Verzögerungsoption den Bruttoprojektwert von Feld 1 *und die Optionen auf Feld 2 und 3* (Basisobjekt S_1). Die Optionen auf Feld 2 und Feld 3 sind exklusive *Erweiterungsoptionen*, die nur ausgeübt werden können, wenn die Verzögerungsoption wahrgenommen worden ist. Die Erweiterungsoptionen sind

---

[112] Der Bruttoprojektwert wurde oben als Barwert der Brutto-Cash-Flows, also als Summe der diskontierten Einzahlungen des Projektes, definiert.

wiederum miteinander verbunden, weil Feld 3 (als zweite Erweiterungsoption) nur realisiert werden kann, wenn auch Feld 2 erschlossen wird. Feld 2 stellt damit einen amerikanischen Call auf den Bruttoprojektwert von Feld 2 *und die Erweiterungsoption des Feldes 3* (Basisobjekt S_2) dar mit einem Ausübungspreis in Höhe der diskontierten Entwicklungsinvestitionen von Feld 2. Feld 3 ist schließlich ein amerikanischer Call auf den entsprechenden Bruttoprojektwert.

Die Entwicklungsphase läßt sich damit als eine komplexe Kette dreier exklusiver amerikanischen Optionen interpretieren, deren Existenz jeweils von der Ausübung der vorangegangenen Option(en) abhängt.

Um den Wert dieser Optionen ermitteln zu können, werden im folgenden die konkreten Ausprägungen der wertbestimmenden Parameter bestimmt.

Die Bruttoprojektwerte (BPW_1-BPW_3) als Teil der Basisobjekte der Felder lassen sich als Barwerte der entsprechenden Brutto-Cash-Flows anhand der Kapitalwertmethode ermitteln. Dabei ergibt sich: BPW_1 = 38,5 Mio., BPW_2 = 18,2 Mio. und BPW_3 = 10,2 Mio. USD. Die *Ausübungspreise* X_1-X_3 werden durch die Barwerte der Entwicklungsinvestitionen erfaßt und betragen 40,7 Mio., 14,6 Mio. und 9,9 Mio. USD. Damit ergeben sich die Werte der Felder bei sofortiger Investition (also bei Verzicht auf die Handlungsspielräume) als Differenz zwischen BPW_i und X_i zu -2,2 Mio., 3,6 Mio. und 0,2 Mio. USD. Die Summe dieser Werte beträgt 1,6 Mio. USD, entspricht also exakt dem Kapitalwert der Gesamtentwicklung. Das leuchtet unmittelbar ein, da der Kapitalwert ja den Wert des Projektes ohne Handlungsspielräume, d.h. bei sofortiger Entwicklung aller Felder, mißt.

Die *Laufzeit* der Optionen ergibt sich als letztmöglicher Entwicklungszeitpunkt. Da Feld 1 um vier Jahre verschoben werden kann, die Entwicklung von Feld 2 spätestens ein Jahr und die von Feld 3 spätestens drei Jahre später erfolgt (vgl. Abbildung 4-14), ergeben sich Laufzeiten von vier, fünf und sieben Jahren.[113] Gleichzeitig bestehen *Ausübungsbeschränkungen* in der Form, daß die Entwicklung des nachfolgenden Feldes die des vorhergehenden voraussetzt.

Die *Volatilität* mißt die Schwankungen der exogenen stochastischen Größe, hier also des Ölpreises, und kann als annualisierte Standardabweichung der Änderungsrate des Ölpreises errechnet werden.[114] Abbildung 4-15 zeigt, daß diese Volatilität typischerweise 20% bis 30% beträgt.[115]

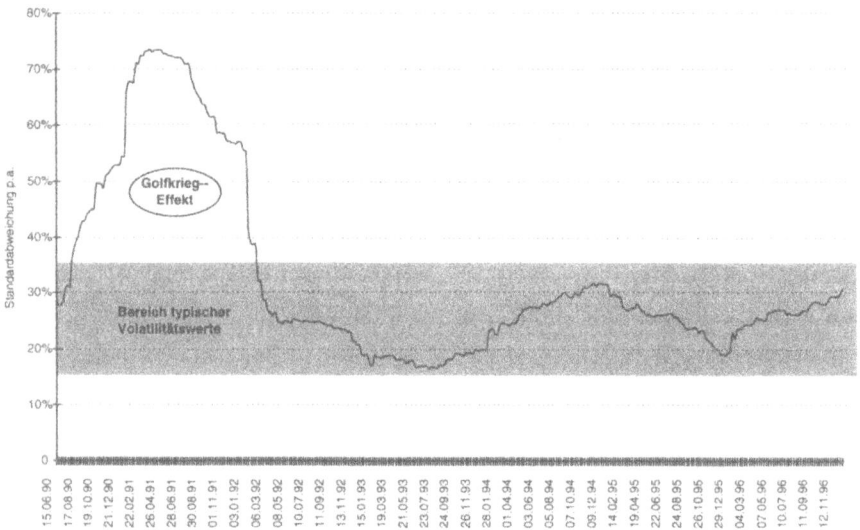

Abb. 4-15: Volatilität des Erdölpreises, Juni 1990 - Dezember 1996

Auf den ersten Blick scheint die *Dividendenanalogie* im vorliegenden Fall nicht zu greifen, aber dieser Eindruck täuscht: Erdöl weist einen positiven Lagerertrag („Net

---

[113] Es wird also keine zusätzliche Verzögerbarkeit der Felder 2 und 3 angenommen, die eine weitere Wertkomponente in Form zweier zusätzlicher Verzögerungsoptionen darstellen würde.

[114] Dabei wird mit einer kontinuierlichen Änderungsrate gerechnet. Die genaue Formel zur Schätzung der Volatilität lautet: $\sigma = SD\left(\ln\left(S_i/S_{i-1}\right)\right)\big/\sqrt{\tau}$ mit SD = Standardabweichung, S_i = Ölpreis am Ende von Zeitintervall i, τ = Länge des Zeitintervalls i in Jahren. Vgl. z.B. Hull, J. (Introduction, 1995), S. 262 ff.

[115] Diese Berechnungen wurden auf der Basis von jeweils 52 Wochenschlußkursen des Preises pro bbl. Brent-Erdöl vorgenommen. Die Ergebnisse sind mit den Schätzungen anderer Autoren konsistent. Vgl. z.B. Pickles, E./J.L. Smith (Petroleum, 1993), S. 4 und S. 20.

Convenience Yield") auf, der dem Unternehmen entgeht, solange es die Option nicht ausübt, d.h. die Vorkommen nicht entwickelt. Dieser Net Convenience Yield beträgt langfristig ca. 4,1%[116] und muß, wie bei der Besprechung von Modellen zur Bewertung von Optionen auf Basisobjekte mit Minderpreissteigerung (vgl, Kapitel 3.3.1.2.5) ausgeführt, in die Optionsbewertung Eingang finden. Da die Entwicklungsphase *amerikanische* Optionen beinhaltet, führt diese dividendenanaloge „Zahlung" zu der Notwendigkeit, nach optimalen Ausübungsstrategien im Sinne einer optimalen zeitlichen Durchführung der drei Entwicklungsinvestitionen zu suchen.

Abbildung 4-16 faßt die Parameter zusammen, die dem „Base Case" der Bewertung zugrundegelegt werden.

	Feld 1	Feld 2	Feld 3
Optionstyp	Amerikanischer Call	Amerikanischer Call	Amerikanischer Call
Basisobjekt (Mio. USD)	BPW$_1$ (38,5) + Option auf Feld 2 + Option auf Feld 3	BPW$_2$ (18,2) + Option auf Feld 3	BPW$_3$ (10,2)
Ausübungspreis (Mio. USD)	I$_1$ (40,7)	I$_2$ (14,6)	I$_3$ (9,9)
Laufzeit (Jahre)	4	5	7
Ausübungs-beschränkung		Feld 1 muß gleichzeitig oder vorher entwickelt werden	Felder 1 und 2 müssen gleichzeitig oder vorher entwickelt werden
Volatilität p.a.	30%	30%	30%
Dividendenrendite	NCY (4,1%)	NCY (4,1%)	NCY (4,1%)
Risikoloser Zins	5,9%	5,9%	5,9%

Abb. 4-16: „Base-Case"-Parameter der Optionsbewertung

Wahl eines geeigneten Modellansatzes und Ermittlung des erweiterten Kapitalwertes

Die Modellierung der Entwicklungsphase als komplexe Kette dreier amerikanischen Optionen mit Ausübungsrestriktionen ist zwar realitätsnah, kompliziert aber die Optionsbewertung und läßt v.a. aufgrund der technisch bedingten Verflochtenheit der Optionen (und dem daraus resultierenden System von Ausübungsbedingungen), deren

---

[116] Vgl. z.B. Siegel et al. (Oil, 1987), S. 26. Anders *Pickles/Smith*, die annehmen, daß der NCY i.d.R. dem risikolosen Zinssatz entspricht - dies wäre im vorliegenden Fall 5,93%. Vgl. Pickles, E./J.L. Smith (Petroleum, 1993), S. 20. Eine Sensitivitätsanalyse wird den Einfluß unterschiedlicher NCY-Annahmen auf den Projektwert verdeutlichen.

amerikanischer Natur bei begrenzter Laufzeit und der Existenz von Dividendenzahlungen eine analytisch-exakte Lösung i.S.d. Modells von *Black/Scholes* nicht zu.

Statt dessen wird die enorme Flexibilität des *Binomialmodells* zur Bewertung des Projektes genutzt. Um die Stabilität des Modells sicherzustellen und dessen Effizienz zu
erhöhen, wurde auf eine logarithmierte Variante des BOPM zurückgegriffen.[117,118]

Als erster Bewertungsschritt wird anhand der Volatilitätsschätzung und Gleichung (3-8),
die die Bestimmung der Parameter w, u und d erlaubt, ein Binomialbaum der Ölpeis-
entwicklung aufgestellt. Anschließend wird im letztmöglichen Entwicklungszeitpunkt
von Feld 3 (und damit am Ende des Analysezeitraumes) anhand Gleichung (3-1) der
Wert dieser Option ermittelt. Dieser Wert wird dann der rekursiven Ermittlung der
Optionswerte der Vorperiode zugrundegelegt, wobei Gleichung (3-11) zur Anwendung
kommt. Zu den Zeitpunkten, an denen die Laufzeit der beiden anderen Optionen endet,
wird in jedem Knoten der Wert dieser Optionen als Summe aus (3-1) und dem Wert der
nachfolgenden Option(en) ermittelt. Anschließend wird die rekursive Bewertung nach
(3-11) fortgesetzt.

Dieses Vorgehen berücksichtigt die Möglichkeit vorzeitiger Ausübung, indem in jedem
Zeitpunkt alle möglichen Ausübungsstrategien verglichen werden. So verfügt das Unternehmen z.B. in den ersten vier Jahren über folgende Investitionsstrategien:

• Strategie 1: Keine Entwicklung, Aufrechterhaltung der Optionen auf Felder 1, 2 und
  3
• Strategie 2: Entwicklung von Feld 1, Aufrechterhaltung der Optionen auf Felder 2
  und 3
• Strategie 3: Entwicklung von Feld 1 und Feld 2, Aufrechterhaltung der Option auf
  Feld 3

---

[117] Vgl. zu diesem Modell v.a. Trigeorgis, L. (Method, 1991). Siehe auch Brennan, M./E. Schwartz
(Methods, 1978).

• Strategie 4: Entwicklung aller drei Felder

Diese Strategien werden für jeden Knoten im Binomialbaum bewertet. Das Maximum dieser Werte wird als (optimierter) Projektwert im jeweiligen Zeitpunkt der weiteren rekursiven Optionsbewertung zugrunde gelegt.[119]

Das *Ergebnis* dieses Bewertungsprozesses ist dramatisch: Der erweiterte Kapitalwert der Entwicklungsphase als Summe von passivem Kapitalwert und Wert der Real-optionen beträgt 17,1 Mio. USD - ein krasser Unterschied zu der Bewertung von 1,6 Mio. USD durch die Kapitalwertmethode. Der Wert der Möglichkeit, die Entwicklung um bis zu vier Jahre zu verzögern und in drei Phasen durchzuführen, beläuft sich auf 15,4 Mio. USD und macht damit ca. 90% des tatsächlichen Wertes aus (Abbildung 4-17).

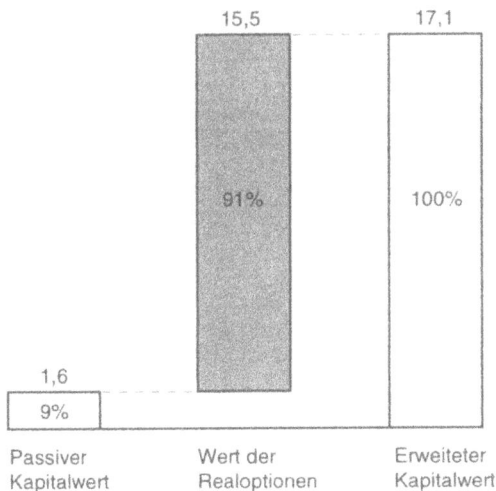

Abb. 4-17: Bewertung des KW-E&P-Projektes anhand des Realoptionsansatzes

---

[118] Die theoretisch belegbare Überlegung, daß Abweichung dieses Modells vom exakten Wert gering sein müssen, wurde durch die Bewertung typischer Finanzoptionen und den Vergleich mit den entsprechenden Black/Scholes-Ergebnissen erfolgreich überprüft.

[119] Dieser Prozeß macht auch deutlich, warum sich das *Entscheidungsbaumverfahren* nicht einmal zur konzeptionellen Darstellung des Problems eignet - es wäre angesichts der Komplexität dieser in kurzen Abständen wiederholt zu fällenden verketteten Investitionsentscheidungen hoffnungslos überfordert.

Bevor die Ursachen für diese enormen Ergebnisunterschiede diskutiert werden, muß das Ergebnis des Realoptionsansatzes in zweierlei Hinsicht näher untersucht werden:

1. Spielen Interaktionen zwischen den drei Optionen eine Rolle, und sind diese Effekte mit den unter Kapitel 4.2.4.2 theoretisch postulierten Zusammenhängen konsistent ?
2. Wie sensibel reagiert der Projektwert auf Änderungen der Modellparameter ?

Eine *Interaktion* zwischen den drei Optionen, d.h. das Abweichen des Projektwertes von der Summe der Einzelwerte dreier unabhängiger Optionen mit ansonsten identischen Parametern, ist nach den Ergebnissen von Kapitel 4.2.4.2 zu erwarten: Die Existenz der nachfolgenden Calls (Feld 2 bzw. Feld 3) erhöht den Wert des Basisobjektes der jeweils vorgeschalteten Option (Feld 1 bzw. Feld 2). Da auch diese vorgeschalteten Optionen Calls sind, müßte dies zu *positiven* Interaktionen führen.

Die zu erwartende Stärke dieser Interaktion hängt, wie ausgeführt, von dem Ausmaß ab, in dem sich die Ausübungsbereiche der Optionen überschneiden. Dies wird von der Gleichartigkeit, der zeitlichen Trennung und vom Verhältnis zwischen Basisobjekt und Ausübungspreis der Optionen bestimmt.

Alle drei Optionen sind Calls, was auf starke Interaktionen schließen läßt. Auf der anderen Seite ist die zeitliche Trennung nicht groß, und Feld 1 als Hauptteil sowie Feld 3 sind „out of the money" - beides Indikatoren für geringe Interaktionen. Die Stärke der Interaktionen hängt damit von der relativen Bedeutung der entgegengesetzten Effekte im konkreten Fall ab. Darüber läßt sich theoretisch wenig sagen, die zu erwartende Interaktion kann nach Abbildung 4-6 qualitativ als wohl eher *mittel bis hoch* klassifiziert werden.

Diese Hypothese läßt sich überprüfen, indem die Werte von drei unabhängigen Optionen mit identischen Parametern ermittelt und aufsummiert werden. Das Ergebnis überrascht: Die Summe beträgt 17,1 Mio. USD, entspricht also exakt dem Wert der verbundenen Optionen - es scheint keine Interaktionen zu geben. Dies steht in klarem Widerspruch zu dem erwarteten Ergebnis.

Dieser Widerspruch löst sich auf, wenn ein Effekt eingeführt wird, der in den Ausführungen in Kapitel 4.2.4.2 nicht berücksichtigt werden konnte, weil er sich aus den spezifischen technischen Rahmenbedingungen des untersuchten Projektes ergibt: Die „Dividendenzahlung" in Form des „Net Convenience Yields" führt dazu, daß unter bestimmten Bedingungen eine vorzeitige Ausübung der Optionen optimal wird. Die einzelnen, unabhängigen Optionen, können *zu jedem beliebigen Zeitpunkt in beliebiger Reihenfolge* ausgeübt werden. Dies gilt für die im Projekt enthaltenen Optionen nicht: Die Ausübung der Optionen auf Feld 2 und Feld 3 ist aufgrund technischer Restriktionen an die Ausübung der vorgeschalteten Optionen gebunden, so daß ein Teil der an sich denkbaren (und unter bestimmten Konstellationen optimalen) Ausübungsstrategien nicht realisierbar ist. So kann z.B. nicht nur das Feld 3 entwickelt und von der Ausübung der Optionen auf Feld 1 und Feld 2 abgesehen werden. Diese Beschränkung möglicher Ausübungsstrategien führt zu einer *negativen Interaktion* - der Wert der drei verbundenen Optionen liegt ceteris paribus unter der Summe der drei unabhängigen Optionen.

Dieser negative Effekt wirkt gegenläufig zur erwarteten positiven Interaktion. *Zufällig* sind bei der gewählten Parameter-Konstellation beide Effekte gleich groß, kompensieren sich also. Abbildung 4-18 zeigt, daß dies bei anderen Annahmen über den Net Convenience Yield nicht der Fall ist.

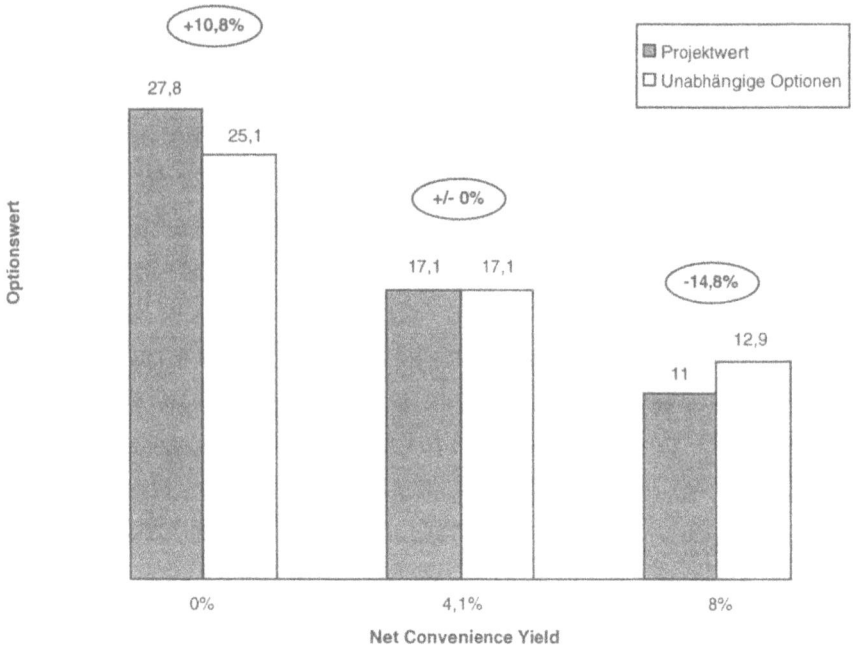

Abb. 4-18: Interaktionen bei unterschiedlichen Annahmen über die Höhe des Net Convenience Yields

Wenn der Dividendeneffekt eliminiert wird (d.h. der Net Convenience Yield 0% beträgt), findet sich die erwartete mittlere positive Interaktion in Höhe von ca. 11% des Optionswertes. Bei einem Net Convenience Yield von 4,1% kompensieren sich beide Effekte, bei einem höheren Net Convenience Yield überwiegt der Dividendeneffekt und führt zu einer negativen Interaktion - im Beispiel der Abb. 4-18 in Höhe von ca. 15% des Optionswertes bei einem Net Convenience Yield von 8%.

Neben den Interaktionseffekten sind die *Sensitivitäten des Projektwertes hinsichtlich der Modellparameter* von großem Interesse, weil sie zum einen Gefahren aufzeigen, die von unerwarteten Entwicklungen drohen, zum anderen die Frage beantworten, ob die Bewertungsergebnisse mit anerkannten Aussagen der Optionspreistheorie konsistent sind.[120] Da Ausübungspreise und Laufzeiten weitgehend technisch bestimmt sind und kaum Schwankungen unterliegen, konzentrieren sich diese Überlegungen auf die

Wirkung unterschiedlicher Annahmen über Ölpreisszenarien, Volatilität und Net Convenience Yield. Hier werden zunächst die beiden letzteren Parameter diskutiert. Der Fall unterschiedlicher Ölpreisszenarien ist besonders wichtig, weil er die Grundlage für den Vergleich zwischen Kapitalwertmethode und Realoptionsansatz bildet. Dieser Diskussion ist daher ein eigenes Unterkapitel (4.2.5.6) gewidmet.

Abbildung 4-19 stellt die Abhängigkeit des Projektwertes von der *Volatilität* des Ölpreises dar.

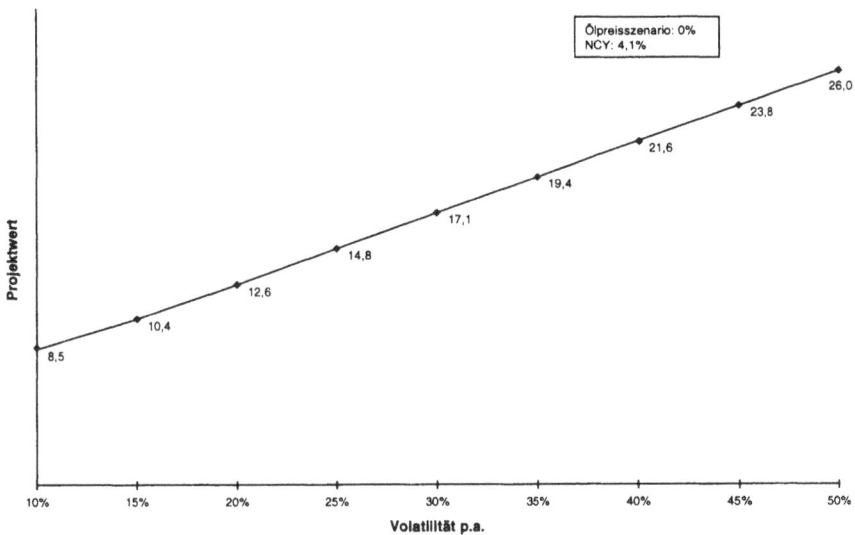

Abb. 4-19: Zusammenhang zwischen Projektwert und Ölpreisvolatilität

Der Projektwert *steigt* mit der Volatilität des Ölpreises. Dieses Ergebnis steht im Einklang mit der Optionspreistheorie, widerspricht aber fundamental der Auffassung der herkömmlichen Investitionsrechnung, daß höhere Unsicherheit den Wert von Investitionsprojekten reduziert. Handlungsspielräume geben dem Unternehmen die Chance, von positiven Entwicklungen zu profitieren, sichern es aber vor bösen Überraschungen ab. Höhere Unsicherheit kann dann einen *höheren* Projektwert bedeuten - eine erste wichtige Schlußfolgerung der realoptionstheoretischen Betrachtungsweise.

---

[120] Vgl. Abbildung 3-11 zu den Sensitivitäten von Finanzoptionen in bezug auf die verschiedenen Modellparameter.

Dieses Ergebnis unterstellt implizit, daß die höhere Volatilität ausschließlich projektspezifisches, d.h. *unsystematisches* Risiko darstellt, für dessen Übernahme Investoren keine Risikoprämie fordern, weil sie es am Kapitalmarkt durch Diversifikation ablegen können. In diesem Fall steigt der Wert der Realoptionen, ohne daß sich der passive Kapitalwert ändert; das Ergebnis ist ein höherer Projektwert. Erhöht sich dagegen aufgrund der höheren Volatilität auch das systematische Risiko der Investition, so muß sich dies in einer höheren Risikoprämie niederschlagen, was einen höheren Diskontierungssatz und letztlich einen niedrigeren passiven Kapitalwert zur Folge hat. Die Nettoveränderung des Projektwertes hängt dann von der relativen Stärke der beiden Effekte - höherer Wert der Realoptionen, niedrigerer passiver Kapitalwert - ab.

Diese Sichtweise zeigt auch, daß mögliche Investitionsergebnisse mit hohem Wert für das Unternehmen, aber geringer Eintrittswahrscheinlichkeit viel wertvoller sind, als dies im konventionellen Erwartungswertmodell zum Ausdruck kommt. Die *Streuung* der möglichen Investitionsergebnisse gewinnt durch die durch Handlungsspielräume entstandene Asymmetrie von Chance und Risiko eine fundamental neue Bedeutung - eine klassische Aussage der Optionspreistheorie, die aber in krassem Gegensatz zu den Aussagen der herkömmlichen Investitionsrechnung steht.[121]

Eine *Erhöhung des Net Convenience Yields* entspricht einer höheren Dividendenzahlung des Basisobjektes und muß zu niedrigeren Projektwerten führen. Abbildung 4-20 bestätigt diesen Zusammenhang.

---

[121] Auch in der Unternehmenspraxis wird vereinzelt die unzureichende Behandlung des Unsicherheitsphänomens durch die herkömmliche Investitionsrechnung erkannt. So beklagt z.B. Judy Lewent, CFO von Merck & Co.: „ ... a traditional analysis may not fully capture the strategic value of an investment in research ... the volatility or risk isn´t properly valued." Nichols, N.A. (Management, 1994), S. 90.

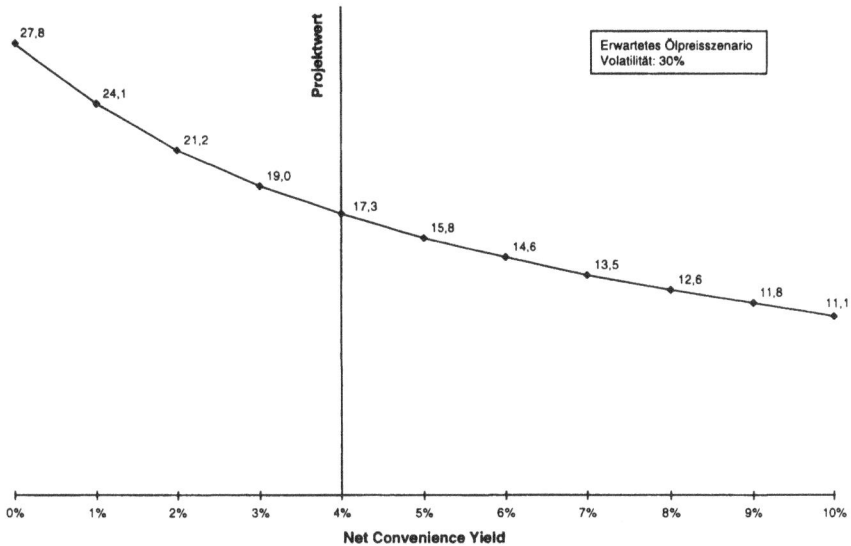

Abb. 4-20: Zusammenhang zwischen Projektwert und Net Convenience Yield

Dabei wird deutlich, daß diese Elastizität mit höheren Net Convenience Yield-Werten abnimmt - eine Folge der Tatsache, daß die Optionen unter immer mehr Konstellationen bereits frühzeitig ausgeübt werden, der „Grenzschaden" höherer Dividenden in Form von zusätzlich vernichtetem Optionswert also immer weiter abnimmt. Für sehr hohe Net Convenience Yield-Werte (ab 69%) entspricht der Projektwert dem passiven Kapitalwert, da die Dividendenzahlungen dazu führen, daß alle Felder sofort entwickelt werden, die Optionen also wertlos sind.

4.2.5.6   VERGLEICH DER ERGEBNISSE UND SCHLUßFOLGERUNGEN

Die Darstellung des Ergebnisses des Realoptionsansatzes zeigte bereits, daß die Kapitalwertmethode einen großen Teil des Wertes der Entwicklungsphase vernachlässigt. Es ist wichtig, diese Wertkomponente genau zu verstehen: *Sie ergibt sich aus der Möglichkeit, die Entwicklung der KW-Vorkommen (innerhalb der technischen und juristischen Vorgaben) zu optimieren:* Das Unternehmen muß sich nicht bereits heute zur Entwicklung der gesamten Vorkommen verpflichten, sondern kann die Durchführung der Investitionen von der Ölpreisentwicklung bis zum jeweiligen Entscheidungspunkt abhängig machen. Der Kapitalwert des jeweiligen Feldes bleibt zwar *in diesem Zeitpunkt* das relevante Entscheidungskriterium: Das Unternehmen investiert nur, wenn das Feld einen positiven Kapitalwert aufweist. Das Kapitalwert*verfahren* ermittelt aber den Wert des Projektes, als ob es *sofort und unwiderruflich* realisiert werden *müsse* - es unterstellt eine Verpflichtung, wo tatsächlich ein Recht (eben eine Option) vorliegt: Das Recht, bei günstigen Ölpreisen zu investieren, bei ungünstigen Entwicklungen die Investitionen aber zu verschieben bzw. aufzugeben. Das Kapitalwertverfahren vernachlässigt damit die Optimierungsmöglichkeit, die durch Handlungsspielräume geschaffen wird.

Handlungsspielräume schützen das Unternehmen also vor ungünstigen Ölpreisentwicklungen. Diese Überlegung wird durch Abbildung 4-21 verdeutlicht:

Volatilität: 30%
NCY: 4,1%

Preis p.a.	Passiver Kapitalwert (1)	Erweiteter Kapitalwert (2)	Wert der Optionen Absolut (3)=(2)-(1)	% vom Gesamtwert (3)/(2)
-7%	-27,7	3,6	31,3	832%
-6%	-24,1	4,8	28,9	600%
-5%	-20,4	6,1	26,5	432%
-4%	-16,4	7,5	23,9	318%
-3%	-12,2	9,6	21,9	227%
-2%	-7,9	12,0	19,8	166%
-1%	-3,2	14,4	17,7	122%
0%	1,6	17,1	15,4	90%
1%	6,8	20,3	13,5	67%
2%	12,2	24,0	11,8	49%
3%	17,9	28.0	10,1	36%
4%	22,8	31,7	8,8	28%
5%	26,4	34,4	8,0	23%
6%	29,8	37,0	7,2	19%
7%	33,2	39,8	6,5	16%

Abb. 4-21: Passiver Kapitalwert, erweiterter Kapitalwert und Optionswert der Entwicklungsphase unter verschiedenen Preisszenarien (Mio. USD)

Der Wert der Optionen nimmt sowohl absolut als auch als Anteil am Gesamtwert ab, je günstiger das Ölpreisszenario wird. Unter besonders günstigen Szenarien tendiert dieser Wert gegen Null. Der Grund ist einleuchtend: Die Felder weisen dann in *allen* zukünftigen Konstellationen einen positiven Kapitalwert auf, die Schutzkomponente der Handlungsspielräume - Nichtentwicklung von Feldern mit negativem Kapitalwert im letztmöglichen Entscheidungszeitpunkt - ist wertlos. Der hohe Wert der Optionen im Base-Case der Bewertung erklärt sich aus der Tatsache, daß der passive Kapitalwert (1,6 Mio. USD) durch minimale negative Preisentwicklungen unter Null sinkt - die Option ist sozusagen „at-the-money"

Im entgegengesetzten Fall äußerst ungünstiger Preisentwicklungen tendiert der erweiterte Kapitalwert als Wert des Projektes gegen Null: Die Entwicklung der drei Felder verspricht dann in keinem beliebigen Zeitpunkt einen positiven Kapitalwert und wird daher immer unterlassen - das „Sicherheitsnetz" der Handlungsspielräume weist hier seinen maximalen Wert auf. Im schlechtesten Fall gibt das Unternehmen sämtliche Entwicklungspläne auf, der Wert der Entwicklungsphase beträgt Null. Damit wird aber auch deutlich, daß die Entwicklungsphase unter keinen Umständen einen negativen Wert haben kann. Eine solche Bewertung, wie sie sich unter ungünstigen Preisszenarien aus der Kapitalwertmethode ergibt, unterstellt eine *Verpflichtung* des Unternehmens zur Erschließung der Lagerstätte und ist damit unsinnig.[122]

Während die Kapitalwertmethode also den Projektwert bei sofortiger Investition und passiver Akzeptanz der zukünftigen Ölpreisentwicklung ermittelt, errechnet der Realoptionsansatz einen optimierten Projektwert unter der Annahme eines aktiven Managements. Ein „Nebenprodukt" und äußerst interessantes Ergebnis des Realoptionsansatzes ist damit die von der jeweiligen Ölpreisentwicklung abhängige *optimale Investitionsstrategie*. Abbildung 4-22 zeigt einen Ausschnitt dieser Strategie für das untersuchte Projekt.

Diese Darstellung ist ein Auszug aus dem Binomialbaum, der der Bewertung zugrundeliegt. Die einzelnen Ästen verkörpern die Auf- und Abwärtsbewegungen des Ölpreises in der jeweiligen Periode. Die Buchstabenkombination in jedem Knoten symbolisiert die unter dem jeweiligen Ölpreis optimale Kombination der oben angeführten vier grundsätzlichen Investitionsentscheidungen, die das Unternehmen treffen kann. So steht z.B. die Bezeichnung „F1, F2" für die Entwicklung der Felder 1 und 2 und der Verzögerung von Feld 3.

---

[122] Optionstechnisch gesprochen ermittelt die Kapitalwertmethode den Wert einer Option als Differenz zwischen Preis des Basisobjektes und Ausübungspreis (S-X) und nicht, wie es richtig wäre, als Maximum von (nach den entsprechenden Modellen zu berechnendem) Verzögerungswert und innerem Wert (der sich wieder als max(S-X,0) ergibt).

Die *optimale Investitionsstrategie* ergibt sich, indem in Abhängigkeit von der konkreten Ölpreisentwicklung die Entwicklung eines Feldes in derjenigen Periode vorgenommen wird, in der sie zum ersten Mal Teil der optimalen Investitionskombination ist. Diese optimale Investitionsstrategie unterscheidet sich damit je nach konkreter Ölpreisentwicklung, also der tatsächlichen Bewegung innerhalb des Baumes möglicher Ölpreisentwicklungen.

Diese Überlegung kann beispielhaft an den beiden eingezeichneten Preisverläufen verdeutlicht werden: Im Preisverlauf 1 - symbolisiert durch die durchgezogenen Linie - ist in den ersten fünf Perioden eine Verzögerung der Investitionen optimal. In Periode 6 werden die Felder 1 und 2 entwickelt, für Feld 3 gilt dagegen bis Periode 10 die Vorteilhaftigkeit der Verzögerungsvariante. Die spezielle Preisbewegung wird also mit einer darauf zugeschnittenen Investitionsstrategie (Verzögerung in den ersten fünf Perioden, Erschließung von Feld 1 und 2 in Periode 6, von Feld 3 in Periode 10) beantwortet.

Dementsprechend ergibt sich für den unterschiedlichen Preisverlauf 2 (gestrichelte Linie) eine völlig andere Investitionsstrategie: Hier kann die ungünstige Entwicklung des Ölpreises Investitionen lange Zeit nicht rechtfertigen. Erst in Periode 13, im letztmöglichen Zeitpunkt, steigt der Ölpreis über die kritische Schwelle, und eine Entwicklung von Feld 1 ist optimal. Ob Feld 2 und 3 ebenfalls entwickelt oder statt dessen aufgegeben werden, hängt von der Ölpreisentwicklung nach Periode 13 ab.

Diese Sichtweise hat hohe praktische Relevanz: Es lassen sich für jedes Feld *zeitpunktspezifische, exakte Ölpreisschwellen* errechnen, bei deren Überschreitung die entsprechende Investition durchgeführt werden sollte. Diese Grenzwerte geben dem Management ein äußerst operationales Instrument zur zeitlichen Steuerung seiner Investitionsentscheidungen an die Hand - ein großer Fortschritt im Vergleich zur banalen Annahme der Kapitalwertmethode, das Management würde die Investitionsentscheidungen sofort und unwiderruflich fällen und dann die Hände in den Schoß legen.

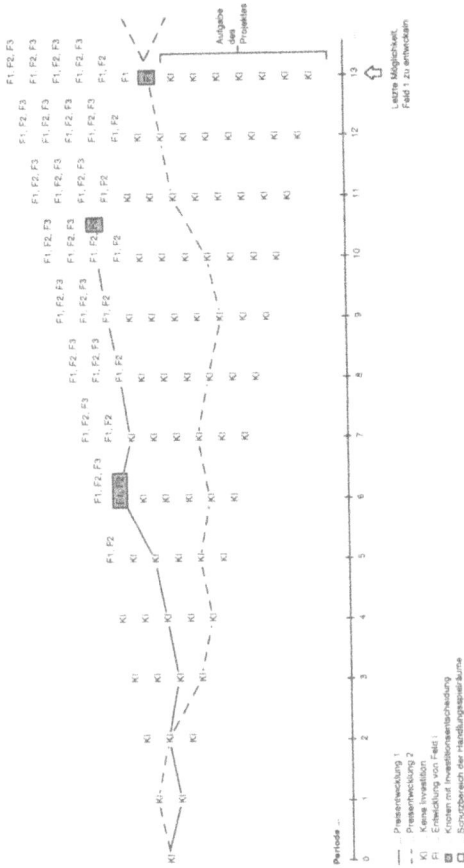

Abb. 4-22: Er,ittlung der optimalen Investitionsstrategie

Schließlich verdeutlicht Abbildung 4-22 auch die Schutzwirkung der Handlungsspiel-räume: Diese zeigt sich in jedem Knoten, in dem die optimale Strategiekombination nicht aus „F1, F2, F3" besteht - angesichts des jeweiligen Ölpreisniveaus wird sich das Unternehmen dort entscheiden, zumindest ein Feld (vorläufig) nicht zu erschließen.[123] Die Kapitalwertmethode unterstellt, daß die Durchführung auch dieser suboptimalen Investitionen bereits in Periode 0 unwiderruflich festgeschrieben worden ist. Ihr „Strategiebaum" reduziert sich auf die Kombination „F1, F2, F3" in Periode 0.

---

[123] Auch hier wird wieder deutlich, daß diese Schutzwirkung v.a. bei niedrigen Ölpreisen greift.

Die zentralen Schlußfolgerungen der Überlegungen zu exklusiven Optionen, die anhand des aus der Unternehmenspraxis gegriffenen Fallbeispiels verdeutlicht wurden, lassen sich thesenhaft zusammenfassen:

- *Handlungsspielräume sind nicht nur theoretisch interessant, sondern auch praktisch relevant.* Kapitel 4 hat gezeigt, daß die herkömmliche Investitionsrechnung Handlungsspielräume entweder überhaupt ignoriert oder nicht ökonomisch sinnvoll bewerten kann. Der Wert solcher Handlungsspielräume kann v.a. unter ungünstigen Entwicklungen einen Großteil des Projektwertes ausmachen - im „Base Case" des vorliegenden Falles ca. 90%.

- *Der Realoptionsansatz verbessert die Aussagefähigkeit der Investitionsrechnung entscheidend:* Zum einen erfaßt er den Wert von Handlungsspielräumen in einer ökonomisch sinnvollen Weise. Dieses Wissen verbessert nicht nur die Entscheidung über die Durchführung oder Ablehnung von Investitionsprojekten, sondern hilft dem Management z.B. auch, bei Vertragsverhandlungen den Wert eventueller Konzessionen zu quantifizieren. So ließe sich z.B. im vorliegenden Fall errechnen, wieviel eine Verlängerung der Verzögerungsphase von vier auf fünf Jahre für das Unternehmen wert wäre. Zudem revolutioniert der Realoptionsansatz die Auffassung über den Zusammenhang zwischen Unsicherheit und Investitionswert. Schließlich wird die Formulierung konkreter und differenzierter Empfehlungen bezüglich der zu verfolgenden Investitionsstrategie möglich, die das Management in die Lage versetzen, optimal auf Veränderungen der unsicheren Größen zu reagieren. *Die Realoptionstheorie bewertet Handlungsspielräume also nicht nur, sondern gibt auch eine Anleitung zu deren optimaler Ausnutzung.*

- *Die realoptionstheoretische Analyse praktischer Entscheidungsprobleme ist nicht trivial.* Sie erfordert neben fundierten Kenntnissen der Investitions- und Finanzierungstheorie im allgemeinen und der Optionspreistheorie im besonderen ein detailliertes Verständnis des konkreten Projektes. Insbesondere müssen die entscheidenden Risikofaktoren erhoben, der konkrete Ablauf des Projektes verstanden und die technischen und juristischen Rahmenbedingungen untersucht werden, um die im konkreten Fall relevanten Handlungsspielräume zu identifizieren. Anders als die meisten Finanzoptionen lassen sich Realoptionen nicht in Standardmodelle zwängen, sondern erfordern maßgeschneiderte Lösungen.

4.3   OFFENE OPTIONEN

4.3.1   KONZEPTIONELLE ÜBERLEGUNGEN ZUR ROLLE VON WETTBEWERBSEFFEKTEN IM REALOPTIONSANSATZ

Bisher wurde davon ausgegangen, daß Optionen dem Inhaber exklusiv zustehen, also Wettbewerbern nicht zugänglich sind - eine Annahme, die für Finanzoptionen gilt, auf Realoptionen aber in der Regel nicht zutrifft. Zwar ist es denkbar, daß ein Unternehmen z.B. durch Patente oder einen Know-How-Vorsprung für eine gewisse Zeit vom Einfluß des Wettbewerbs geschützt ist. Auch im gerade diskutierten Fallbeispiel konnte *nur* ein Unternehmen die Vorkommen ausbeuten. Meistens stehen Investitionsmöglichkeiten aber in einer nach dem Konkurrenzprinzip funktionierenden Marktwirtschaft *mehreren Unternehmen zugleich* offen. Aktuelle Beispiele hierfür bieten der heißumkämpfte Biotechnologie-Sektor oder der Wettlauf der Anbieter von Internet-Dienstleistungen. Hier handelt es sich um *offene* Optionen.[124]

Dies hat v.a. für das *Timing* von Investitionsprojekten und damit für die Bewertung von Verzögerungsoptionen[125] einschneidende Konsequenzen: Während im Fall exklusiver Optionen eine Verzögerung bis zum letztmöglichen Zeitpunkt oft die wertmaximierende Strategie ist[126], muß nun der Vorteil weiteren Zuwartens gegen den Nachteil durch mögliche Wettbewerbshandlungen abgewogen werden. Eine Verschiebung der Investition kann in dieser Situation also durchaus Wert *vernichten*. Diese Sichtweise

---

[124] *Kester* hat als erster die Bedeutung des Wettbewerbseinflusses für die Bewertung von Realoptionen erkannt und konzeptionell angedacht. Vgl. Kester, W.C. (Options, 1984), S. 156 ff.

[125] Die Bewertung der anderen Realoptionstypen ändert sich zunächst nur dahingehend, daß nicht der gesamte Bruttoprojektwert, sondern nur auf das Unternehmen entfallende Anteil das Basisobjekt bildet. Da aber das Management fast immer über zeitlichen Spielraum bei der Investitionsdurchführung verfügt, diese Realoptionen also zumeist mit Verzögerungsoptionen verbunden sind, ändert sich auch die Bewertung solcher verbundenen Optionen.

[126] Dies ist eine Analogie zu der Erkenntnis, daß eine amerikanische Option in Abwesenheit von Dividenden nie vorzeitig ausgeübt wird (Merton, R.C. (Theory, 1973)), und gilt daher immer dann, wenn keine sonstigen dividendenanalogen Zahlungen existieren (wie dies z.B. im Beispiel der Erdölexploration und -produktion in Form des Net Convenience Yields der Fall war).

steht in Einklang mit der Literatur zur strategischen Unternehmensführung. So formulieren z.B. *Wernerfelt/Karnani*: „Competitive strategy under uncertainty involves a trade-off between acting early and acting later after the uncertainty is resolved ... ."[127] *Thomas* bezeichnet die Timing-Entscheidung als „key to market entry".[128]

Der Einfluß von Wettbewerbseffekten auf das Investitionstiming wird auch durch die Unternehmenspraxis bestätigt, wo oft in Erwartung möglicher „First-mover"-Vorteile ein Erstschlag geführt wird. Die diesem Abschnitt folgende Fallstudie aus der Automobilindustrie wird eine solche Entscheidung untersuchen.

Diese konzeptionellen Überlegungen lassen sich zu quantitativen Modellen ausbauen.[129] Die Grundidee besteht darin, die durch Wettbewerbseffekte verlorenen Brutto-Cash-Flows als *Dividendenzahlungen* zu interpretieren und in die Bewertungsmodelle einzuarbeiten. Dieses Vorgehen entspricht finanztheoretischer Intuition: Wie der Inhaber einer Option die Verringerung des Wertes des Basisobjektes durch Dividendenzahlungen hinnehmen muß, muß auch das Unternehmen, das ein Investitionsprojekt nicht realisiert, den durch Konkurrenzhandlungen entstehenden Wertverlust des Projektes akzeptieren. Durch die Umsetzung des Vorhabens könnte es den Wettbewerb eventuell (teilweise) abwehren und damit einen Teil dieser Verluste vermeiden. Dieser Verlust, der durch sofortige Investition hätte abgewehrt werden können, kann daher als Dividende interpretiert werden, die dem Inhaber der Option entgeht.

Je nach unterstelltem Wissen über Stärke und zeitliche Verteilung der Wettbewerbseffekte können diese „Dividenden" als bekannt angenommen (deterministischer Wettbewerb) oder stochastisch modelliert werden (stochastischer Wettbewerb). Im folgenden wird zunächst stellvertretend für den Stand der Literatur ein Modell deterministischen Wettbewerbs von *Trigeorgis* dargestellt. Die Analyse dieses Ansatzes wird zeigen, daß die Interpretation von Wettbewerbseffekten als Dividendenzahlungen zwar naheliegt,

---

[127] Wernerfelt, B./A. Karnani (Strategy, 1987), S. 187.
[128] Thomas, R.J. (Timing, 1985).
[129] Es existieren bisher kaum formalisierte Ansätze. Vgl. v.a. Trigeorgis, L. (Entry, 1991), Smit, H./L. Ankum (Approach, 1993), und Smith, H./Trigeorgis, L. (Flexibility, 1993).

aber in der Art, wie sie bisher vorgenommen ist, realitätsfern ist. Dieser Mangel wird durch ein differenzierteres Modell behoben. Anschließend wird ein stochastisches Wettbewerbsmodell vorgestellt. Schließlich werden weiterführende Überlegungen zur Erfassung strategischer Interaktionen zwischen den Marktteilnehmern angestellt.

4.3.2 DIE MODELLIERUNG VON WETTBEWERBSEFFEKTEN

4.3.2.1 DETERMINISTISCHER WETTBEWERB

Das Modell deterministischen Wettbewerbs unterstellt, daß das Unternehmen sowohl den Zeitpunkt, zu dem Wettbewerber aktiv werden, als auch das Ausmaß, in dem diese Aktionen der eigenen Position schaden, mit Sicherheit kennt. Aus diesen Informationen wird derjenige Teil des Bruttoprojektwertes abgeleitet, der dem Unternehmen durch eine Verzögerung der Investition entgeht, und der deshalb als Dividende interpretiert werden kann.

Trigeorgis modelliert die Entscheidung eines Unternehmens, das über eine Investitionsmöglichkeit (z.B. die Einführung eines neuen Produktes) verfügt, und die Durchführung dieser Investition um maximal T Jahre verschieben kann.[130] Er unterstellt weiter, daß zwei Wettbewerber zu den Zeitpunkten t_1 und t_2 vor dem Auslaufen der Option (T) in den Markt eintreten, wodurch der Bruttoprojektwert für das Unternehmen (BPW) um 1-k_j reduziert wird (mit j = 1, 2 für die beiden Unternehmen). Im Falle zweier Wettbewerber beläuft sich der Bruttoprojektwert für das Unternehmens also auf BPW×(1-k_1)×(1-k_2).[131] Die Investitionsmöglichkeit interpretiert er als amerikanische Call-Option auf ein Basisobjekt mit bekannten Dividenden d_j in Höhe von d_j = (1-k_j) ×BPW zu den Zeitpunkten t_1 und t_2, so daß der Wettbewerbseffekt als Reduzierung des Bruttoprojektwertes um einen bestimmten Prozentsatz modelliert wird. Das Investitionsproblem läßt sich analog zur Ausübungsentscheidung der entsprechenden Finanzoption lösen: Wenn das Unternehmen die Option bis zum Ende der Laufzeit hält, wird es vom Wettbewerbseffekt getroffen, verliert also die „Dividenden". Investiert es dagegen vor dem Markteintritt eines Wettbewerbers (übt es also seine Option vor dem „Dividendentermin"

---

[130] Trigeorgis, L. (Entry, 1991).

aus), kann es den Wettbewerbseffekt abwehren und die entsprechende Dividende erhalten. Damit beschränken sich die Alternativen eines rationalen Unternehmens darauf,
entweder weiterhin abzuwarten oder direkt vor einem Wettbewerber zu investieren und
diesen dadurch vollkommen abzuwehren. Die Entscheidung hängt vom Verhältnis des
Verzögerungswertes zur auf den jeweiligen Wettbewerber zurückzuführenden diskreten
Dividendenzahlung $(1-kj) \times BPW$ ab.

Dieser Ansatz stellt einen ersten Versuch zur Integration von Wettbewerbseffekten in
den Realoptionsansatz dar, leidet aber unter einem realitätsfremden Wettbewerbsmodell: Es klammert den *zeitlichen Abstand* zwischen den Investitionen des Unternehmens und der Wettbewerber völlig aus und nimmt damit die Analogie zur Finanzoption zu wörtlich, deren Inhaber die volle Dividende erhält, so lange er die nur Option
unmittelbar vor dem Dividendentermin ausübt. Bei Realoptionen spielt dagegen der
Zeitraum, der zwischen der eigenen Investition und den Aktionen der Konkurrenten
liegt, eine entscheidende Rolle, da er das Ausmaß möglicher *„Early-Mover"-Vorteile*
bestimmt.[132] Empirische Studien belegen, daß solche Pioniervorteile, die sich z.B. aus
Erfahrungskurvenvorteilen oder dem Aufbau von Vertriebskanälen, Marken oder
Kundentreue ergeben, erhebliche Ausmaße annehmen können.[133] Dabei wird immer
wieder betont, daß diese Vorteile mit geringerem zeitlichen Abstand zu den Verfolgern
abnehmen. So stellen z.B. *Madique/Zirger* in ihrer empirischen Studie der US-
Elektronik-Branche fest, daß Produkteinführungen um so erfolgreicher sind, je früher
das Produkt vor der Konkurrenz eingeführt wird.[134]

---

[131] Der erste Wettbewerber reduziert den Projektwert auf $V(1-k_1)$. Dieser verbleibende Wert wird durch
den zweiten Wettbewerbseintritt um k_2 reduziert, so daß der Anteil des Unternehmens $V(1-k_1)(1-k_2)$
beträgt.

[132] Dieser zeitliche Vorsprung wurde in der Literatur v.a. unter dem Schlagwort *„Time-based
Competition"* in den Mittelpunkt strategischer Überlegungen gerückt.

[133] So finden z.B. *Robinson/Fornell* in ihrer auf der PIMS-Datenbank basierenden Studie erhebliche
langfristige Unterschiede zwischen den Marktanteilen von Pionieren und Folgern (Robinson, W.T./C.
Fornell (Sources, 1985)). Dies wird durch die Untersuchung von *Carpenter/Nakomoto* bestätigt
(Carpenter,   G.S./K.   Nakomoto   (Consumer,   1989)).   Kritischer   äußern   sich   z.B.
Lieberman/Montgomery, die eine Reihe von Vorteilen einer Folgestrategie identifizieren (Lieberman,
M.B./D.B. Montgomery (Advantages, 1988)), und *Golder/Tellis*, die auf eine Reihe von
Praxisbeispiele verweisen, in denen der schnelle Folger dem Pionierunternehmen letztlich überlegen
war (Golder, P.N./G.J. Tellis (Pioneer, 1992). Vgl. auch Kotler, P./F. Bliemel (Marketing, 1995), S.
572 ff..

[134] Madique, M.A./B.J. Zirger (Study, 1984)

Das Modell von Trigeorgis unterstellt dagegen, daß das Unternehmen seine Konkurrenten völlig ausschalten kann, solange es nur eine „juristische Sekunde" vor diesen investiert. Die Annahme solch starker „Early-Mover"-Vorteile, wenn es keinen wirklichen „Early Move" gibt, ist äußerst problematisch. Die Schlußfolgerung seines Modells, daß nur zwei Aktionen des Unternehmens rational sein können, ist eine logische Folge dieser Annahme, stellt aber eine unrealistische Einschränkung des Strategieraumes dar. Eine realitätsnahe Modellierung muß statt dessen am zeitlichen Abstand zwischen den Investitionen als Grundlage unterschiedlicher Wettbewerbspositionen ansetzen. Ein solches Modell wird im folgenden entwickelt.

Dabei wird angenommen, daß j Wettbewerber zu den Zeitpunkten t_1, t_2, ..., t_j (mit $j \leq T$) innerhalb des Verzögerungsspielraumes T in den Markt eintreten.[135] Das Projekt weist einen *Gesamt*bruttoprojektwert V auf (verstanden als Barwert aller Brutto-Cash-Flows des Projektes)[136], der sich auf das Unternehmen und seine Konkurrenten aufteilt. Der Anteil, den das Unternehmen erkämpfen kann - etwas vereinfachen könnte vom „Marktanteil" gesprochen werden[137] - wird von drei Einflußgrößen bestimmt: Der Wettbewerbsintensität, den maximal erzielbaren Wettbewerbsvorteilen und der Abnahme dieser Wettbewerbsvorteile im Zeitablauf.

- Die *Wettbewerbsintensität (w_i):* Bei *gleichzeitiger* Investition aller Marktteilnehmer wird der Anteil des Unternehmens durch Wettbewerber i um w_i reduziert. Damit ergibt sich dieser Anteil für den Fall eines Wettbewerbers als $(V-w_1 V)/V$, im Fall zweier Wettbewerber als $((V-w_1 V)(1-w_2))/V$, für drei Konkurrenten als $(((V-w_1 V) \times (1-w_2)) \times (1-w_3))/V$ usw. Je höher die w_i sind, desto stärker ist der Wettbewerb.

---

[135] Entsprechend der Annahme deterministischen Wettbewerbs wird wieder unterstellt, daß die t_i und die anderen Modellparameter mit Sicherheit bekannt sind.

[136] Also als Summe der Brutto-Cash-Flows, die auf das Unternehmen, und derjenigen, die auf die Wettbewerber entfallen. V stellt sozusagen den „Kuchen" dar, der zwischen dem Unternehmen und seinen Konkurrenten aufgeteilt wird.

[137] Genauer gesagt ergibt sich der Anteil des Unternehmens am Gesamtbruttprojektwert erst aus seinem Marktanteil. Je nach Wettbewerbssituation können verschiedene Marktanteilsverteilungen (und damit Brutto-Cash-Flows verschiedener Eintrittszeiten) geschätzt werden, wobei der Marktanteil des „First

- Das *Ausmaß der maximalen Wettbewerbsvorteile* im Vergleich zum Wettbewerber i, die das Unternehmen durch frühzeitige Investition erzielen kann (a_i): Die a_i messen den Teil des Anteils von Wettbewerber i an V (d.h. von w_i), den das Unternehmen diesem Wettbewerber durch frühzeitige Investition maximal abringen kann, und hängt von zwei Aspekten ab: Zum einen sind die maximalen Vorteile um so größer, je länger der höchstmögliche Abstand zwischen der Investition des Unternehmens und der des Wettbewerbers ist. Die a_i-Werte sind also um so höher, je weiter der Eintritt des entsprechenden Wettbewerbers in der Zukunft liegt. Zum anderen hängt die maximale Höhe dieser „First-mover"-Vorteile davon ab, inwieweit Ursachen für solche Vorteile - z.B. Erfahrungskurveneffekte, Kundenloyalität, Imagevorteile, Beherrschung von Vertriebskanälen etc. - in der konkreten Entscheidungssituation von Bedeutung sind.[138] Im Extremfall kann das Unternehmen einen Konkurrenten vom Markteintritt ausschließen - a_i beträgt dann 100%. Sind „First-mover"-Vorteile dagegen im konkreten Fall nicht relevant, wird a_i auf Null gesetzt. Auch Pionier-*nachteile* lassen sich erfassen, indem für a_i negative Werte eingesetzt werden.[139] Die Einführung dieses Parameters erlaubt also eine flexible Modellierung konkreter Industriestrukturen und die Integration strategischer Konzepte wie Erfahrungs- oder Industriekostenkurve.

- Die *Abnahme der maximal erzielbaren Wettbewerbsvorteile im Zeitverlauf (z_{it})*: z_{it} steht für den Anteil der maximal möglichen Vorteile, den das Unternehmen durch eine Investition im Zeitpunkt t in bezug auf den Konkurrenten i realisieren kann. Da diese Vorteile mit geringerem Vorsprung abnehmen, sinken die z_{it}-Werte im Zeit-

---

movers" von der relativen Eintrittszeit abhängt. Damit könnten diejenigen Brutto-Cash-Flows ermittelt werden, die je nach Eintrittszeitpunkt auf das Unternehmen entfallen.

[138] Zu möglichen Ursachen von „Early-Mover"-Vorteilen siehe z.B. Scherer, F.M. (Market, 1980), S. 245 ff. ; Schmalensee, R. (Product, 1982); Urban, G./J. Hauser (Design, 1980).

[139] Vorteile einer *Folge*strategie können sich aus verschiedenen Trittbretteffekten oder durch kostensparende Imitationen (*Kotler/Bliemel* sprechen hier vom „imitativen Überbieten") ergeben. Auch trägt der Folger oft geringere Kosten der Markterschließung und erhält kostenlose Informationen über Größe und Profitabilität des Marktes. Zudem können Unternehmen, die spät investieren, neuere Technologie erwerben oder auf eventuelle Änderungen der Kundenwünsche besser eingehen. Vgl. Lieberman, M.B./D.B. Montgomery (Advantages, 1988); Kotler, P./F. Bliemel (Marketing, 1995), S. 569 ff.; Wernerfelt, B./A. Karnani (Strategy, 1987), S. 190.

ablauf. Im Zeitpunkt des Eintrittes von Wettbewerber i beträgt z_{it} Null, das Unternehmen hat gegenüber diesem Wettbewerber keinen Vorteil. Tritt das Unternehmen erst *nach* Wettbewerber i ein, wird z_{it} negativ: Jetzt hat der *Konkurrent* einen Wettbewerbsvorteil. Der Fall exklusiver Optionen läßt sich nun als (Extrem-)Fall darstellen, in dem alle a_i und z_{it} 100% betragen (z_{it} im Zeitablauf also nicht sinkt)- das Unternehmen kann durch Investition im beliebigen Zeitpunkt seine Wettbewerber von der Investitionsmöglichkeit vollkommen ausschließen. Durch Multiplikation mit der maximalen Höhe der Wettbewerbsvorteile (a_i) ergibt sich das *tatsächliche* Ausmaß der Wettbewerbsvorteile ($a_i \times z_{it}$), um die die auf den wi basierende Bruttoprojektwertverteilung zu korrigieren ist. Der tatsächliche Anteil des Wettbewerbers i in t ergibt sich damit zu $w_i \times (1 - a_i z_{it})$. Beträgt also z.B. der Anteil des Wettbewerbs i bei gleichzeitiger Investition (w_i) 20%, der maximale Wettbewerbsvorteil (a_i) 40%, und nimmt dieser Vorteil nach einem Jahr um 30% ab ($z_{i1} = 70\%$), so beträgt der Anteil des Wettbewerbers nach einem Jahr 20% × (1 - 40% × 70%) = 14,4%. Hätte das Unternehmen sofort investiert, also die maximalen Wettbewerbsvorteile ausgeschöpft, würde sich der Anteil von Wettbewerber i nur auf 20% × (1 - 40% × 100%) = 12% belaufen. Die Verzögerung von Jahr 0 auf Jahr 1 kostet das Unternehmen damit 14,4% - 12% = 2,4% des Gesamtbruttoprojektwertes.

Damit läßt sich aus dem Zusammenspiel dieser Effekte ein von der Zeitspanne zwischen der Investition des Unternehmens und seiner Konkurrenten abhängiger Anteil des Unternehmens am Gesamtbruttowert der Investitionsmöglichkeit V errechnen. Im einfachsten Fall nur eines Wettbewerbers ergibt sich dieser Anteil als V-wV(1-az), wobei V-wV die Wertverteilung bei gleichzeitiger Investition und der Term in Klammern die Korrektur dieser Verteilung aufgrund von „Early-mover"-Vorteilen darstellt. Die (wettbewerbsinduzierte) *Dividende* ergibt sich als Verringerung des Anteiles des Unternehmens an V, die das Unternehmen durch eine Verzögerung von einer Periode hinnehmen muß, beträgt also einen Prozentsatz vom Gesamtbruttoprojektwert, der sich pro Periode ändert. Im gerade angeführten Beispiel beläuft sich die Dividende dementsprechend auf 2,4% von V.

Diese Dividende (und damit der Anreiz zu frühzeitiger Investition) ist um so höher, je mehr Wettbewerber existieren, je stärker der Einfluß der Wettbewerbers auf den Marktanteil des Unternehmens (w_i) ist, je höher die Wettbewerbsvorteile sind, die eine frühzeitige Investition maximal verspricht (a_i), und je schneller sich diese Wettbewerbsvorteile in der Zeit reduzieren (Abnahme der z_{it}). Abbildung 4-23 veranschaulicht an einem Beispiel die Ermittlung der Anteile des Unternehmens und die resultierenden Dividenden für den Fall eines, zweier und dreier Wettbewerber.[140]

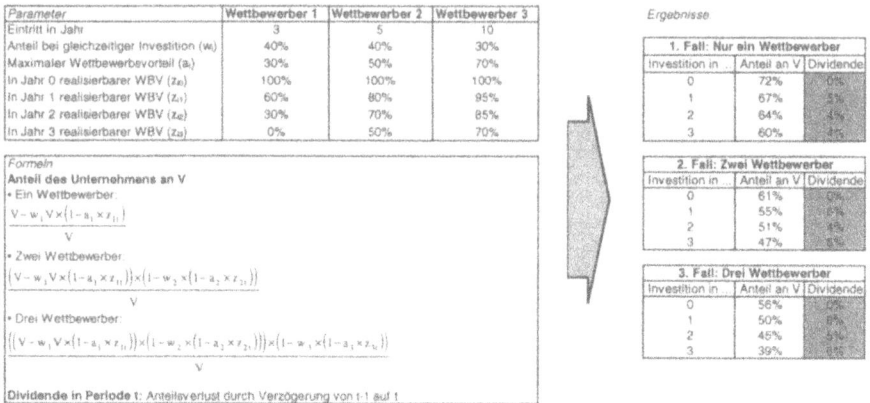

Parameter	Wettbewerber 1	Wettbewerber 2	Wettbewerber 3
Eintritt in Jahr	3	5	10
Anteil bei gleichzeitiger Investition (w_i)	40%	40%	30%
Maximaler Wettbewerbsvorteil (a_i)	30%	50%	70%
In Jahr 0 realisierbarer WBV (z_{i0})	100%	100%	100%
In Jahr 1 realisierbarer WBV (z_{i1})	60%	80%	95%
In Jahr 2 realisierbarer WBV (z_{i2})	30%	70%	85%
In Jahr 3 realisierbarer WBV (z_{i3})	0%	50%	70%

Formeln
Anteil des Unternehmens an V
- Ein Wettbewerber:
$$\frac{V - w_1 V \times (1 - a_1 \times z_{1t})}{V}$$
- Zwei Wettbewerber:
$$\frac{\{V - w_1 V \times (1 - a_1 \times z_{1t})\} \times (1 - w_2 \times (1 - a_2 \times z_{2t}))}{V}$$
- Drei Wettbewerber:
$$\frac{\{(V - w_1 V \times (1 - a_1 \times z_{1t})) \times (1 - w_2 \times (1 - a_2 \times z_{2t}))\} \times (1 - w_3 \times (1 - a_3 \times z_{3t}))}{V}$$

Dividende in Periode t: Anteilsverlust durch Verzögerung von t-1 auf t

Ergebnisse

1. Fall: Nur ein Wettbewerber

Investition in ...	Anteil an V	Dividende
0	72%	6%
1	67%	2%
2	64%	4%
3	60%	4%

2. Fall: Zwei Wettbewerber

Investition in ...	Anteil an V	Dividende
0	61%	0%
1	55%	6%
2	51%	4%
3	47%	4%

3. Fall: Drei Wettbewerber

Investition in ...	Anteil an V	Dividende
0	56%	0%
1	50%	6%
2	45%	5%
3	39%	6%

Abb. 4-23: Beispiel zur Ermittlung der wettbewerbsinduzierten Dividende

Die Investitionsmöglichkeit läßt sich nun als amerikanischer Call auf den Anteil des Unternehmens an V als Basisobjekt und den Barwert der Investitionsausgaben als Ausübungspreis interpretieren, die ermittelten Anteilsverluste werden als zeitabhängige Dividendenrendite in das Bewertungsmodell integriert. Das Unternehmen muß eine optimale Investitionsstrategie entwickeln, indem es in jedem Entscheidungsknoten die Vorteile weiteren Wartens (die sich aus der zusätzlichen Information über die Entwicklung von V ergeben) gegen die Dividendenzahlung (als Folge einer schlechteren Wettbewerbsposition) abwägt.[141] Der optimale Eintrittszeitpunkt ist nicht mehr auf die Zeit unmittelbar vor dem Konkurrenzeintritt beschränkt, sondern kann beliebig im Zeitkontinuum angesiedelt sein.

---

[140] Das Eintrittsdatum der Wettbewerber spielt für die Dividendenberechnung keine Rolle und wurde nur angegeben, um die Unterschiede in den Parametern (w_i, a_i, z_{it}) zu erklären.

[141] Der *absolute* Wert der Dividendenzahlung hängt von der Entwicklung von V ab: Steigt V, hat das Unternehmen durch die Verzögerung auf nun wertvolle Wettbewerbsvorteile verzichtet, die Dividende ist in absoluten Zahlen hoch.

Schon dieses Investitionskalkül zeigt die erhöhte Realitätsnähe der Modellierung im Vergleich zum oben dargestellten Ansatz, da die unrealistische Zwei-Alternativen-Lösung entfällt. Die Aufspaltung der Wettbewerbsvorteile in die Parameter a_i (maximal erzielbare Vorteile) und z_{it} (in t realisierbare Vorteile) erlaubt die flexible Modellierung verschiedenster Hypothesen über Ausmaß von Wettbewerbsvorteilen und deren Veränderung in der Zeit. Gleichzeitig wird so die Integration der Ansätze der Strategieforschung und der Realoptionstheorie möglich, die sowohl eine realitätsnahe Modellierung des praktischen Falles erlaubt als auch interessante theoretische Erkenntnisse verspricht. Nicht zuletzt ist mit einer wesentlich höheren Akzeptanz des Modells bei den Entscheidungsträgern zu rechnen, weil es auf allgemein akzeptierten Grundüberlegungen der Unternehmensstrategie basiert.

Abbildung 4-24 verdeutlicht die Integration strategischer Überlegungen in den Realoptionsansatz, die vom vorgeschlagenen Modell geleistet wird.

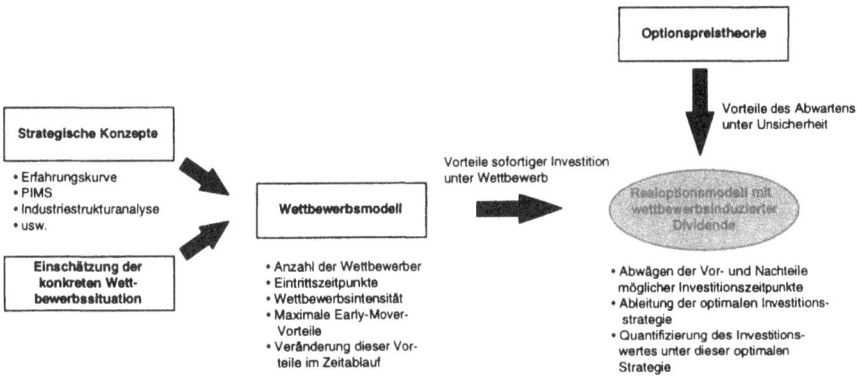

Abb. 4-24: Integration strategischer Überlegungen in den Realoptionsansatz durch das entwickelte Modell

4.3.2.2 STOCHASTISCHER WETTBEWERB

Die Annahme deterministischen Wettbewerbs kann durch ein stochastisches Wettbewerbsmodell ersetzt werden, in dem ein Unternehmen den *Zeitpunkt* möglicher Wettbewerbsaktivitäten nicht mit Sicherheit kennt, sondern nur Wahrscheinlichkeitsaussagen treffen kann.[142]

Der Bruttoprojektwert BPW folge dem stochastischen Prozeß

$$\frac{dBPW}{BPW} = (\alpha - D)dt + (k-1)dN \quad \text{mit}$$

α ... erwartete Projektrendite
D ... Dividende des Projektes
N ... Wettbewerbseintritt

Der mögliche Eintritt von Wettbewerbern, N, erfolgt mit Wahrscheinlichkeit λ nach einer Poissonverteilung, d.h.: $dN = \begin{cases} 1 \text{ mit Wahrscheinlichkeit } \lambda dt \\ 0 \text{ mit Wahrscheinlichkeit } 1 - \lambda dt. \end{cases}$ und reduziert den Bruttoprojektwert BPW auf kBPW. Damit folgt der Wert der Investitionsmöglichkeit (R) dem Prozeß

$$dR(BPW, t) = \begin{cases} R(kBPW, t) - R(BPW, t) \text{ mit Wahrscheinlichkeit } \lambda dt \text{ (mit Wettbewerbseintritt)} \\ R_{BPW} dBPW + R_t dt \text{ mit Wahrscheinlichkeit } 1 - \lambda dt \text{ (ohne Wettbewerbseintritt)} \end{cases}$$

Bei risikoneutraler Bewertung kann gezeigt werden, daß R (BWP,t) die folgende partielle Differentialgleichung erfüllen muß[143]:

$$[r + \lambda(1-k) - D]BPW R_{BPW} + R_t - rR + \lambda[R(kBPW) - R] = 0, \text{ wobei } R(BPW, T) = \max(BPW_T - I, 0).$$

Die Lösung dieser Gleichung ist[144]:

$$R(BPW, t) = BPW e^{-D_t} \Gamma(k\tau, n) - I e^{-r_t} \Gamma(\tau, n) \quad \text{mit}$$
$$\Gamma(w. n) \equiv \int_w^\infty \gamma(s; \alpha = n+1, \beta = 1)ds$$
$$n = \|\left[\log(BPW/I) + \{r + \lambda(1-k) - D\}T\right]/\log(1/k)\|$$
Γ = Gamma – Verteilungsfunktion
$\|y\|$ = Größte Integer - Zahl kleiner als y.

---

[142] Vgl. z.B. Trigeorgis, L. (Entry, 1991), S. 154 f.
[143] Vgl. Trigeorgis, L. (Impact, 1990). Eine ähnliche Modellierung entwickeln Dixit, A.K./R.S. Pindyck (Investment, 1994), S. 167 ff.
[144] Trigeorgis, L. (Entry, 1991), S. 155.

Je stärker die Reduktion des Bruttoprojektwertes als Folge eines Wettbewerbereintrittes (d.h. je niedriger k) und je wahrscheinlicher dieser Eintritt ist d.h. je höher λ), desto höher ist der Schutzcharakter der Option und damit auch ihr Wert.[145]

4.3.2.3 WEITERFÜHRENDE ÜBERLEGUNGEN

Die Modelle exogenen Wettbewerbs stellen einen großen Fortschritt im Vergleich zu den unter Wettbewerbsbedingungen naiven Modellen exklusiver Optionen dar. Allerdings weist auch die weiterentwickelte Lösung einen Schwachpunkt auf: Es wird unterstellt, daß es keine Wechselwirkungen zwischen den strategischen Überlegungen des Unternehmens und seiner Konkurrenten gibt, daß also das Unternehmen den Wettbewerb als exogen gegeben akzeptiert. In Wirklichkeit bestehen aber *strategische Interaktionen*: Jeder Marktteilnehmer stimmt seine Wettbewerbsstrategie auf das erwartete Konkurrenzverhalten ab, was wiederum das Kalkül der anderen Unternehmen verändert. Bestehen z.B. große „Early Mover"-Vorteile, muß davon ausgegangen werden, daß auch die Wettbewerber frühzeitige Investitionen erwägen. Diese Erkenntnis muß wieder in das eigene Investitionskalkül Eingang finden. Die Analyse solcher Wechselwirkungen ist Gegenstand der *Spieltheorie*.

Theoretisch lassen sich spieltheoretische Gedanken und Realoptionsansatz verbinden, um zu einer Projektbewertung unter Berücksichtigung strategischer Interaktionen zu gelangen. Dazu müssen bei einer einfachen Modellierung folgende Schritte erfolgreich durchgeführt werden können[146]:

1. Definition aller möglichen Spielergebnisse (Marktstrukturen bzw. Strategiekombinationen) im Endstadium des Spiels. Dazu bietet es sich an, das Spiel in extensiver Form (d.h. unter Verwendung eines Spielbaumes) darzustellen.

2. Ermittlung der Auszahlungen der Spieler unter diesen verschiedenen Strukturen - in unserem Kontext handelt es sich um die Kapitalwerte der Investition(en).

---

[145] Dieses Modell läßt sich auch für andere stochastische Prozesse formulieren. Vgl. Trigeorgis, L. (Impact, 1990).

[146] Grundlegende Werke zur Spieltheorie sind z.B. Gibbons, R. (Theory, 1992), und Fudenberg, D./Tirole, J. (Theory, 1993). Vgl. für eine leicht lesbare Einführung in elementare Gedankengänge Dixit, A.K./Nalebuff, B. J. (Thinking, 1991).

3. Versuch, pro „move of nature" - d.h. Auf- oder Abwärtsbewegung der unsicheren Größe - eindeutige Projektwerte im Endstadium zu finden. Voraussetzung hierfür ist die Identifikation sog. „teilspielperfekter Gleichgewichte", d.h. von Strategiekombinationen, die sich in der jeweiligen Situation durchsetzen. Ohne solche Gleichgewichte läßt sich das dynamisches Modell nicht lösen.

4. Rekursive Aggregation dieser Werte („Rückwärtsinduktion") zum Optionswert der vorangehenden Stufe mit Hilfe der Optionspreistheorie (Gleichung (3-7) bzw. (3-11)).

5. Start in dieser Stufe bei Schritt 3. Kann dieser Prozeß bis Stufe 0 durchgeführt werden, resultiert er in einem Wert der Investitionsmöglichkeit.

Damit wird der jeweilige Beitrag der beiden Ansätze deutlich: Die *Spieltheorie* definiert Marktstrukturen, errechnet deren Ergebnisse im Endstadium und gibt Hinweise zur Identifikation teilspielperfekter Gleichgewichte. Sie trägt also dazu bei, realistische Ergebnisse des Wettbewerbsprozesses als Grundlage der Projektbeurteilung zu entwickeln. Die Optionspreistheorie gibt eine Anwort auf die Frage, wie dieses Werte unter Berücksichtigung der Unsicherheit (der „moves of nature") ökonomisch sinnvoll zu Werten der Vorstufe aggregiert werden können. Beide Theoriegebäude zusammengenommen resultieren schließlich in einer Bewertung der Investitionsmöglichkeit, die strategische Interaktionen zwischen den Wettbewerbern berücksichtigt.

Gleichzeitig wird aus diesem Prozeß aber auch die Problematik aufgezeigt, mit der der Anwender solcher Modelle bei der Lösung praktischer Fälle konfrontiert wird: Die Spieltheorie spezifiziert generell ein Spiel unter Wettbewerbern und löst dieses Spiel in meist extensiver Form, indem es nichtkooperative Lösungskonzepte oder deren Verfeinerungen (sog. „Refinements") benutzt. Fragen, die das Modellergebnis entscheidend beeinflussen, sind z.B.[147]: Wie viele Wettbewerber sind am Markt? Wie lange ist jede Periode? Wie ist die Reihenfolge der Spielzüge? Gibt es eine diskrete Anzahl oder ein Kontinuum von Reaktionen? Entwickeln die Spieler Reputationen? Ist das Gleichgewicht robust bei Änderungen der Annahmen? Gibt es Informationsunterschiede

---

[147] Peltzman, S. (Handbook, 1991), S.207

zwischen den Marktteilnehmern? Wie sehen die Reaktionsfunktionen der Spieler aus, d.h. wie genau sind die Kosten- und Nachfragefunktionen zu spezifizieren? Die entwickelten Gleichgewichte sind äußerst sensibel auf die Anworten, die in der Modellierung auf diese Fragen gegeben werden. Gleichzeitig sind diese Fragen äußerst schwierig, und sind auch nur schwer empirisch zu erheben. Selbst wenn im konkreten Fall der Investitionsspiele die Anzahl und Struktur der Spielstufen bestimmt werden können, ist es schwierig, die genaue Form der Reaktionsfunktionen zu konstruieren.

Damit könnte - etwas überspitzt - formuliert werden, daß sich *jedes* auf einem beliebigen Markt beobachtete Verhalten durch mindestens ein Modell als Ergebnis rationaler Entscheidungskalküle begründen läßt, wenn z.b. der zeitliche Entscheidungsablauf und die Informationsstruktur entsprechend gestaltet werden.[148] Die Anwendung spieltheoretischer Modelle auf reale Entscheidungsprobleme stößt daher weniger auf grundsätzliche als mehr auf praktische Grenzen. *Dixit/Pindyck* schreiben dazu:"...The reason is practical rather than fundamental. Oligopolistic industries in our stochastic dynamic setting present formidable difficulties. The development of stochastic game theory for such applicaitons is quite recent, and tractable models using that theory are rarer still."[149]

Als Fazit läßt sich festhalten, daß die Integration von Spieltheorie und Realoptionsansatz zwar theoretisch interessant ist, aber weiterer spieltheoretischer Erkenntnisse bedarf, um zu einer Lösung von Praxisproblemen beitragen zu können.

---

[148] Vgl. z.B. Sutton, J. (Explaining, 1990). Allerdings hat die Unzufriedenheit mit multiplen Gleichgewichten in der Industrieökonomik die Spieltheorie dazu angeregt, subtilere Refinement-Mechanismen zu entwickeln.

[149] Dixit, A.K./R.S.Pindyck (Investment, 1994), S. 309.

4.3.3   FALLSTUDIE: GENERAL MOTORS UND DIE EINFÜHRUNG DES EV1[150]

4.3.3.1   DAS ENTSCHEIDUNGSPROBLEM

Am 3. Januar 1996 ging ein Raunen durch die Automobilindustrie: General Motors (GM) kündigte an, im Herbst 1996 sein Elektroautomodell „EV1" in ausgewählten Märkten einzuführen, und wagt damit die erste serienmäßige Einführung eines Fahrzeugs mit Elektroantrieb.[151] Der EV1 ist ein zweisitziges Coupé mit einer Batteriereichweite von 110 bis 150 km und einer Spitzengeschwindigkeit von 130 km/h und stellt das erste weithin sichtbare Resultat von GMs 350+ Mio. USD-Investition in die Elektroantriebstechnologie dar. Der Verkaufspreis wird auf ca. 35.000 USD geschätzt.[152]

Die Idee eines elektrogetriebenen Autos ist nicht neu. Im Jahr 1900 machten Elektroautos 38% der damals in den USA verkauften 4.200 Fahrzeuge aus. Auch heute arbeiten sowohl große Unternehmen als auch innovative Neugründungen intensiv an effizienten und sauberen Alternativen zum Benzinantrieb. Diese Alternativen bestehen v.a. in Wasserstoff-, Sonnen-, Gas-, Äthanol- und der „Electric Vehicle" (EV)-Technologie, wobei letztere als am weitesten entwickelt gilt. Doch bis heute hat die EV-Technologie den Sprung von der Erprobungsphase zum Massenmarkt nicht geschafft, ihre Nutzung beschränkt sich auf Stromversorgungsunternehmen oder innovative Flottenbetreiber. Die „Electric Vehicle Association of the Americas" schätzt die Zahl der in den USA aktuell betriebenen Elektrofahrzeuge auf 2.400. Z.Zt. gibt es kein auf dem allgemeinen Markt angebotenes Modell.

Aufgrund der eingeschränkten Reichweite bietet sich der EV1 als Zweitauto für die tägliche Fahrt zur Arbeit oder für Kurzfahrten in der Stadt an - ein großes Segment: Eine GM-Studie ergab, daß fast 85% aller Autos weniger als 120 km pro Tag gefahren

---

[150]   Der Autor möchte sich bei den Professoren Peter Tufano und Lisa Meulbroek von der Harvard Business School für die anregenden konzeptionellen Diskussionen und bei Paul Jankers vom U.S. Department of Energy für die Unterstützung bei der Datensammlung herzlich bedanken.

[151]   Der EV1 wird zunächst in Städten mit günstigen klimatischen Bedingungen eingeführt, nämlich Los Angeles, San Diego, Phoenix, und Tucson. Vgl. Washington Post vom 21.1.1996, S. H1.

[152]   Vgl. Washington Post vom 21.1.1996, S. H1.

werden. GMs Vorstandsvorsitzender John „Jack" Smith Jr. gab sich anläßlich der EV1-
Ankündigung entsprechend optimistisch: „There will be a real need for short-distance,
clean, energy-efficient vehicles."[153] Die große Bedeutung, die GM dem Projekt beimißt,
wird auch anhand des jüngsten Geschäftsberichtes deutlich, dessen Titelblatt den EV1
und das freudestrahlende Entwicklungsteam zeigt.

Experten sind allerdings weniger enthusiastisch und gehen von einer anfänglichen
Nachfrage von wenigen tausend Einheiten aus.[154] Sie weisen auf die große Unsicherheit
hin, die sich aus technischen Problemen, unklarer Kundenakzeptanz und legislativen
Entwicklungen ergibt.

Im Zentrum ihrer Zurückhaltung steht die große Unsicherheit der EV-Technologie. Das
Hauptproblem liegt im Fehlen einer leistungsstarken, kostengünstigen Batterie, die den
Konsumentenwünschen hinsichtlich Beschleunigung[155], Reichweite und kurzer
Aufladedauer gerecht wird. Trotz verschärfter Forschungsanstrengungen weisen die
existierenden Blei-Akkumulatoren nur eine Reichweite von maximal 160 km auf, was
den Elektroautos bisher nur Anwendungen als Zweit- oder Drittwagen für Kurzfahrten
privater Haushalte eröffnet. Die Branche arbeitet intensiv an alternativen Technologien
(wie z.B. der Nickel-Cadmium-, Sodium-Schwefel-, Zink-Luft-, Lithium-Batterie und
der Wasserstoff-Zelle), die eine Reichweite von mehreren hundert Kilometern aufweisen könnten, aber ein Durchbruch steht weiterhin aus.[156] Ob ein solcher Durchbruch
erzielt werden kann, wird über den Erfolg der EV-Technologie entscheiden; die meisten
Experten erwarten ihn allerdings nicht innerhalb der nächsten zehn Jahre. Gleichzeitig
stiegen die branchenweiten Ausgaben für Batterieforschungen zwischen 1991 und 1993

---

[153] Los Angeles Times vom 6.1.1996, S. D1.
[154] Vgl. z.B. die Übersicht über Expertenschätzungen im San Diego Business Journal vom 2.10.1995, S.
1-18.
[155] So benötigt z.B. der Kleinwagen „Sunray" des auf Hawaii ansässigen Unternehmens „Suntera" 20
Sekunden von 0 auf 100 km/h. Vgl. Nachrichten für den Außenhandel vom 16.2.1996, S. 4.
[156] Das „US Advanced Battery Consortium", ein Forschungszusammenschluß der drei großen
amerikanischen Automobilhersteller, hat bisher 260 Mio. USD in die Entwicklung verschiedener
Batterietechnologien investiert. Sein Ziel ist es, bis 1998 eine Batterie mit einer Reichweite von 240
km und einer Lebensdauer von 130.000 km zu entwickeln. Vgl. San Diego Business Journal vom
2.10.1995, S. 1-18, und Los Angeles Times vom 25.2.1993, S. D2.

jährlich um das 5½ -fache (!), was das dramatisch erhöhte ökonomische Risiko von Fehlentwicklungen eindrucksvoll verdeutlicht.

Diese technologische Unsicherheit wird durch die Unklarheit über die Entwicklung der konkurrierenden Technologien verschärft. Dies betrifft zum einen eventuelle Durchbrüche in anderen sauberen Energien wie Wasserkraft, Sonnenenergie, Erdgas, Methanol oder Äthanol[157], zum anderen aber auch die Versuche, den konventionellen Benzinantrieb effizienter und umweltfreundlicher zu machen. So geht z.b. eine Studie des *Shell*-Mineralölkonzerns davon aus, daß bis zum Jahr 2020 der durchschnittliche Benzinverbrauch pro 100 km von heute 9,2 Liter auf 4,5 bis 5,2 Liter sinken wird.[158] Eine solcherart weiterentwickelte Benzintechnologie würde Umweltbedenken reduzieren[159] und bliebe der EV-Technologie gleichzeitig hinsichtlich Kosten, Komfort und Leistung überlegen. In diesem Zusammenhang spielt auch die Entwicklung der relativen Preise von Benzin und Elektrizität als Determinante der Betriebskosten eine Rolle[160]: Ein Anstieg des Benzinpreises würde den Absatz von Elektroautos langfristig erheblich fördern. Als weiteres technisches Problem ist schließlich die Existenz eines flächendeckenden Netzes von Ladestationen anzuführen. Aus heutiger Sicht ist völlig unklar, wann ein solches Netz vorhanden sein wird.[161]

Neben diesen technologischen Problemen ist die Frage der *Kundenakzeptanz* ungeklärt. Potentielle Kunden sind innovativer im Umgang mit neue Technologien und sorgen sich mehr um die Umwelt als der Durchschnittsbürger. Sie sind bereit, um der Umwelt willen auf einige Vorteile konventioneller Antriebstechnologien zu verzichten, und zeichnen sich durch ein höheres Einkommen aus. Sie legen täglich Kurzstrecken zurück und verfügen über eine Garage oder einen anderen Ort, in dem eine Ladestation ange-

---

[157] Zu Situation und Erfolgspotential dieser Technologien vgl. z.B. Financial Times vom 11.1.1996, S. 17.f.

[158] Vgl. VDI-Nachrichten vom 22.9.1995, S. 2.

[159] So geht *Shell* von einer Reduktion des Ausstoßes von Kohlenstoffmonoxid um 80%, von Stickstoffoxid um 85% und von Kohlenwasserstoff um 90% aus. Vgl. VDI-Nachrichten vom 22.9.1995, S. 2.

[160] Deshalb schätzt GM-Vorstandsvorsitzender Smith das Erfolgspotential von Elektroautos in Europa höher ein als in den USA, wo die Benzinpreise nur etwa ein Viertel des europäischen Preises betragen

[161] Z.Zt. gibt es in den USA ca. 900 öffentlich zugängliche Ladestationen, von denen sich 642 in einem Bundesstaat (Kalifornien) befinden. Vgl. Washington Post vom 21.1.1996, S. H1.

bracht werden kann.[162] Nicht nur die aktuelle Größe und die zukünftige Entwicklung dieser Zielgruppe, sondern auch die Fähigkeit der EV-Technologie, diese Menschen von ihrem Beitrag zur Lösung von Umweltproblemen zu überzeugen[163], ist völlig unklar.

Schließlich tragen unklare gesetzgeberische Trends zur Unsicherheit der EV-Technologie bei. So wurde in Kalifornien, Massachusetts und New York ein sog. *„Low-Emission Vehicle Program"* verabschiedet.[164] Dieses Programm richtet sich an die Automobilhersteller und sieht vor, daß ab 1998 2% aller neuen Fahrzeuge mit alternativen Energien betrieben werden müssen. Dieser Anteil soll bis 2003 auf 10% steigen. Automobilproduzenten, die diese Werte nicht erreichen, sollen mit empfindlichen Strafen belegt werden. Zudem verpflichtet der *„Energy Policy Act"* von 1992 die Betreiber großer Fahrzeugflotten, einen bestimmten Mindestbestand ihrer Fahrzeuge mit alternativer Antriebstechnologie auszurüsten.

Der Einfluß solcher gesetzgeberischen Initiativen auf das Marktpotential der EV-Technologie kann kaum überschätzt werden. So schätzt das Marktforschungsinstitut „The Freedonia Group", daß weit über 90% (!) des Absatzes von Elektroautos bis zum Jahr 2003 durch gesetzliche Vorschriften bestimmt wird.[165] Diese Initiativen treffen allerdings auf energischen Widerstand der Automobillobby. Unter diesem Druck hat Kalifornien die Forderung des „Low-Emission Programs" bereits relativiert, und in den beiden anderen Staaten sind Klagen der betroffenen Unternehmen anhängig. Damit ist die zukünftige Entwicklung einer wesentlichen Nachfragedeterminante - der staatlichen Forcierung alternativer Technologien - höchst ungewiß.

Angesichts solcher Unsicherheit hinsichtlich Technologie, Kundenakzeptanz und regulatorischer Trends kann es kaum überraschen, daß Expertenschätzungen des Marktpotentials von Elektroautos enorm variieren. Eine Studie des „Project California", einer

---

[162] Vgl. Bellingham Herald vom 12.1.1995, S. B1.
[163] Diese Frage steht im Mittelpunkt der laufenden Diskussion der EV-Technologie. Solange Elektrizität nicht auf umweltfreundlichem Weg erzeugt wird, sind die Umwelteffekte der EV-Technologie in der Tat fragwürdig.
[164] Vgl. z.B. Segal, R. (Market, 1995).

Interessensgruppe zur Förderung der EV-Technologie, schätzt die weltweite Nachfrage nach EVs im Jahr 2007 auf 2 Mio. Einheiten. Eine Untersuchung von „BIS Strategic Decisions" aus dem Jahr 1992 erwartet mindestens 1 Mio. EV weltweit bis zum Jahr 2000, „Electric Car Co.", eine kalifornische Neugründung, rechnet gar mit 10 Mio. EV bis zur Jahrtausendwende. „The Freedonia Group" ging 1995 von einem Absatz von 55.000 Einheiten im Jahr 1998 und 325.000 im Jahr 2003 aus, hatte aber noch nicht die jüngsten Änderungen der gesetzlichen Rahmenbedingungen berücksichtigt. Die aktuelle Studie des US Department of Energy ist deshalb deutlich vorsichtiger und geht von 73.000 EV in den USA im Jahr 2005 aus.[166]

Trotz dieser enormen Unsicherheit mußte GM eine Entscheidung treffen: Das Unternehmen könnte seinen technologischen Vorsprung nützen, den „EV1" sofort einführen und sich „First-mover"-Vorteile sichern, die in einem boomenden EV-Markt von erheblichen Wert wären. Alternativ könnte es die weitere Entwicklung der unsicheren Faktoren abwarten und die Investition verzögern, was eine geringe Gefahr von Fehlinvestitionen, aber auch den Verzicht auf mögliche Wettbewerbsvorteile bedeuten würde. GM´s Entscheidung für die sofortige Markteinführung hat viele Experten überrascht. So hat z.B. die „American Automobile Manufacturers' Association" noch 1994 eindringlich davor gewarnt, daß die Verpflichtung zu einer baldigen Markteinführung von EVs ein „commercial failure" sein würde.[167] Im folgenden wird untersucht, ob, und wenn ja, unter welchen Bedingungen die Entscheidung des GM-Managements aus Sicht der Investitionsrechnung nachvollzogen werden kann. Dabei wird zunächst die Perspektive der Kapitalwertmethode gewählt, die anschließend anhand des Realoptionsansatzes kontrastiert wird.

4.3.3.2 Die Bewertung anhand der Kapitalwertmethode

Zunächst bietet sich die in Kapitel 3 vorgestellte Freie-Cash-Flow-Variante an, um den Kapitalwert des EV-Projektes zu ermitteln.

---

[165] Vgl. die Studie „Electric Vehicles" der Freedonia Group und die Berichterstattung in: Nachrichten für den Außenhandel vom 26.5.1995, S.2.

[166] Eine interessante Schätzung der Nachfrage nach EVs mit Hilfe der Conjoint-Methode findet sich bei Segal, R. (Market, 1995).

[167] American Automobile Manufacturers' Association: Testimony Before the Californian Air Resources Board, 12.5.1994, Los Angeles.

Ermittlung der freien Cash-Flows

Zur Ermittlung des freien Cash-Flows werden zunächst ausgehend von der Studie des US Department of Energy ein erwartetes, ein pessimistisches und ein optimistisches Szenario der Absatzentwicklung am amerikanischen EV-Markt konstruiert. Da die meisten Experten einen Durchbruch nicht innerhalb der nächsten zehn Jahre erwarten, ihn danach aber für möglich halten, unterscheiden sich die Szenarien ab dem Jahr 2006 besonders stark. Auf diese Weise wird der Absatz von Elektroautos in den USA bis zum Jahr 2015 geschätzt; die resultierenden Zahlen wurden in Gesprächen mit Experten auf ihre Plausibilität getestet. Bezogen auf das heutige Marktvolumen würden diese Szenarien einem EV-Anteil von 5% (erwartet), 2% (pessimistisch) bzw. 18% (optimistisch) am US-Automobilmarkt des Jahres 2015 entsprechen.

Anschließend werden Verkaufspreise als Funktion von Stückzahlen geschätzt, wobei davon ausgegangen wird, daß zu erwartende Größen- und Erfahrungskurveneffekte teilweise an die Konsumenten weitergegeben werden.[168] Die Kombination dieser Verkaufspreise mit den Absatzzahlen und geschätzten GM-Marktanteilen resultiert in Schätzungen des EV-Umsatzes von GM.

Abbildung 4-25 stellt die Stückzahlen in den USA sowie den Umsatz von GM unter den drei Szenarien dar.

---

[168] Die Abschätzung zukünftiger Verkaufspreise basiert auf Interviews mit Experten und einer Studie des US-Kongresses. Vgl. o.V. (Technology, 1995).

	1997	1998	1999	2000	2001	2002	2003	2004	2005	2006
Absatz USA (000)										
Erwartet (1)	5	8	12	18	29	46	74	111	155	201
Optimistisch (2)	7	13	21	35	58	96	158	261	430	519
Pessimistisch (2)	2	2	3	4	5	7	10	13	18	25
GM Umsatz (Mio. USD) (3)										
Erwartet	88	140	210	252	353	564	664	863	1.208	1.208
Optimistisch	123	221	375	494	611	1.008	1.235	1.566	2.581	3.115
Pessimistisch	28	38	52	56	66	89	103	139	187	257

	2007	2008	2009	2010	2011	2012	2013	2014	2015
Absatz USA (000)									
Erwartet (1)	262	315	379	456	549	661	795	957	987
Optimistisch (2)	627	756	913	1.101	1.329	1.604	1.936	2.337	2.820
Pessimistisch (2)	34	46	63	87	119	164	225	308	423
GM Umsatz (Mio. USD) (3)									
Erwartet	1.570	1.889	2.274	2.737	3.294	3.964	4.771	5.741	5.922
Optimistisch	3.760	4.538	5.476	6.609	7.976	9.626	11.617	14.020	16.920
Pessimistisch	353	485	570	782	930	1.277	1.348	1.849	2.538

(1) Basierend auf der Studie des US Department of Energy, 1996
(2) Modifiziert nach verschiedenen Entwicklungen von Technologie, Kundenakzeptanz und legislativen Trends.
(3) Ergibt sich aus geschätzten Stückzahlen, Absatzpreisen und GM Marktanteilsschätzungen.

Abb. 4-25: Geschätztes EV-Marktvolumen (in Tausend Stück) und EV-Umsatz der General Motors Corp. (in Mio. USD), 1996-2015

Im nächsten Schritt wird eine Gewinn- und Verlustrechnung des EV-Projektes aufgestellt. Die Umsatzerlöse ergeben sich aus den geschätzten Absatzmengen und Verkaufspreisen. Die Aufwendungen werden ausgehend von einer Analyse des traditionellen Automobilgeschäft von GM geschätzt und auf die spezielle Situation eines innovativen Produktes mit anfänglich geringen Stückzahlen angepaßt. Abbildung 4-26 zeigt Jahresabschlußdaten der General Motors Corporation als Ausgangspunkt dieser Überlegungen.

GEWINN- UND VERLUSTRECHNUNG (Mio. USD)	1989	1990	1991	1992	1993	1994
Umsatzerlöse	126.932	124.705	123.056	132.242	138.220	154.951
- Herstellungskosten	93.818	96.156	97.551	105.248	106.422	117.221
= Bruttoergebnis	33.114	28.549	25.505	26.994	31.798	37.730
- Vertriebs- und Verwaltungskosten	9.448	10.031	10.817	11.232	11.532	12.234
- Abschreibungen	7.169	7.362	7.916	8.959	9.441	10.251
= Betriebsergebnis	16.497	11.156	6.772	6.803	10.825	15.245
- Zinsaufwand	8.757	8.772	8297	7097	5.674	5.432
= Ergebnis d. gewöhnl. Geschäftstätigkeit	7.740	2.384	-1.525	-294	5.151	9.813
- A.o. Ergebnis	1.342	4.602	3.829	23.917	2.575	2.219
= Ergebnis vor Steuern	6.398	-2.218	-5.354	-24.211	2.576	7.594
- Steuern	2.174	-231	-900	-713	110	2.695
= Jahresüberschuß/-fehlbetrag	4.224	-1.987	-4.454	-23.498	2.466	4.899
BILANZ (Mio. USD)						
AKTIVA						
Immat. Vermögensgegenstände	7.126	10.856	10.181	9.515	13.107	11.914
Sachanlagen (netto)	39.126	42.027	45.012	46.777	47.320	54.843
Finanzanlagen	7.123	9.602	11.708	12.511	20.134	22.891
Anlagevermögen	53.375	62.485	66.901	68.803	80.561	89.648
Vorräte	7.992	9.331	10.066	9.344	8.615	10.128
Forderungen	97.802	95.847	87.873	73.510	60.264	63.055
Kassenbestand und Wertpapiere des UV	10.213	7.821	10.192	15.275	17.963	16.076
Umlaufvermögen	116.007	112.999	108.131	98.129	86.842	89.259
Rechnungsabgrenzungsposten	3.915	4.752	9.294	24.081	20.798	19.693
PASSIVA						
Eigenkapital	36.633	30.047	28.618	6.991	6.048	13.274
Verbindlichkeiten aus Lieferung und Leistung	7.708	8.824	10.061	9.678	10.277	11.635
Verbindlichkeiten geg. Kreditinstituten	93.425	95.634	94.022	82.592	70441	73.730
Steuerverbindlichkeiten	5.671	3.960	4.491	3.140	2409	2.721
Sonstige Verbindlichkeiten	28.457	38.255	45.602	87.057	97.465	95.673
Verbindlichkeiten insgesamt	135.261	146.673	154.176	182.467	180.592	183.759
Rechnungsabgrenzungsposten	1.403	1.410	1.532	1.555	1.561	1.567
Bilanzsumme	173.297	178.130	184.326	191.013	188.201	198.600
KENNZAHLEN						
Betriebsergebnis/Umsatzerlöse	1,1%	3,7%	3,1%	18,1%	1,9%	1,4%
Working Capital/Umsatzerlöse	6,3%	5,9%	5,5%	5,5%	4,7%	4,5%
Vertriebs- u. Verwaltungskosten/Umsatzerlöse	7,4%	8,0%	8,8%	8,5%	8,3%	7,9%
Abschreibedauer (Jahre, geschätzt)	8,8	9,1	8,6	7,7	7,2	6,8
BEREICH AUTOMOBILBAU						
Anteil am Konzernumsatz	78,3%	78,0%	77,1%	77,9%	78,2%	79,8%
Umsatzerlöse	99.441	97.312	94.828	103.005	108.027	123.670
Betriebsergebnis	5.131	-3.446	-6.194	-3.360	1.626	6.116
Investitionen	6.288	6.058	5.784	5.349	5.165	5.545
Abschreibungen	4.206	4.596	4.671	5.209	5.282	5.655
Betriebsergebnis/Umsatzerlöse	5,2%	-3,5%	-6,5%	-3,3%	1,5%	4,9%
Bruttoergebnis/Umsatzerlöse (geschätzt)	16,8%	9,2%	7,2%	10,3%	14,7%	17,4%
Investitionen/Umsatzerlöse	6,3%	6,2%	6,1%	5,2%	4,8%	4,5%

Abb. 4-26: Jahresabschlußdaten der General Motors Corporation, 1989-1994

Die Bruttoergebnismarge des klassischen Automobilgeschäftes (definiert als Bruttoergebnis in Prozent vom Umsatz) in Höhe von langfristig ca. 12,6% kann vom EV-Projekt aufgrund geringer Erfahrungskurven- und Economies-of-Scale-Effekte lange nicht erreicht werden, nähert sich aber diesem Wert im Zeitablauf in Abhängigkeit vom Absatzvolumen (und damit je nach Szenario unterschiedlich) an. Die Vertriebs- und Verwaltungsaufwendungen basieren auf dem Wert des klassischen Bereichs (8% vom Umsatz), werden allerdings in den ersten Jahren aufgrund des zu erwartenden

Einführungsaufwandes höher angesetzt. Die Abschreibungen errechnen sich aus dem Investitionsvolumen und einer geschätzten durchschnittlichen Nutzungsdauer des Anlagevermögens von acht Jahren. Aus diesen Werten ergibt sich das Betriebsergebnis, das dann unter Verwendung der Kapitalstruktur, der Fremdkapitalkosten und des Steuersatzes in den Jahresüberschuß überführt werden kann. Abbildung 4-27 zeigt die resultierende Gewinn- und Verlustrechnung des EV-Projektes.

Mio. USD	1997	1998	1999	2000	2001	2002	2003	2004	2005	2006
Umsatz (1)	73	118	179	217	293	466	552	716	1.039	1.113
Herstellungskosten (2)	75	118	179	212	278	431	503	650	925	988
Bruttoergebnis	-1	-1	0	5	14	35	50	66	114	125
Abschreibungen (3)	38	39	39	39	39	40	40	18	3	3
Vertriebs- und Verwaltungskosten (3)	6	9	14	17	23	37	44	57	83	89
Betriebsergebnis	-45	-49	-53	-51	-48	-42	-34	-9	28	33
Zinsaufwand (3)	17	17	18	19	20	22	23	24	26	28
Ergebnis vor Steuern	-62	-66	-72	-70	-68	-64	-57	-33	2	5
Steuern (3)	-18	-20	-21	-21	-20	-19	-17	-10	1	2
Jahresüberschuß/-fehlbetrag	-43	-46	-50	-49	-48	-45	-40	-23	1	4

Mio. USD	2007	2008	2009	2010	2011	2012	2013	2014	2015
Umsatz (1)	1.424	1.733	2.083	2.538	3.053	3.724	4.428	5.402	6.007
Herstellungskosten (2)	1.263	1.532	1.840	2.233	2.675	3.265	3.873	4.721	5.250
Bruttoergebnis	161	201	243	304	377	459	556	681	757
Abschreibungen (3)	4	4	5	6	8	9	11	14	15
Vertriebs- und Verwaltungskosten (3)	114	139	167	203	244	298	354	432	481
Betriebsergebnis	43	58	71	95	126	152	190	235	261
Zinsaufwand (3)	30	33	36	40	45	51	58	66	75
Ergebnis vor Steuern	13	25	35	54	80	101	132	169	187
Steuern (3)	4	7	10	16	24	30	40	51	56
Jahresüberschuß/-fehlbetrag	9	17	24	38	56	71	93	118	131

(1) Erwartungswert der verschiedenen Szenarien
(2) Ergibt sich aus unterstellter Bruttomargenentwicklung
(3) Basierend auf Kennzahlen im traditionellen Automobilgeschäft

Abb. 4-27: Gewinn- und Verlustrechnung des EV-Projektes, 1997-2015 (Erwartungswert der Szenarien in Mio. USD)

Aus der Gewinn- und Verlustrechnung läßt sich nun der freie Cash-Flow ableiten. Ausgehend vom Betriebsergebnis werden nichtauszahlungswirksame Aufwendungen wie Abschreibungen und Amortisation addiert und Investitionsausgaben sowie die Erhöhung des Working Capitals abgezogen.[169] Die Investitionskosten des EV1 werden von Experten auf 300 Mio. USD geschätzt. Um die Entwicklung der EV-Technologie weiter voranzutreiben und damit die technologischen Fortschritte zu erzielen, die notwendig sind, um die geschätzten Umsatzerlöse bis zum Jahr 2015 zu erzielen, muß GM jährliche Forschungs- und Entwicklungsinvestitionen tätigen. Diese Investitionen werden als Prozentsatz vom Umsatz modelliert, wobei dieser Prozentsatz bis 2005 besonders hoch ist und dann langsam abnimmt.[170]

Vom resultierenden operativen Cash-Flow werden dann die (hypothetischen) Steuern auf das Betriebsergebnis subtrahiert, um den freien Cash-Flow zu erhalten (Abbildung 4-28).

Mio. USD	1997	1998	1999	2000	2001	2002	2003	2004	2005	2006
Betriebsergebnis	-45	-49	-53	-51	-48	-42	-34	-9	28	33
Abschreibungen	38	39	39	39	39	40	40	18	3	3
Investitionen	300	9	13	13	12	19	17	21	21	22
Erhöhung des Working Capitals	5	3	4	3	5	9	4	8	16	4
Operativer Cash Flow	-312	-23	-31	-28	-26	-29	-15	-21	-6	10
Steuern auf Betriebsergebnis	-13	-15	-16	-15	-14	-13	-10	-3	8	10
Freier Cash Flow	-299	-8	-15	-12	-12	-17	-5	-18	-15	0

Mio. USD	2007	2008	2009	2010	2011	2012	2013	2014	2015
Betriebsergebnis	43	58	71	95	126	152	190	235	261
Abschreibungen	4	4	5	6	8	9	11	14	15
Investitionen	28	35	42	51	61	74	89	108	120
Erhöhung des Working Capitals	16	15	18	23	26	34	35	49	30
Operativer Cash Flow	3	12	17	28	46	53	77	92	126
Steuern auf Betriebsergebnis	13	17	21	28	38	46	57	70	78
Freier Cash Flow	-10	-5	-4	-1	9	8	20	21	48

Abb. 4-28: Freier Cash-Flow des EV-Projektes, 1997-2015 (Erwartungswert der Szenarien in Mio. USD)

Berechnung der gewichteten durchschnittlichen Kapitalkosten (WACC)

Die gewichteten durchschnittlichen Kapitalkosten als Opportunitätskosten aller Kapitalgeber ergeben sich als gewichtetes Mittel aus Eigen- und Fremdkapitalkosten. Die Fremdkapitalkosten lassen sich aus der Rendite der langfristigen GM-Anleihen ablesen und belaufen sich zum Entscheidungszeitpunkt auf 6,9%. Die Eigenkapitalkosten werden anhand des CAPM errechnet (vgl. Kapitel 3).

---

[169] Die Working-Capital-Erfordernisse werden aus dem klassischen Geschäft übernommen und leicht angepaßt.

[170] Diese Schätzungen wurden in Gesprächen mit Automobilexperten erarbeitet und sind mit typischen Investitionsvolumen in der Automobilindustrie konsistent. Vgl. hierzu auch o.V. (Yearbook, 1995), und o.V. (Encyclopedia, 1995). Dieser Investitionsbedarf erscheint auch angesichts der Ausgaben von Konkurrenten plausibel. Vgl. z.B. die Aussagen von Mercedes-Vorstandsvorsitzenden Helmut Werner zum Forschungs- und Entwicklungsaufwand seines Unternehmens für alternative Antriebstechniken in: VDI-Nachrichten vom 24.5.1996, S. 3 f.

Das Equity-Beta der GM Corp. würde dem Geschäftsrisiko des innovativen und riskanten EV-Projektes nicht gerecht.[171] Deshalb wird hier der in Kapitel 3 vorgeschlagene
Weg gegangen: Zunächst wird das Asset Beta des EV-Projektes geschätzt. Dieses wird
unter Berücksichtigung des Finanzierungsrisikos in ein Equity-Beta umgerechnet, das
zur Bestimmung der Eigenkapitalkosten des EV-Projektes herangezogen werden kann.

Um ein angemessenes Asset-Beta zu erhalten, wurden Unternehmen analysiert, die hin-
sichtlich Innovationsgrad und Risikoausmaß vergleichbar erscheinen; dies sind v.a.
Neugründungen in der Biotechnologie- und der EDV-Branche. Dort ergaben sich Asset-
Betas zwischen 1,0 und 1,2, so daß hier von einem Wert von 1,1 ausgegangen wird.
Daraus ergibt sich das Equity-Beta des EV-Projektes, das unter Verwendung einer
Risikoprämie von 5,4%[172], eines risikolosen Zinssatzes von 5,7% und einem Steuersatz
von 30% in gewichteten Kapitalkosten (WACC) in Höhe von 10,9% resultiert.

Das Ergebnis dieser Berechnungen ist ein Kapitalwert des EV-Projekt von - *204,5 Mio.*
USD. Die Konsequenz ist eindeutig: Das Projekt vernichtet Wert und darf nicht
realisiert werden. Aus Sicht der Kapitalwertmethode könnte die GM-Entscheidung nur
verstanden werden, wenn das Management fundamental bessere Zukunftsaussichten der
Elektroantriebstechnologie oder andere Wettbewerbsbedingungen erwarten würde, als
sie hier in den Szenarien abgebildet wurden. Angesichts des stark negativen Kapitalwertes müßten diese Erwartungen aber deutlich von den hier erarbeiteten Szenarien abweichen, um das Projekt zu rechtfertigen, und wären daher mit großer Skepsis zu
betrachten. Vielleicht kann aber der Wert eventuell vorhandener Realoptionen und deren
Interaktion mit verschiedenen Wettbewerbsszenarien eine Erklärung für die
Entscheidung zugunsten des EV1 liefern. Dies wird im folgenden anhand der Interpretation des EV-Projektes als offene Option geprüft.

---

[171] Die Notwendigkeit, zwischen dem Risiko des Gesamtunternehmens und dem einzelner Projekte zu
differenzieren, wird in der Literatur eindringlich betont. So betonen z.B. *Ross et al.*: „If a project´s
beta differs from that of the firm, the project should be discounted at a rate commensurate with its own
beta. ... Unless all projects in the corporation are of the same risk, choosing the same discount rate for
all projects is incorrect." Ross, S.A. et al. (Finance, 1993), S. 348.
[172] Dies ist die historische Risikoprämie des US-Aktienmarktes. Vgl. hierzu die Ausführungen in Kapitel
2.3.1.

4.3.3.3   BEWERTUNG DES EV-PROJEKTES ANHAND DES REALOPTIONSANSATZES

Identifikation relevanter Handlungsspielräume

Ein Handlungsspielraum der GM-Unternehmensführung sticht sofort ins Auge: Sie muß den EV1 nicht sofort am Massenmarkt anbieten, sondern kann die Markteinführung *verzögern*. Durch Marktforschungsaktivitäten (v.a. durch Fortsetzung der Testfahrerprogramme, die das Unternehmen seit einigen Jahren durchführt) und durch Beobachtung externer Trends könnte GM zusätzliche Informationen über die Erfolgsaussichten des EV sammeln. Ebenso könnte das Unternehmen seine Forschungsanstrengungen zur Entwicklung einer geeigneten Batterie fortsetzen, ohne die mit einer breiten Markteinführung verbundenen Investitionen in Produktionsanlagen, Marketingaktivitäten etc. zu tätigen. Auf diese Weise würde GM wichtige Informationen über die Entwicklung der unsicheren Größen und damit über das Marktpotential erhalten und könnte seine Investitionsentscheidung von einer günstigen Entwicklung abhängig machen.

Ein weiterer Handlungsspielraum besteht in der Möglichkeit zur Entwicklung von Folgegenerationen (des „EV2", „EV3", usw.) und verwandter Anwendungen (z.B. elektrogetriebener Nutzfahrzeuge). GM kann, muß diese Investitionen aber nicht tätigen, und wird von dieser Möglichkeit nur bei einer günstigen Entwicklung des EV-Marktes Gebrauch machen. Dieser Handlungsspielraum *ist* wichtig, wird aber in der folgenden Modellierung nicht berücksichtigt, da der Zweck dieses Abschnittes - die Untersuchung des Einflusses von Wettbewerbseffekten auf Realoptionen - durch die Modellierung beider Optionen nicht gefördert wird. Eine Berücksichtigung auch der Folgeinvestitionen ist zwar möglich, verwischt aber die Analyse der Wettbewerbseffekte und bringt keine Erkenntnisse, die nicht schon in der Fallstudie über exklusive Optionen herausgearbeitet worden wären. Die folgende Analyse übernimmt daher die in der Kapitalwertmethode implizit enthaltene Annahme, daß diese Folgeinvestitionen unabhängig von der Marktentwicklung durchgeführt werden müssen. Dies impliziert, daß die folgende Bewertung nur eine *Untergrenze* des Projektwertes darstellen kann.

Definition der Realoptionen und Ermittlung der Bewertungsparameter

Die Möglichkeit, die Einführung des EV1 zu verschieben, stellt eine _Verzögerungs-option_ dar, die es GM erlaubt, bei günstigen Signalen zu investieren und bei ungünstigen Entwicklungen Verluste zu vermeiden. Sie läßt sich als _offene, isolierte Option_ klassifizieren.

Theoretisch steht diese Möglichkeit dem Unternehmen für unbegrenzte Zeit offen. Praktisch veraltet aber das zu einer wettbewerbsfähigen Teilnahme am EV-Markt benötigte Know-how; gleichzeitig konkurriert das Projekt mit anderen Initiativen im GM-Konzern um knappe Kapital- und Managementressourcen und wird nach einer gewissen Zeit die Unterstützung des Top-Managements verlieren. Nach Einschätzung von Branchenkennern, die jahrelange Erfahrung in der Beratung von Automobil-unternehmen haben, läßt sich annehmen, daß innerhalb der nächsten _fünf Jahre_ eine endgültige Entscheidung über das EV1-Vorhaben fallen muß.

Die Möglichkeit GMs, die Einführung des EV1 zu verschieben, kann, da sie jederzeit ausgeübt werden kann, als amerikanischer Call mit einer _Laufzeit_ von fünf Jahren, dem Bruttoprojektwert als _Basisobjekt_ und dem Barwert der Investitionsausgaben als _Aus-übungspreis_ interpretiert werden. Die _Volatilität_ des Basisobjektes muß angesichts der hohen Unsicherheit des EV-Projektes hoch angesetzt werden und wird, ausgehend von einem Vergleich mit historischen Volatilitätswerten anderer innovativer Unternehmen (z.B. der Biotechnologie-Branche), auf 50% p.a. geschätzt.[173] Eine Sensitivitätsanalyse wird die Konsequenzen alternativer Volatilitätsannahmen für die Projektbewertung auf-zeigen.

Besondere Bedeutung kommt der wettbewerbsinduzierten _Dividende_ zu, die nach dem unter 4.3.2.1 entwickelten Modell deterministischen Wettbewerbs ermittelt werden kann. Hierzu ist ein Wettbewerbsszenario erforderlich, das die Zahl der Wettbewerber, die Zeitpunkte ihres Eintretens in den EV-Markt, die Marktanteilsverteilung bei gleich-

---

[173] Dies stellt eine eher vorsichtige Annahme dar. So setzt _Merck_ 40% - 60% p.a. als konservative Schätzung der Volatilität von Pharmaprojekten an. Vgl. Nichols, N.A. (Management, 1994), S. 92.

zeitigem Markteintritt, die Höhe möglicher Wettbewerbsvorteile und die Verringerung dieser Vorteile im Zeitablauf spezifiziert. Das Ziel dieses Modells ist nicht so sehr die Abbildung der *tatsächlichen* Situation des EV-Projektes, obwohl eine realitätsnahe Modellierung natürlich angestrebt wird. Vielmehr geht es darum, ein plausibles Szenario zu entwerfen, auf dessen Grundlage ein Modell zur Bewertung der EV-Option entwickelt werden kann. Entscheidungsträger der Praxis können dieses Modell dann mit ihren eigenen Markteinschätzungen ausfüllen. Gleichzeitig soll untersucht werden, ob Szenarien denkbar sind, unter denen die tatsächliche EV1-Entscheidung rational ist, so daß die Entscheidung des GM-Managements besser verstanden werden könnte.

Eine Reihe von Konkurrenten treiben ihre EV-Anstrengungen intensiv voran. So haben die amerikanischen Wettbewerber *Chrysler* und *Ford* als Reaktion auf die GM-Initiative ihrerseits die baldige Einführung eigener EV-Modelle angekündigt. Auch europäische und japanische Hersteller arbeiten an EV-Projekten.

Im folgenden wird von drei Wettbewerbern (oder: Wettbewerbswellen) ausgegangen, deren Parameter in Abbildung 4-29 zusammengefaßt werden.[174]

	Wettbewerber 1	Wettbewerber 2	Wettbewerber 3
Eintritt	1998	2000	2002
Anteil bei gleichzeitiger Investition (w_i)	50%	40%	25%
Maximaler Wettbewerbsvorteil (a_i)	26%	18%	11%
Abnahme der WBV in t (z_{it})	Schnell	Schnell	Schnell

Abb. 4-29: „Base-Case"-Wettbewerbsszenario

Angesichts der hohen Ungewißheit über die Wettbewerbssituation im EV-Markt wird das Projekt zudem einer detaillierten Sensitivitätsanalyse hinsichtlich des Einflusses alternativer Szenarien unterzogen werden.

---

[174]Der Grund dafür, daß die Summe der w_i mehr als 100% ausmacht, liegt darin, daß w_i angibt, wie stark der jeweilige Konkurrent den noch auf das Unternehmen entfallenden Anteil am Gesamtbruttoprojektwert reduziert. Bei gleichzeitiger Investition aller Marktteilnehmer würde Wettbewerber 1 daher 50%, Wettbewerber 2 40% × 50% = 20%, Wettbewerber 3 25% × 30% = 7,5% und GM 100% - 50% - 20% - 7,5% = 22,5% des Gesamtbruttoprojektwertes erhalten. Dies liegt etwas unter dem Marktanteil, den GM am US-Markt für herkömmliche PKW hält - das unterstellte Wettbewerbsszenario ist also plausibel..

Abbildung 4-30 faßt die Bewertungsparameter zusammen.

Optionstyp	Amerikanischer Call
Basisobjekt (Mio. USD)	341,7 (Bruttoprojektwert)
Ausübungspreis (Mio. USD)	546,2 (Barwert der Investitionsausgaben)
Laufzeit	5 Jahre
Volatilität p.a.	50%
Dividendenrendite	Nach Wettbewerbsmodell
Risikoloser Zins	5,67%

Abb. 4-30: „Base-Case"-Parameter der Optionsbewertung

Wahl eines geeigneten Modellansatzes und Ermittlung des erweiterten Kapitalwertes

Die Modellierung von Wettbewerbseffekten als pro Periode wechselnde Dividenden-rendite macht die Anwendung sowohl des Modells von *Black/Scholes* als auch des Standardbinomialmodells unmöglich. Daher wird aus der Volatilitätsschätzung und Gleichung (3-8) ein Binomialbaum für die Optionslaufzeit von fünf Jahren konstruiert, der pro Periode um die anfallende Dividendenrendite korrigiert wird. Anschließend kann der Optionswert durch Anwendung von Gleichung (3-1) am Ende der Laufzeit und rekursive Bewertung nach Gleichung (3-11) ermittelt werden. Dabei muß in jeder Periode überprüft werden, ob GM die Option ausüben oder weiter halten soll: Bei Ausübung erhält das Unternehmen den zeitpunktspezifischen Anteil am Gesamtbruttoprojektwert, der von den dann erzielbaren Wettbewerbsvorteilen abhängt, und bezahlt dafür den Barwert der Investitionsausgaben. Verzögert das Unternehmen die Investition dagegen um eine Periode, behält es den Optionswert, verzichtet aber auf einen Teil der „First mover"-Vorteile und nimmt damit eine Reduktion des Basisobjektes in Kauf.

Abbildung 4-31 faßt das Ergebnis dieses Bewertungsprozesses zusammen.

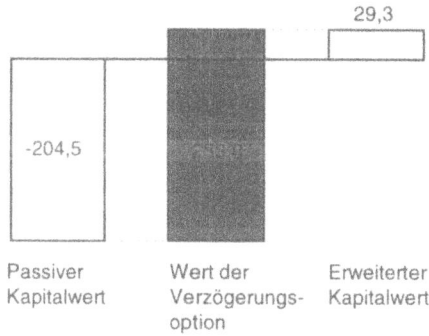

Abb. 4-31: Bewertung des EV1-Projektes nach dem Realoptionsansatz (in Mio. USD)

Wieder wird deutlich, daß das Projekt keinen negativen Wert haben *kann*, da keine Verpflichtung von GM zur Markteinführung besteht. Der Wert dieser Verzögerungsoption ist im unterstellten Szenario hoher Unsicherheit der Projekt-Cash-Flows und mittlerer maximaler Wettbewerbsvorteile, die sich im Zeitablauf rasch reduzieren, relativ hoch. Abbildung 4-32 zeigt, daß der Projektwert mit höherer Umweltunsicherheit steigt.[175]

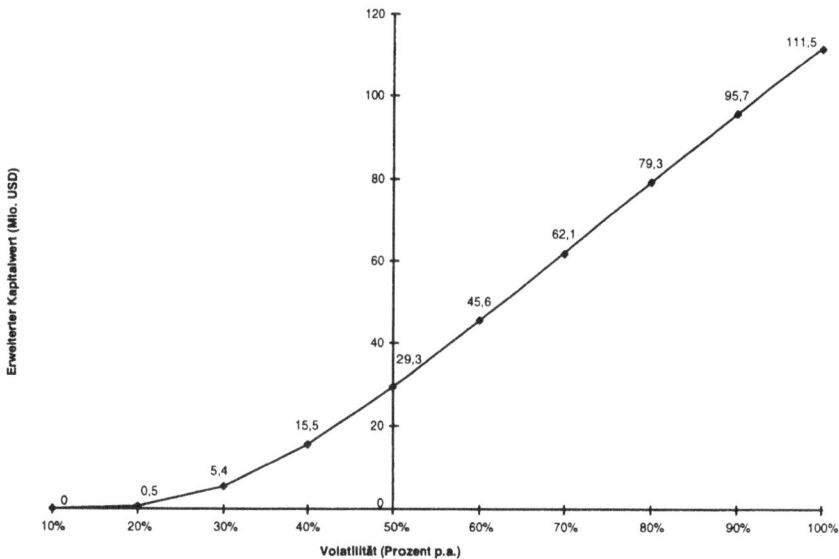

Abb. 4-32: Zusammenhang zwischen Projektwert und Volatilität

---

[175] Wie schon in der letzten Fallstudie ausgeführt, gilt dieses Ergebnis uneingeschränkt nur dann, wenn sich die höhere Volatilität aus einer Erhöhung des unsystematischen Risikos ergibt.

Gleichzeitig kann, wie schon in der Fallstudie zu exklusiven Optionen ausführlich diskutiert, die optimale Strategie zur Ausschöpfung dieses Wertes identifiziert werden. Im Szenario, das der „Base Case"-Bewertung zugrunde liegt, besteht diese optimale Strategie in der anfänglichen Verzögerung des Projektes und schlägt erst bei günstigen Entwicklungen des Marktpotentials in eine Investitionsempfehlung um.

Dieses Ergebnis steht im Widerspruch zu der tatsächlich realisierten Strategie: GM hat sich für die sofortige Markteinführung entschieden und damit auf den Optionswert verzichtet. Der Wert dieser Strategie entspricht dem passiven Kapitalwert und ist daher stark negativ. Vielleicht ist das GM-Management aber von einem anderen Szenario ausgegangen, aus dem sich die Vorteilhaftigkeit einer sofortigen Investition ableiten läßt. Um dies zu prüfen und um allgemeinere Aussagen über den Einfluß von Wettbewerbseffekten auf offene Realoptionen abzuleiten, werden im folgenden verschiedene Wettbewerbsszenarien analysiert.

Dabei muß berücksichtigt werden, daß auch die Kapitalwertmethode zur Berechnung der Umsatzerlöse auf Marktanteilsschätzungen zurückgreift und damit zumindest implizit Annahmen über die Wettbewerbssituation trifft. Soll nun der Wert der Realoptionen unter alternativen Konstellationen ermittelt werden, muß auch der passive Kapitalwert angepaßt werden, um sinnvolle Ergebnisse zu erhalten.[176]

Abbildung 4-33 zeigt die Ergebnisse des Modells unter unterschiedlichen Annahmen über die Höhe der maximalen Wettbewerbsvorteile und der Wettbewerbsintensität.

---

[176] Diese explizite Untersuchung unterschiedlicher Wettbewerbskonstellationen ist zwar auch bei der Kapitalwertmethode theoretisch erforderlich, wird aber in der Praxis oft vernachlässigt. Der vorgeschlagene Realoptionsansatz zwingt zu einer expliziten Offenlegung dieser Annahmen.

Annahme: Rasche
Reduktion der WBV

| Wettbewerbsintensität | Maximale Wettbewerbsvorteile | | | | | | | | |
| | Niedrig | | | Mittel | | | Hoch | | |
	KW	RO	EKW	KW	RO	EKW	KW	RO	EKW
Niedrig	189	172	361	273	50	323	372	0	372
Mittel	-189	256	67	-25	71	46	201	0	201
Hoch	-379	384	5	-209	210	1	72	0	72

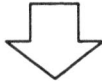

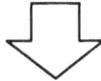

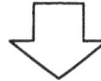

Optimale Strategie:

Verzögerung

Verzögerung, Tendenz zur baldigen Investition

Sofortige Investition

KW   ... Passiver Kapitalwert
RO   ... Wert der Realoptionen
EKW   ... Erweiterter Kapitalwert (Projektwert)

Abb. 4-33: Passiver Kapitalwert, Wert der Realoptionen, erweiterter Kapitalwert und optimale Investitionsstrategien unter unterschiedlichen Wettbewerbsszenarien (in Mio. USD)

Die enorme Schwankungsbreite des erweiterten Kapitalwertes verdeutlicht den Einfluß des Wettbewerbsszenarios auf den Projektwert. Dabei kann eine gegenläufige Tendenz festgestellt werden: Je höher die Wettbewerbsintensität ist, desto niedriger ist der passive Kapitalwert, und desto wertvoller ist die Schutzwirkung der Option. Gleichzeitig zeigt sich die *Bedeutung der maximal möglichen Wettbewerbsvorteile für die optimale Strategie*: Bei hohen Wettbewerbsvorteilen stellt das Ausschöpfen dieser Vorteile durch sofortiges Investieren die wertmaximierende Strategie dar[177], der Wert der Verzögerungsoption beträgt angesichts prohibitiv hoher Verzögerungskosten (dem Verlust der Wettbewerbsvorteile) Null. Im Fall niedriger Wettbewerbsvorteile ist die Situation genau entgegengesetzt: Die Kosten des Wartens sind gering, der Wert der Realoptionen ist angesichts der hohen Unsicherheit hoch - ein rationales Management wird die Durchführung des Projektes aufschieben. Besonders interessant ist der Fall

---

[177] Bzw. ein Abbruch des Projektes, wenn die Wettbewerbsintensität so hoch ist, daß sich eine Investition nicht rechnet.

mittlerer Wettbewerbsvorteile: Hier ist weder die Investitions- noch die Abwarte-strategie dominant, sondern das Unternehmen wird das Projekt anfangs verzögern, ten-diert aber je nach Umweltentwicklung zu einer früheren Ausübung, als dies im Fall niedriger Wettbewerbsvorteile der Fall ist. Der resultierende Projektwert liegt unter dem Wert, der sich bei hohen oder niedrigen Wettbewerbsvorteilen ergibt. Der Grund dafür ist einleuchtend: Die nur mittleren Wettbewerbsvorteile können eine sofortige Investition nicht rechtfertigen, verursachen aber doch Kosten der Verzögerung. Das Unternehmen „sitzt zwischen den Stühlen", kann also weder den Wert der Verzögerungs- noch der Pionierstrategie voll ausschöpfen.

Diese Überlegungen werden durch Abbildung 4-34 verdeutlicht, die den Zusammen-hang zwischen dem erweiterten Kapitalwert und den maximal erzielbaren Wettbewerbs-vorteilen (d.h. den a_i-Werten) zeigt.

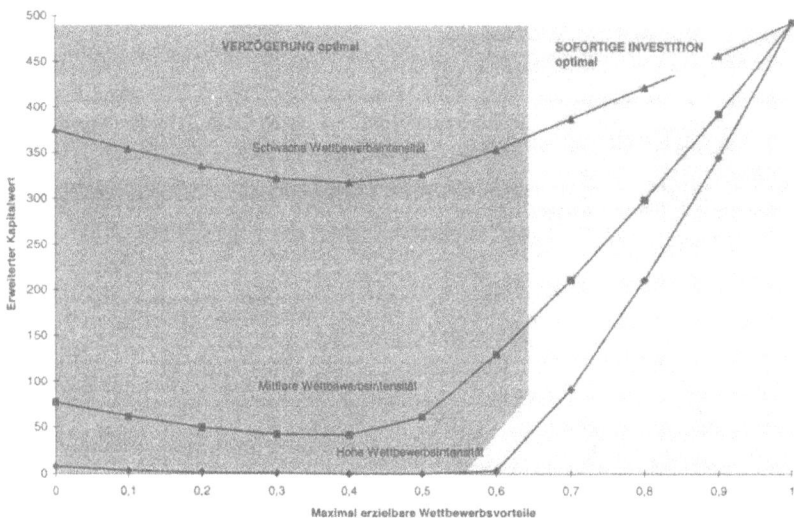

Abb. 4-34: Erweiterter Kapitalwert des EV-Projektes in Abhängigkeit von den maximal erzielbaren Wettbewerbsvorteilen

Es zeigt sich der erwartete U-förmige Verlauf: Bei geringen Wettbewerbsvorteilen über-steigt der Nutzen der Verzögerung den verzögerungsinduzierten Verlust an Wett-bewerbsstärke, die Aufschiebung der Investition ist optimal. Bei mittleren Wettbewerbs-vorteilen lohnt sich eine sofortige Investition noch nicht, der Wert der Wartestrategie nimmt aber ab, der Projektwert sinkt. Unter hohen Wettbewerbsvorteilen wird die sofortige Umsetzung des Vorhabens optimal, der Projektwert steigt wieder. Dabei hängt die Sensitivität des Projektwertes auf Veränderungen der maximalen Wettbewerbsvorteile von der Wettbewerbsintensität ab: Je stärker der Wettbewerb, um so sensibler reagiert der erweiterte Kapitalwert, weil dann die Höhe der Wettbewerbsvorteile eine besonders wichtige Rolle spielt. Bei starker Wettbewerbsintensität ist dementsprechend die sofortige Durchführung früher optimal als bei niedriger oder mittlerer Wettbewerbsintensität.

Abbildung 4-35 untersucht, wie sich der Projektwert bei unterschiedlichen Annahmen über die Wettbewerbsintensität (verkörpert durch die w_i-Werte) ändert.

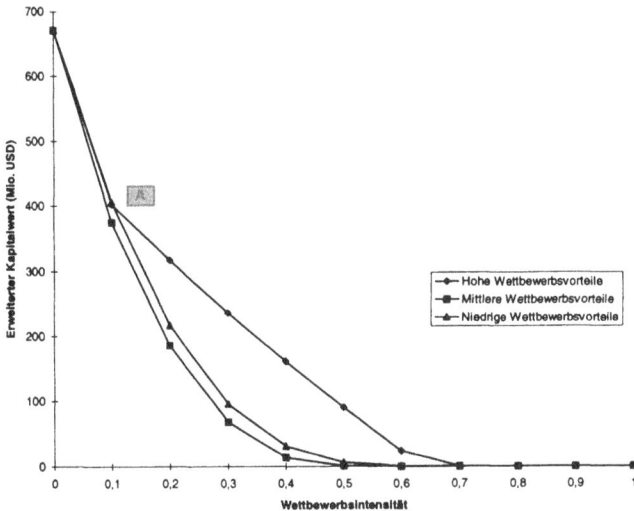

Abb. 4-35: Erweiterter Kapitalwert des EV-Projektes in Abhängigkeit von der Wettbewerbsintensität

Wie erwartet sinkt der Projektwert mit zunehmender Wettbewerbsintensität. Interessant ist dabei der ab Punkt A markante Unterschied zwischen dem Fall hoher Wettbewerbsvorteile und den beiden anderen Konstellationen: Bei hohen Wettbewerbsvorteilen sind profitable Pionierstrategien durch sofortige Investition möglich, während dem Unternehmen in den beiden anderen Fällen nur die Verzögerung der Investition bleibt. Dies reduziert den Projektwert im Fall mittlerer Wettbewerbsvorteile wieder am stärksten.

Gleichzeitig reagiert der Projektwert im Fall hoher Wettbewerbsvorteile am wenigsten auf eine Erhöhung der Wettbewerbsintensität, weil durch die ja optimale sofortige Investition ein Teil dieser zusätzlichen Wettbewerbseffekte abgewehrt wird und nicht, wie in den beiden anderen Fällen, ohne Gegenwehr hingenommen werden muß.

4.3.3.4   VERGLEICH DER ERGEBNISSE UND SCHLUßFOLGERUNGEN

Die vorangegangene Diskussion hat gezeigt, daß sich strategische Überlegungen in den Realoptionsansatz integrieren lassen. Dabei lassen sich weitreichende Schlußfolgerungen ableiten:

- *Die Einführung solcher Wettbewerbswirkungen verändert die Aussagen des Realoptionsansatzes sowohl hinsichtlich des Projektwertes als auch der optimalen Investitionsstrategie erheblich:* Der Projektwert unterliegt in Abhängigkeit vom unterstellten Szenario enormen Schwankungen - die Liste der Determinanten des Optionswertes, die aus der Finanzoptionstheorie bekannt ist (vgl. Abbildung 3-11), muß also um die Wettbewerbssituation ergänzt werden.

- *Das Unternehmen muß die Vorteile einer solchen frühzeitigen Ausübung der Investitionsmöglichkeit gegen den Verlust des Optionswertes abwägen.* Eine frühe Investition wird um so atttraktiver, je höher mögliche „Early-Mover"-Vorteile sind und je mehr potentielle Konkurrenten existieren. Auch ein niedriger Optionswert aufgrund geringer Volatilität der unsicheren Größen oder niedriger Zinssätze führt zur Vorteilhaftigkeit von Pionierstrategien. Diese Resultate sind mit den Erkenntnissen in der Literatur zur strategischen Unternehmensführung konsistent.[178] Im Unterschied zu den dort angestellten qualitativen Überlegungen erlaubt der Realoptionsansatz aber eine *Quantifizierung* der gegenläufigen Effekte.

- *Dies deutet auf eine Erklärung der EV1-Entscheidung hin:* Das GM-Management könnte von hohen „First-Mover"-Vorteilen ausgegangen sein, die es sich durch schnelles Agieren sichern wollte - eine These, die angesichts der Rolle, die Erfahrungs- und Größenvorteile im Automobilbau spielen, und dem besonderen

Imageeffekt, der dem ersten Produzenten von EV-Autos sicher ist, nicht von der Hand zu weisen ist. Aus der pauschalen Ablehnung der Entscheidung durch die Kapitalwertmethode wird nun die differenziertere Frage danach, ob die Verantwortlichen bei GM die Wettbewerbssituation im zukünftigen EV-Markt richtig eingeschätzt haben - eine Frage, auf die sich der Verfasser keine Antwort anmaßt.

- *Die Aussagen zum Einsatzbereich der Kapitalwertmethode lassen sich nun präzisieren:* Bisher war die Kapitalwertmethode auf die Bewertung von Projekten beschränkt, in denen Handlungsspielräume nicht vorhanden oder angesichts geringer Unsicherheit nicht relevant waren. Nun wird ein weiteres Anwendungsgebiet ersichtlich: Bei hohen möglichen Wettbewerbsvorteilen reduziert sich der Wert von Verzögerungsoptionen auf Null, die Kapitalwertmethode gibt dann die richtige Handlungsempfehlung: Sofortige Investition oder Verzicht auf das Projekt. Bei positivem Kapitalwert ermittelt sie auch den korrekten Projektwert. Bei negativem Kapitalwert vernachlässigt sie zwar die Tatsache, daß der Wert einer Option nie negativ sein kann, und resultiert damit in einer Unterbewertung des Projektes. Da der Optionswert in dieser Situation aber tatsächlich Null beträgt, ist die Handlungsempfehlung der Kapitalwertmethode - Unterlassen der Investition - korrekt, die falsche Projektbewertung hat keine negativen praktischen Konsequenzen.

- *Gleichzeitig werden die Bedingungen präzisiert, unter denen die Kapitalwertmethode in besonders groben Fehlern sowohl in Bezug auf die optimale Strategie als auch den Projektwert resultiert:* Bei mittleren, besonders aber bei niedrigen Wettbewerbsvorteilen wird ein negativer Kapitalwert bei hoher Unsicherheit durch wertvolle Verzögerungsmöglichkeiten überkompensiert, die Anwendung der Kapitalwertmethode führt zur Ablehnung einer wertvollen Investitionschance.

- *Hinter diesen Überlegungen steht das in Kapitel zwei dargestellte Dilemma des Unternehmens zwischen Commitment und Flexibilität:* Während die Kapitalwertmethode sofortige Investition unterstellt und so den Wert von Handlungsspielräumen

---

[178] Vgl. z.B. die Zusammenfassung bei Wernerfelt, B./A. Karnani (Strategy, 1987).

unter hoher Unsicherheit vernachlässigt, geht die Bewertung von Investitionsprojekten als exklusive Optionen von der längstmöglichen Verzögerung des Vorhabens aus und läßt damit Wettbewerbsvorteile außer acht, die durch frühzeitige
Festlegung erzielt werden und in wettbewerbsintensiven Situationen eine wesentliche
Wertkomponente bilden können. Das vorgestellte Modell vereint diese Überlegungen
und kommt so zu realistischeren Projektwerten und zu je nach Situation
differenzierten Strategieempfehlungen.

Die Entscheidungsträger können nun anhand ihrer Markteinschätzung ein Wettbewerbsmodell entwerfen, das in einem Projektwert und einer optimalen Strategie resultiert.
Diese Modellierung wird ihnen durch die Konzentration des Modells auf vertraute
Parameter wie Marktanteile, Wettbewerbsvorteile und deren Nachhaltigkeit in der Zeit
erleichtert. Die scheinbaren Beschränkungen des deterministischen Modells werden
gelockert, indem das Management die Sensitivität von optimaler Strategie und Projektwert durch die Entwicklung alternativen Szenarien ermittelt. Es kann auf diese Weise
die Folgen unterschiedlicher Wettbewerbsszenarien analysieren, sich dadurch einen
Überblick über die Bandbreite möglicher Projektwerte verschaffen und sich schließlich
für das aus seiner Sicht wahrscheinlichste Szenario entscheiden.

Der Einwand, daß Annahmen über Anzahl, Zeitpunkt und Konkurrenzintensität der
Wettbewerber zu hohe Anforderungen an die Entscheidungsträger stellten, trägt nicht:
Diese Annahmen sind für eine realitätsnahe Projektbewertung zentral und müssen daher
auch von den herkömmlichen Ansätze zumindest implizit getroffen werden. Im Unterschied zur Kapitalwertmethode zwingt der Realoptionsansatz die Entscheidungsträger
aber, diese Annahmen offenzulegen, und läßt schon dadurch eine fundierter Projektbewertung erwarten. Zudem erlaubt er eine Integration und Quantifizierung von vormals
rein qualitativen strategischen Konzepten und ermöglicht dadurch realistischere Projekt-
bewertungen und Strategieempfehlungen - ein wichtiger Beitrag zum Brückenschlag
zwischen „Strategen" und „Investitionsrechnern" im Unternehmen.

5   WÜRDIGUNG DER ERGEBNISSE UND AUSBLICK

Abbildung 5-1 stellt die untersuchten Forschungsfragen und die zentralen Thesen der vorliegenden Arbeit noch einmal zusammenfassend dar.

Kapitel	Forschungsfrage	Zentrale Thesen
Kapitel 1	Unter welchen Bedingungen sind HSR von Bedeutung ? Woraus ergibt sich diese Bedeutung ?	• HSR führen zu asymmetrischen Chancen-Risiko-Profilen, die dem Unternehmen erlauben, Chancen zu nutzen, die verbundenen Risiken aber gering zu halten. Sie können also ihre Entscheidungen in Abhängigkeit von der zukünftigen Entwicklung unsicherer Faktoren optimieren. • Diese Asymmetrie ist unter Unsicherheit und Irreversibilität eine wichtige Wertkomponente und muß von der IR erfaßt werden.
Kapitel 2	Kann die herkömmliche IR den Wert von HSR adäquat abbilden ?	• Die Kapitalwertmethode geht von einer festgelegten Strategie aus und ignoriert damit schon im Ansatz die Möglichkeit aktiven Managements. • Das Entscheidungsbaumverfahren modelliert HSR, kann aber das Problem des sich kontinuierlich ändernden Projektrisikos nicht meistern. • Die Risikoanalyse leistet keinen eigenständigen Beitrag zur Bewertung von HSR. • Andere herkömmliche Ansätze sind nicht in Sicht. Dieser Mangel der IR fördert gefährliche Fehlentscheidungen.
Kapitel 3	Läßt sich die Finanzoptionspreistheorie zur Bewertung von HSR heranziehen ?	• HSR weisen eine konzeptionelle Ähnlichkeit zu Finanzoptionen auf: Sie bilden Optionen auf reale Aktiva (Realoptionen). • Die Finanzoptionstheorie eignet sich grundsätzlich zur marktwertorientierten Bewertung von Realoptionen. • Dabei muß allerdings konzeptionellen Unterschieden zu Finanzoptionen Rechnung getragen werden. Dies betrifft v.a. Interaktionen und Wettbewerbseffekte. • Das neue Entscheidungskriterium ist der erweiterte Kapitalwert, der die herkömmliche IR nicht ersetzt, sondern um den Wert von HSR ergänzt.
Kapitel 4	Wie lassen sich Realoptionen konkret bewerten ?	• Realoptionen lassen sich nach der Wettbewerbssituation in exklusive und offene, nach Interaktionen in isolierte Optionen und solche, die Interaktionen aufweisen, unterscheiden. • Es kann zwischen theoretisch-exakten und numerisch-approximativen Modellierungsansätzen gewählt werden. Nur letztere können Interaktionen und Wettbewerbseffekte erfassen. • Der Realoptionsansatz läßt sich auf reale Entscheidungsprobleme anwenden. Diese Anwendung erlaubt weitreichende Schlußfolgerungen hinsichtlich Projektbewertung und optimaler Investitionsstrategie, die das herkömmliche Verständnis revolutionieren.

Abb. 5-1:   Untersuchte Forschungsfragen und zentrale Thesen der vorliegenden Arbeit

Im folgenden werden die Fortschritte, aber auch die Grenzen des Realoptionsansatzes diskutiert.

5.1   PROJEKTBEWERTUNG UND OPTIMALE INVESTITIONSSTRATEGIE - FORTSCHRITTE UND GRENZEN DES REALOPTIONSANSATZES

Die vorliegende Arbeit erlaubt Schlußfolgerungen zu drei Kernfragen der Investitionsrechnung: Zum Anwendungsbereich der konventionellen Kapitalwertmethode als theoretisch und praktisch wichtigstem Ansatz der herkömmlichen Investitionsrechnung, zur Bewertung von Investitionsprojekten und zur optimalen Investitionsstrategie.

1. Der Anwendungsbereich der herkömmlichen Kapitalwertmethode kann genau umschrieben werden: Sie stellt einen *Spezialfall des Realoptionsansatzes* dar, der anwendbar ist, wenn der Wert von Realoptionen vernachlässigbar ist. Dies ist der Fall, wenn

- Handlungsspielräume nicht vorhanden oder
- vorhandene Handlungsspielräume nicht relevant sind. Eine solche Irrelevanz von Realoptionen kann sich entweder aus einer geringen Unsicherheit des Unternehmensumfeldes oder im Fall offener Optionen aus hohen „Early-mover"-Vorteilen ergeben.

In allen anderen Fällen muß die Kapitalwertmethode zu einer Unterbewertung des Investitionsvorhabens führen.

2. Die Aussagen der vorliegenden Arbeit zur Bewertung von Investitionsprojekten stehen in einem Gegensatz zum konventionellen Verständnis und können deren Handlungsempfehlungen ins Gegenteil verkehren:

- Es ist streng zwischen Investitions*möglichkeiten* und bereits durchgeführten Investitionen zu unterscheiden. Der Wert der ersteren kann nicht negativ sein, solange nicht eine Verpflichtung des Unternehmens zur Realisierung des Projektes besteht. Die bloße Investitionschance kann mithin deutlich wertvoller als das bereits realisierte Vorhaben sein, weil der Schutzcharakter der Option drohende Verluste abwehrt.

- Ein höherer Zinssatz und ein längerer Zeitraum vor Durchführung der Investition reduzieren zwar den passiven Kapitalwert, erhöhen aber den Wert der Realoptionen. Der Gesamteffekt solcher Parameteränderungen auf den erweiterten Kapitalwert hängt damit vom konkreten Fall ab, kann aber durchaus positiv sein.

- Der Realoptionsansatz entwickelt ein völlig neues Verständnis der Unsicherheit von Investitionsprojekten: Verfügt das Unternehmen über Handlungsspielräume, so *erhöht* Unsicherheit deren Wert, weil das Unternehmen von günstigen Entwicklungen profitiert, von negativen Trends aber abgeschirmt ist - aus dem gefährlichen Projekt wird eine wertvolle Chance. Der Einfluß auf den Gesamtprojektwert (den erweiterten Kapitalwert) hängt davon ab, ob die höhere Unsicherheit systematisches oder unsystematisches Risiko beinhaltet.

- Interaktionen zwischen mehreren Optionen finden sich sowohl zwischen Investitionsvorhaben als auch innerhalb eines Projektes. Das Bewertungskalkül muß solchen Wechselwirkungen Rechnung tragen. Gleichzeitig erlaubt eine Analyse der Interaktionsdeterminanten die Elimination marginaler Realoptionen und vereinfacht damit die praktische Anwendung des Realoptionsgedankens erheblich.

3. Der Realoptionsansatz führt zu einer differenzierten und operationalen Ermittlung der optimale Investitionsstrategie:

- Die Durchführung einer Investition ist nicht schon dann optimal, wenn ihr (passiver) Kapitalwert positiv ist. Statt dessen muß das Unternehmen die Vorteile weiteren Zuwartens gegen die Nachteile einer solchen Strategie abwägen, also die Vernichtung des Optionswertes als Opportunitätskosten der Investitionsdurchführung berücksichtigen. Nachteile der Verzögerungsstrategie können sich aus entgangenen Brutto-Cash-Flows, Lagererträgen (Net Convenience Yields) oder negativen Wettbewerbseffekten ergeben - Aspekte, die in der herkömmlichen Investitionsrechnung nur ansatzweise erfaßt werden.

- Damit reduzieren sich die möglichen Strategien nicht auf die Wahl zwischen sofortiger Investition und endgültiger Ablehnung, sondern bestehen in einer Sequenz von Entscheidungen über die Ausübung der vorhandenen Realoptionen, die von der zukünftigen Entwicklung der relevanten Unsicherheitsfaktoren abhängen. Die

Annahme des passiven Investors wird also durch die Hypothese kontinuierlicher unternehmerischer Reaktionen auf neue Informationen ersetzt.

- Die meisten Realoptionen stehen einer Reihe von Unternehmen offen. Realitätsnahe Modelle müssen daher Wettbewerbseffekte integrieren, die nicht nur den Projektwert, sondern auch das optimale Timing dieser offenen Optionen modifizieren. Die vorzeitige Ausübung offener Optionen ist immer dann optimal, wenn die resultierenden Wettbewerbsvorteile den Optionswert übersteigen, der durch die Ausübung vernichtet wird.

- Eine besonders bestechende Eigenschaft des Realoptionsansatzes besteht darin, daß gleichsam als Nebenprodukt der Projektbewertung die optimale, d.h. wertmaximierende Strategie abgeleitet wird, und zwar in Form äußerst operationaler Aussagen über kritische Schwellen der entscheidenden Parameter, ab denen die Ausübung der Optionen optimal wird. Der Realoptionsansatz bewertet also Handlungsspielräume nicht nur, sondern gibt auch klare Anweisungen zu deren optimalen Management.

Gleichzeitig werden aber auch *Grenzen des Realoptionsansatzes* ersichtlich. Dabei lassen sich theoretische Grenzen sowie konzeptionelle und praktische Probleme der Anwendung unterscheiden.

Theoretische Grenzen einer exakten Realoptionsbewertung ergeben sich aus der „Spanning-Bedingung": Nur wenn die stochastische Komponente des Projektes durch ein Portfolio gehandelter Vermögensgegenstände exakt dupliziert werden kann, ist die Anwendung von Optionsbewertungsmodellen möglich. Allerdings wurde nachgewiesen, daß diese Bedingung keine spezielle Einschränkung des Realoptionsansatzes darstellt, sondern alle Verfahren trifft, die den Marktwert von Investitionen ermitteln wollen.[1]

---

[1]   Dennoch bedeutet diese Anforderung, daß sich der Realoptionsansatz v.a. dort durchsetzen wird, wo der Bezug der Investition zu einem gehandelten Asset besonders groß ist; zu denken ist hier an die Rohstofförderung, aber auch an die Bewertung von Immobilienvorhaben. Erste Hinweise aus der Praxis bestätigen diese Vermutung. So finden sich Anwendungsberichte von Mitarbeitern großer

Zudem ist unter bestimmten Umständen immerhin eine approximative Bewertung bzw. die Ableitung qualitativer Aussagen möglich.

Konzeptionelle Probleme des Realoptionsansatzes ergeben sich aus dem Umstand, daß die Analogie zwischen Finanz- und Realoptionen zwar eng, aber nicht exakt ist. So können *mehrere stochastische Variablen* relevant sein. Im Fallbeispiel der Erdöl-exploration und -produktion könnten z.b. neben der Erdölpreisentwicklung auch die Investitionskosten einem Zufallsprozeß folgen.

Ein weiteres konzeptionelles Problem besteht in den *stochastischen Prozessen*, die den Bewertungsmodellen zugrunde liegen. Finanzoptionsmodelle basieren fast aus-schließlich auf der Geometrischen Brown'schen Bewegung bzw. der multiplikativen Binomialbewegung, was mit den Erkenntnissen der empirischen Kapitalmarktforschung konsistent ist. Für Realoptionen kann die Gültigkeit dieser Prozesse aber nicht ohne weiteres unterstellt, sondern muß im Einzelfall kritisch geprüft werden. So erscheint es plausibel, daß z.B. Unternehmensgründungen eher durch „Jump"- oder „Mixed Diffusion"-Prozesse oder Rohstoffextraktionsprojekte durch „Mean Reversion"-Prozesse modelliert werden müssen, was zu anderen Bewertungen führt.[2] Zudem kann die *Schätzung der Modellparameter*, namentlich der Volatilität, größere Schwierigkeiten bereiten als bei Finanzoptionen, da die Unternehmen oft nicht über historische Daten-reihen verfügen.

Schließlich muß beachtet werden, daß die Schaffung von Realoptionen auch *organisatorische Konsequenzen* nach sich zieht: Es ist nicht selbstverständlich, daß das Management Handlungsspielräume auch im Interesse der Unternehmenseigner aus-genützt werden. Vielmehr birgt der neugewonnene Spielraum die Gefahr opportunistischen Verhaltens in sich, die in der Organisationsforschung unter dem Be-

---

Mineralstoffkonzerne wie z.B. *Texaco* (MacKay, J.A./I. Lerche, (Option, 1995)), *BP* und *Esso* (Mann, D./G. Goobie (Options, 1992). Interessanterweise bestätigt auch das Pharma-Unternehmen *Merck*, Realoptionsmodelle zur Bewertung von FuE-Projekten heranzuziehen. Vgl. Nichols, N.A. (Management, 1994), S. 92.

[2]   Vgl. z.B. Laughton, D.G./H.D. Jacoby (Reversion, 1995); Bjerksund, P./S. Ekern (Claims, 1995); Willner, R. (Valuing, 1995).

griff „*Moral Hazard*" bekannt ist. So könnte z.b. das Management von der eigentlich optimalen Liquidation einer Investition Abstand nehmen, weil mit ihr Prestige oder sonstige immaterielle Vorteile verbunden oder weil es das Eingeständnis eines Fehlers fürchtet. Die Schaffung von Handlungsspielräumen muß daher von der Einrichtung von *Anreiz- und Kontrollmechanismen* begleitet werden, die die optimale Nutzung dieser Spielräume sicherstellen.

Zusätzlich ergeben sich *Probleme der praktischen Anwendung* aus den hohen Anforderungen, die der Realoptionsansatz an den Anwender stellt: Jedes Investitionsproblem erfordert eine *maßgeschneiderte Modellierung*, die seinen spezifischen Charakteristiken gerecht wird. Dies ist nicht nur aufwendig, sondern verlangt sowohl fundierte Kenntnisse der Investitions- und Finanzierungstheorie im allgemeinen und der Optionstheorie im speziellen als auch ein detailliertes Verständnis der juristischen und technischen Rahmenbedingungen des Projektes.[3] Selbst die mathematisch einfacheren und intuitiv einleuchtenderen numerisch-approximativen Ansätze weisen eine deutlich höhere Komplexität auf als die herkömmlichen Methoden.

Aus diesen Schwächen lassen sich *weitere Forschungsanstrengungen* ableiten, die nötig sind, um den Realoptionsansatz zu einem umfassenden Theoriegebäude auszubauen, das den Entscheidungsträgern konkrete Hilfestellungen bei der Bewertung von Investitionsvorhaben bieten kann. Dabei sind v.a. folgende Gebiete zu nennen:

- Die Entwicklung von Modellen für alternative stochastische Prozesse, die der Vielfalt der Basisobjekte von Realoptionen gerecht werden.
- Die weitere Untersuchung von Interaktionen zwischen Optionen sowohl innerhalb eines Projektes als auch zwischen mehreren Projekten
- Die Erarbeitung weitergehender Modelle, um Wettbewerbseffekte angemessen zu berücksichtigen

---

[3]   Dieser Aufwand kann allerdings durch Heuristiken erheblich reduziert werden, die die Konzentration auf die wesentlichen Optionen erlauben (vgl. Abbildung 4-6). Gleichzeitig hat die erforderliche Tiefe der Modellierung den Vorteil, daß das undifferenzierte „Überstülpen" allgemeiner Modelle ohne Beachtung der Besonderheiten des Einzelfalles erheblich erschwert wird.

- Die empirische Prüfung der Modelle, wie sie von *Quigg* pioniert wurde.[4]

- Die praktische Anwendung, um Vorgehen und Wege zur Ermittlung der Bewertungsparameter zu verfeinern. Ein erster Schritt in diese Richtung stellt die Arbeit von
Kemna dar.[5]

- Die Analyse der organisatorischen Konsequenzen von Handlungsspielräumen, insbesondere die Entwicklung von Anreiz- und Kontrollmechanismen, die eine optimale
Ausübung der Handlungsspielräume gewährleisten.

Zusammenfassend bleibt festzuhalten, daß der Realoptionsansatz in vielen Situationen
entweder exakt oder approximativ anwendbar ist, aber einen grundlegenden Gegensatz
zwischen Genauigkeit und Aufwand der Modellierung beinhaltet. Die Entscheidung für
ein bestimmtes Modell ist also immer eine Entscheidung für ein bestimmtes Maß an
Komplexitätsreduktion, und der Anwender wird diese Entscheidung im Einzelfall
individuell treffen müssen. Dies gilt allerdings für alle ökonomischen Modelle, mithin
auch für die Verfahren der herkömmlichen Investitionsrechnung, die eine ganze Reihe
von komplexitätsreduzierenden Annahmen beinhalten.[6] Aus dieser Perspektive ist es
eine grundlegende These der vorliegenden Arbeit, daß die herkömmlichen Verfahren
einen zu hohen Grad der Komplexitätsreduktion beinhalten.[7] Um den bekannten Satz
von *Albert Einstein* zu zitieren: „Man soll Dinge so einfach machen wie möglich, aber
nicht einfacher."

5.2 DER BEITRAG DES REALOPTIONSANSATZES ZUR INTEGRATION VON INVESTITIONSRECHNUNG UND STRATEGISCHER PERSPEKTIVE

Neben seinen Konsequenzen für Projektbewertung und optimale Investitionsstrategie
lassen sich aus dem Realoptionsansatz wichtige Schlußfolgerungen über das Verhältnis
zwischen Investitionsrechnung und strategischen Überlegungen ableiten. In Wissenschaft und Praxis wurden immer wieder gravierende Gegensätze zwischen den beiden

---

[4] Quigg, L. (Testing, 1993)
[5] Kemna, A. (Studies, 1993)
[6] Vgl. Ballwieser, W. (Unternehmensbewertung, 1993)
[7] Vgl. auch *Lehman*, der meint: „"Any company making substantial investments over long horizons in the face of multiple uncertainties has essentially the same problems. These are not simple problems and cannot be analyzed with simple tools." Nichols, N.A. (Management, 1994), S. 97.

Richtungen konstatiert. Dabei werden v.a. zwei Ausprägungen dieses Konfliktes identifiziert:

- Quantitative Ansätze könnten den strategischen Wert vieler Investitionen nicht erfassen. Sie stellten daher (im schlechten Sinn) theoretische Ansätze dar, die durch das unternehmerische Gespür des Managements ergänzt und teilweise sogar ersetzt werden müßten. In der Praxis findet sich daher oft ein Gegensatz zwischen „visionären Strategen", die auf der strategische Bedeutung des Vorhabens verweisen, und „zahlenorientierten Investitionsrechnern", die auf dem negativen Ergebnis ihrer Bewertungsmodelle bestehen.[8]

- Die Betonung quantitativer Kriterien, allen voran des (passiven) Kapitalwertes, fördere kurzfristige Perspektiven des Managements, führe deshalb zu einer Vernachlässigung strategisch bedeutsamer Investitionen in die Ressourcenbasis des Unternehmens und gefährde so das langfristige Überleben des Unternehmens. V.a. US-amerikanische Autoren machten die Investitionsrechnung für die (angeblich) geringere Wettbewerbsfähigkeit ihres Landes verantwortlich.[9]

Dieser Konflikt wird mit einer gewissen Resignation weitgehend als normaler Aspekt realer Entscheidungsfindungen akzeptiert. Angesichts der Tatsache, daß die quantitative Investitionsrechnung und die qualitativen strategischen Überlegungen dasselbe Ziel verfolgen - die optimale Allokation der knappen Unternehmensressourcen -, muß diese Sichtweise hinterfragt werden. Der Realoptionsansatz ist ein erster Schritt in diese Richtung, indem er einen Beitrag zur Integration von strategischen Überlegungen und Investitionsrechnung leistet.

So zeigt *Myers* eine wesentliche Ursache des Konfliktes zwischen quantitativen und qualitativen Ansätzen auf: Die Investitionsrechnung kann *zeitlich-vertikale Interdependenzen* zwischen den Investitionen von heute und den Chancen von morgen nicht

---

[8] Myers, S.C. (Finance, 1987), S. 8 f.
[9] Vgl. z.B. Hayes, R./W.J. Abernathy (Managing, 1980); Hayes, R./D. Garvin (Tomorrow, 1982)

gebührend erfassen.[10] Da diese Interdependenzen aber gerade die strategische Bedeutung vieler Vorhaben ausmachen, bildet die Investitionsrechnung deren strategischen Wert nicht ab.[11] Die Entscheidungsträger in der Praxis reagieren auf diese Schwäche, indem sie Projekte selbst bei negativem Kapitalwert realisieren und damit auf Konfrontationskurs zu den quantitativen Modellen gehen.

Hier hilft der Realoptionsansatz, indem er diese zeitlich-vertikale Interdependenzen als *Wachstumsoptionen* interpretiert und einer quantitativen Bewertung zugänglich macht. Dadurch verkleinert er nicht nur die Lücke zwischen strategischer Planung und Investitionsrechnung, sondern unterzieht auch das qualitative Gespür der Entscheidungsträger einer quantitativen Prüfung.

Der Realoptionsansatz wirft auch neues Licht auf das zweite Problem - die Unterbewertung von Investitionen in die langfristige Wettbewerbsfähigkeit durch die gängige Investitionsrechnung: Investitionen in kritische Ressourcen haben oft nur geringe *direkte* positive Cash-Flow-Konsequenzen, eröffnen aber wichtige Optionen und entscheiden damit über die langfristige Wettbewerbsfähigkeit des Unternehmens. Die gängigen, auf Cash-Flow-Prognosen basierenden Investitionsrechenverfahren erfassen diese Optionen nicht und führen dementsprechend zu einer Unterbewertung solcher Investitionen.

Dieser Schwachpunkt kann behoben werden, indem Investitionen in die Ressourcenbasis des Unternehmens als *Plattform für die Schaffung und Ausübung von Realoptionen* interpretiert werden.[12] Beispiele hierfür sind die Entwicklung von Schlüsseltechnologien, die eine Reihe von Anwendungen in verschiedensten Märkten ermög-

---

[10] Zudem führt er aus, daß falsche Anwendungen der quantitativen Modelle durch die Praxis sowie unterschiedliche Sprachspiele den Gegensatz unnötig vergrößert haben, ein Teil des Konfliktes also nur scheinbarer Natur ist. Der Fokus der strategischen Konzepte auf dauerhafte Wettbewerbsvorteile ist inhaltlich äquivalent mit der Konzentration der Investitionsrechnung auf positive Kapitalwerte, die sich ja gerade aus durch Wettbewerbsvorteile verursachten Marktineffizienzen ergeben. Beide Richtungen suchen also nach überlegenen Kosten- und Differenzierungspositionen des Unternehmens, formulieren diese aber unterschiedlich. "... a positive NPV must be explained by a short-run deviation from equilibrium or by some permanent competitive advantage". Myers, S.C. (Finance, 1987), S. 9.

[11] Myers, S.C. (Finance, 1987), S. 11.

[12] Vgl. hierzu Baldwin, C.Y./K.B. Clark (Capabilities, 1992); Kogut, B./N. Kulatilaka (Options, 1994).

lichen - die Entwicklung der Mikroelektronik oder der Biotechnologie bieten hier gute Beispiele -, oder die erste Investition in einen neuen Absatzmarkt, die typischerweise einen negativen Kapitalwert aufweist, aber kritische Ressourcen wie Image, Markentreue, Vertriebskanäle usw. aufbaut, die für Folgeinvestitionen genutzt werden können.

Der Realoptionsansatz konkretisiert also den inhaltslosen Begriff der „strategischen Bedeutung" solcher Plattforminvestitionen, indem er die Aufmerksamkeit auf die geschaffenen Realoptionen lenkt. Gleichzeitig kann er wenigstens andeutungsweise den Wert solcher Plattformen greifbar machen, indem er Hinweise zur Bewertung ihrer direkten Folgen - der eröffneten Realoptionen - bereithält. Schließlich zwingt er die „visionären Denker", den Nutzen ihrer Vorschläge für das Unternehmen konsequenter zu durchdenken und offenzulegen.[13]

In letzter Konsequenz zu Ende gedacht, ergibt sich aus dem Realoptionsansatz die *Notwendigkeit des systematischen Aufbaus und Managements des Realoptionsportfolios* als zentraler Inhalt der unternehmerischen Tätigkeit. Er sieht die Aufgabe der Entscheidungsträger darin, systematisch wertvolle Realoptionen zu identifizieren, ein Portfolio von Realoptionen aufzubauen und dieses Portfolio optimal zu managen (d.h. optimale Ausübungsstrategien zu konzipieren und zu realisieren).[14] Dabei muß das Portfoliomanagement laufend auf neue Entwicklungen (z.B. auf Änderungen des Wettbewerbsumfeldes oder neue Markttendenzen) durch Anpassungen der Investitionsstrategien, Schaffung neuer Investitionschancen und Abbau unattraktiver Optionen reagieren.

---

[13]   Realoptionsmodelle leisten damit einen wichtigen Beitrag zur Integration der Investitionsrechnung und des „Resource-based Views" der strategischen Unternehmensführung und können so die Gefahr der Vernachlässigung von Schlüsselinvestitionen verringern. Gleichzeitig wird deutlich, daß sich strategische Überlegungen und Investitionsrechnung nicht widersprechen, sondern gegenseitig befruchten: Während quantitative Modelle dazu zwingen, allgemeine Aussagen zu strategischen Vorteilen zu konkretisieren und damit eine gewisse Disziplinierungsfunktion erfüllen, verbessern strategische Überlegungen die ökonomische Intuition der Investitionsrechenmodelle und beugen so einer Mechanisierung von Investitionsentscheidungen vor.

[14]   Vgl. zu dieser Idee z.B. Copeland, T./J. Weiner (Management, 1990)

Dieses Vorgehen könnte z.B. in der Durchführung einer Reihe von *„Brückenkopf"*-Investitionen resultieren, die dann je nach Entwicklung der relevanten Parameter ausgebaut oder abgestoßen werden. Ein gutes Beispiel bieten aus den USA bekannte Vereinbarungen zwischen großen Pharmaunternehmen und innovativen Unternehmensgründungen der Biotechnologie-Branche[15]: Die Pharmaunternehmen finanzieren die Forschungsvorhaben der Newcomer nur in kleinen Tranchen und behalten sich das Recht vor, die Finanzierung zu einem beliebigen Zeitpunkt abzubrechen, wenn sie mit den Forschungsergebnissen nicht zufrieden sind. Sie bilden so ein Portfolio von Wachstums- und Abbruchsoptionen, das zum einen sicherstellt, daß sie nicht den Anschluß an entscheidende Entwicklungen verlieren - ein kritischer Erfolgsfaktor in der Pharmaindustrie[16] -, zum anderen aber aufgrund der vergleichsweise geringen Investitionssumme und der Abbruchsmöglichkeit Schutz vor dem enormen Risiko von Fehlschlägen bietet.[17] Auf diese Weise nützten die Unternehmen Chancen, minimieren aber die Gefahr von Fehlentwicklungen - eine elegante Lösung des in Kapitel 2 angesprochenen Dilemmas der erforderlichen Festlegung bei unsicherer Umwelt.

Der Realoptionsansatz versteht Unternehmensstrategie also als den systematischen und fortlaufenden Prozeß der Identifikation, Bewertung und Management von Real optionen.[18] Unternehmen, die diese Perspektive aufgreifen und quantitative Realoptionsmodelle zur Unterstützung dieses Prozesses einsetzen, können bisher vernachlässigte Wertpotentiale ausschöpfen und bauen damit nachhaltige Wettbewerbsvorteil gegenüber jenen Konkurrenten auf, die an den herkömmlichen Verfahren festhalten. Diese unterschiedliche Qualität der Ressourcenallokation wird über den langfristigen Erfolg der Unternehmen entscheiden.

---

[15] Vgl. Nichols, N.A. (Management, 1994), S. 92.

[16] "Success in our industry demands a steady flow of new and innovative medicines, yet research is an increasigly costly and time-consuming proposition. That ... is the paradox of the pharmaceutical business: the route to success is to put *more* money at risk, not less." Nichols, N.A. (Management, 1994), S. 90.

[17] Nach Erfahrungswerten der Pharmaindustrie führt nur eine von 10.000 untersuchten Verbindungen tatsächlich zu der Entwicklung eines Medikamentes. Zudem dauert diese Entwicklung im Durchschnitt 10 Jahre und kostet 360 Mio. USD. Vgl. Nichols, N.A. (Management, 1994), S. 89 und S. 91.

[18] In den Worten der CFO des US-Pharmariesen Merck & Company, *Judy Lewent:* „ ... all kinds of business decisions are options." Nichols, N.A. (Management, 1994), S. 90 f.

LITERATURVERZEICHNIS

Aaker, D.A./B. Mascarenhas (Flexibility, 1984): The Need for Strategic Flexibility, in: Journal of Business Strategy, 4. Jahrgang, Nr. 3, 1984, S. 74-82

Adam, D. (Investitionsrechnung, 1995): Investitionsrechnung bei Unsicherheit, Methoden, in: Handwörterbuch des Bank- und Finanzwesens, hrsgg. von W. Gerke/M. Steiner, 2. Aufl., Stuttgart 1995, Sp. 1002-1011

Adam, D. (Strukturmerkmale, 1995): Investitionsrechnung bei Unsicherheit, Struktur-merkmale des Entscheidungsproblems, in: Handwörterbuch des Bank- und Finanz-wesens, hrsgg. von W. Gerke/M. Steiner, 2. Aufl., Stuttgart 1995, Sp. 1011-1022

Aggarwal, R. (Justifying, 1991): Justifying Investments in Flexible Manufacturing Technology, in: Managerial Finance, 17. Jahrgang, Nr. 2/3, 1991, S. 77-88

Akerlof, G.A. (Lemons, 1970): The Market for 'Lemons': Qualitative Uncertainty and the Market Mechanism, in: Quarterly Journal of Economics, 84. Jahrgang, Nr. 4, 1970, S. 488-500

Altrogge, G. (Investition, 1994): Investition, 3. Aufl., München/Wien 1994

Ansoff, H.I. (Managing, 1976): Managing Surprise and Discontinuity - Strategic Response to Weak Signals. Die Bewältigung von Überraschungen - Strategische Reaktionen auf schwache Signale, in: Zeitschrift für betriebswirtschaftliche Forschung, 28. Jahrgang, Nr. 6, 1976, S. 129-152

Arrow, K.J. (Capital Policy, 1964): Optimal Capital Policy, the Cost of Capital, and Myopic Decision Rules, in: Annals of the Institute of Statistics and Mathematics, Jahr-gang 16, Nr. 2, 1964

Arrow, K.J. (Irreversible Investment, 1968): Optimal Capital Policy with Irreversible Investment, in: Value, Capital, and Growth, hrsgg. von J.N. Wolfe, Edinburgh 1968

Arrow, K.J. (Economics, 1985): Frontiers of Economics, Oxford u.a., 1985

Ashby, W.R. (Cybernetics, 1961): An Introduction to Cybernetics, 4. Aufl., London 1961

Baldwin, C./K. Clark (Modularity, 1993): Modularity and Real Options, Working Paper, Harvard Business School, Boston 1993

Baldwin, C.Y./K.B. Clark (Capabilities, 1992): Capabilities and Capital Investment: New Perspectives on Capital Budgeting, in: Journal of Applied Corporate Finance, 5. Jahrgang, Nr. 2, S. 67-87

Ballwieser, W. (Unternehmensbewertung, 1993): Unternehmensbewertung und Komplexitätsreduktion, 4. Auflage, Stuttgart 1993

Bamberg, G./A.G. Coenenberg (Entscheidungslehre, 1994): Betriebswirtschaftliche Entscheidungslehre, 8. Aufl., München 1994

Barney, J.B. (Strategic, 1986): Strategic Factor Markets: Expectations, Luck, and Business Strategy, in: Management Science, 33. Jahrgang, Nr. 11, 1986, S. 1231-1241

Barone-Adesi, G./R.E. Whaley (Approximation, 1986): Efficient Analytic Approximation of American Option Values, in: Journal of Finance, 42. Jahrgang, Nr. 2, S. 301-320

Bernanke, B.S. (Irreversibility, 1983): Irreversibility, Uncertainty, and Cyclical Investment, in: Quarterly Journal of Economics, 97. Jahrgang, Nr. 1, 1983, S. 85-106

Bernstein, P.L. (Ideas, 1992): Capital Ideas - The Improbable Origins of Modern Wall Street, New York u.a., 1992

Bierich, M./J. Funk (Investitionsentscheidungen, 1995, S. 950): Investitionsentscheidungen in der Praxis, in: Handwörterbuch des Bank- und Finanzwesens, hrsgg. von W. Gerke/M. Steiner, 2. Aufl., Stuttgart 1995, Sp. 949-957

Bimberg, L. H. (Renditeberechnung, 1991): Langfristige Renditenberechnung zur Ermittlung von Risikoprämien, Frankfurt a.M. u.a., 1991

Bjerksund, P./S. Ekern (Claims, 1995): Contingent Claims Evaluation of Mean-Reverting Cash Flows in Shipping, in: Real Options in Capital Investment - Models, Strategies, and Applications, hrsgg. von L. Trigeorgis, Westport/London, 1995, S. 207-220

Bjerkssund, P./E. Steinar (Managing, 1990): Managing Investment Opportunities Under Price Uncertainty: From „Last Chance" to „Wait and See" Strategies, in: Financial Management, 19. Jahrgang, Nr. 3, 1990, S. 65-83

Black, F. (Facts, 1975): Facts and Fantasy in the Use of Options, in: Financial Analyst Journal, Jahrgang 31, Nr. 4, 1975, S. 36-41 und 61-72

Black, F./M. Scholes (Pricing, 1973): The Pricing of Options and Corporate Liabilities, in: Journal of Political Economy, 81. Jahrgang, May-June 1973, S. 637-659

Blohm, H./K. Lüder (Investition, 1995): Investition - Schwachstellenanalyse des Investitionsbereichs und Investitionsrechnung, 8. Aufl., München 1995

Brealey, R.A./S.C. Myers (Finance, 1991): Principles of Corporate Finance, 4. Aufl., New York u.a., 1991

Brennan, M.J./E.S. Schwartz (Methods, 1978): Finite Difference Methods and Jump Processes Arising in the Pricing of Contingent Claims: A Synthesis, in: Journal of Financial and Quantitative Analysis, 13. Jahrgang, Nr. 3, 1978, S. 461-474

Brennan, M.J./E.S. Schwartz (Resource, 1985): Evaluating Natural Resource Investments, in: Journal of Business, 58. Jahrgang, Nr. 2, 1985, S. 135-157

Brennan, M.J./E.S. Schwartz (Approach, 1987): A New Approach to Evaluating Natural Resource Investments, in: Midland Corporate Finance Journal, 3. Jahrgang, Nr. 1, 1987, S. 37-47

Brenner, M. (Option, 1983): Option Pricing, Lexington 1983

Burns, T./G.M. Stalker (Management, 1961) The Management of Innovation, London, 1961

Carpenter, G.S./K. Nakomoto (Consumer, 1989): Consumer Preference Formation and Pioneering Advantage, in: Journal of Marketing Research, 26. Jahrgang, August 1989, S. 285-298

Carr, P. (American, 1995): The Valuation of American Exchange Options with Application to Real Options, in: Real Options in Capital Investment - Models, Strategies, and Applications, hrsgg. von L. Trigeorgis, Westport/London, 1995, S. 109-120

Carr, P. (Sequential, 1988): The Valuation of Sequential Exchange Opportunities, in: Journal of Finance, 43. Jahrgang, Nr. 5, 1988, S. 1235-1256

Clancy, K.J./R.S. Shulman (Revolution, 1991): The Marketing Revolution: A Radical Manifesto for Dominating the Marketplace, New York, 1991

Cohen, W.M./D. Levinthal (Capacity, 1990): Absorptive Capacity: A New Perspective on Learning and Innovation, in: Administrative Science Quarterly, 35. Jahrgang, March 1990, S. 128-152

Collis, D.J./C.A. Montgomery (Strategy, 1996): Corporate Strategy - Resources and the Scope of the Firm, Chicago u.a., 1996

Cooper, R.G./E.J. Kleinschmidt (Products, 1990): New Products: Key Factors in Success, Chicago 1990

Copeland, T. et al. (Unternehmenswert, 1993): Unternehmenswert - Methoden und Strategien für eine wertorientierte Unternehmensführung, Frankfurt/New York, 1993

Copeland, T. et al. (Valuation, 1996): Valuation - Measuring and Managing the Value of Companies, 2. Aufl., New York u.a., 1996

Copeland, T./J. Weiner (Management, 1990): Proactive Management of Uncertainty, in: McKinsey Quarterly, Nr. 4, 1990, S. 133-152

Cox, D.R./H.D. Miller (Theory, 1965): The Theory of Stochastic Processes, London 1965

Cox, J. et al. (Pricing, 1979): Option Pricing: A Simplified Approach, in: Journal of Financial Economics, 7. Jahrgang, Nr. 3, 1979, S. 229-263

Cox, J. et al. (Model, 1985): An Intertemporal General Equilibrium Model of Asset Prices, in: Econometrica, 53. Jahrgang, March 1985, S. 363-384

Cox, J./S.A. Ross (Valuation, 1976): The Valuation of Options for Alternative Stochastic Processes, in: Journal of Financial Economics, 3. Jahrgang, Nr. 1/2, S. 145-166

Cox, J.C./M. Rubinstein (Options, 1985): Options Markets, Englewood Cliffs, 1985

Cukierman, A. (Effects, 1980): The Effects of Uncertainty on Investment under Risk Neutrality with Endogenous Information, in: Journal of Political Economy, 88. Jahrgang, Nr. 7, 1980, S. 462-475

Davidson, J.H. (Consumer brands, 1976): Why Most New Consumer Brands Fail, in: Harvard Business Review, 54. Jahrgang, March-April 1976, S. 117-122

Dertouzos, M.L. et al. (America, 1990): Made in America, New York, 1990

Dixit, A.K. (Investment, 1992): Investment and Hysteresis, in: Journal of Economic Perspectives, 6. Jahrgang, Winter 1992, S. 107-132

Dixit, A.K./B. J. Nalebuff (Thinking, 1991): Thinking Strategically - The Competitive Edge in Business, Politics, and Everyday Life, New York/London 1991

Dixit, A.K./R.S. Pindyck (Investment, 1994): Investment under Uncertainty, Princeton 1994

Dixit, A.K./R.S. Pindyck (Approach, 1995): The Options Approach to Capital Investment, in: Harvard Business Review, 73. Jahrgang, May-June 1995, S. 105-115

Drucker, P. (Zukunft, 1969) Die Zukunft bewältigen: Aufgaben und Chancen im Zeitalter der Ungewißheit, Düsseldorf u.a., 1969

Dubofsky, D.A. (Options, 1992): Options and Financial Futures - Valuation and Uses, New York u.a., 1992

Duffie, D. (Markets, 1988): Security Markets - Stochastic Models, Boston u.a., 1988

Dyl, E.A./H.W. Long (Abandonment, 1969): Abandonment Value and Capital Budgeting: Comment, in: Journal of Finance, 24. Jahrgang, Nr. 3, 1969, S. 88-95

Ehrhardt, Michael C. (Value, 1994): The Search for Value: Measuring the Company's Cost of Capital, Boston 1994

Eilenberger, G. (Finanzierungsentscheidungen, 1987): Finanzierungsentscheidungen multinationaler Unternehmungen, 2. Aufl., Heidelberg 1987

Eilenberger, G. (Währungsmanagement, 1990): Währungsrisiken, Währungsmanagement und Devisenkurssicherung, 2. Aufl., Frankfurt a.M., 1990

Eilenberger, G. (Finanzwirtschaft, 1994): Betriebliche Finanzwirtschaft, 5. Auflage, München/Wien 1994

Eilenberger, G. (Finanzinnovationen, 1996): Lexikon der Finanzinnovationen, 3. Aufl., München/Wien 1996

Emery, D.R. et al. (Investigation, 1978): An Investigation of Real Investment Decision Making with the Options Pricing Model, in: Journal of Business, Finance & Accounting, 5. Jahrgang, Nr. 4, 1978, S. 363-369

Epping, D.J. (Flexibility, 1978): Planning for Strategic Flexibility, in: Long Range Planning, 18. Jahrgang, Nr. 7, 1978, S. 8-25

Fama, E.F./K.R. French (Commodity, 1987): Commodity Futures Prices: Some Evidence on Forecast Power, Premiums, and the Theory of Storage, in: Journal of Business, Jahrgang 60, Nr. 1, 1987, S. 55-73

Fudenberg, D./J. Tirole (Theory, 1993): Game Theory, 3. Aufl., Cambridge 1993

Galbraith, J.K. (Industriegesellschaft, 1968) Die moderne Industriegesellschaft, München 1968

Garb, F.A. (Risk, 1988): Assessing Risk in Estimating Hydrocarbon Reserves and in Evaluating Hydrocarbon-Producing Properties, JPT, 1988

Garman, M. (Theory, 1976): A General Theory of Asset Valuation under Diffusion State Processes, Working Paper, Universitiy of California at Berkeley, Berkeley 1976

Geske, R. (Comments, 1981): Comments on Whaley's Note, in: Journal of Financial Economics, 9. Jahrgang, Nr. 2, 1981, S. 213-216

Geske, R. (Compound, 1979): The Valuation of Compound Options, in: Journal of Financial Economics, 7. Jahrgang, Nr. 1, 1979, S. 63-82

Geske, R. (Note, 1979): A Note on an Analytical Valuation Formula for Unprotected American Call Options on Stocks with Known Dividends, in: Journal of Financial Economics, 7. Jahrgang, Nr. 4, 1979, S. 375-380

Geske, R. (Valuation, 1977): The Valuation of Corporate Liabilities as Compound Options, in: Journal of Financial and Quantitative Analysis, 12. Jahrgang, Nr. 4, 1977, S. 541-552

Geske, R./H.E. Johnson (Put, 1984): The American Put Option Valued Analytically, in: Journal of Finance, 39. Jahrgang, Nr. 5, 1984, S. 1511-1524

Ghemawat, P. (Commitment, 1991): Commitment - the Dynamic of Strategy, New York u.a., 1991

Gibbons, R. (Theory, 1992): Game Theory for Applied Economists, Princeton 1992

Golder, P.N./G.J. Tellis (Pioneer, 1992): Pioneer Advantage: Marketing Logic or Marketing Legend ?, in: Journal of Marketing Research, 29. Jahrgang, May 1992, S. 34-46

Gross, E. (Ölförderung, 1993): Technik der Ölförderung, in: Erdöl und Erdgas in Österreich, hrsgg. von F. Brix/O. Schultz, 2. Aufl., Wien 1993, S. 170-182

Grün, W. (Horizontalbohrtechnik, 1993): Horizontalbohrtechnik, in: Erdöl und Erdgas in Österreich, hrsgg. von F. Brix/O. Schultz, 2. Aufl., Wien 1993, S. 189-190

Günther, T. (Finanzplanung, 1995): Methoden der simultanen Finanzplanung, in: Handwörterbuch des Bank- und Finanzwesens, hrsgg. von W. Gerke/M. Steiner, 2. Aufl., Stuttgart 1995, Sp. 957-967

Hammer, R.M. (Planung, 1992): Strategische Planung und Frühaufklärung, 2. Aufl., München u.a., 1992

Hauck, W. (Optionspreise, 1991): Optionspreise - Märkte, Preisfaktoren, Kennzahlen, Wiesbaden, 1991

Hax, H./H. Laux (Planung, 1972): Flexible Planung - Verfahrensregeln und Entscheidungsmodelle für Planung bei Ungewißheit, in: Zeitschrift für betriebswirtschaftliche Forschung, 24. Jahrgang, Nr. 3, S. 318-335

Hayes, R./D. Garvin (Tomorrow, 1982) Managing as if Tomorrow mattered, in: Harvard Business Review, 60. Jahrgang, May-June 1982, S. 71-79

Hayes, R.H./W.J. Abernathy (Managing, 1980) Managing Our Way to Economic Decline, in: Harvard Business Review, 58. Jahrgang, July-August 1980, S. 67-77

He, H./R.S. Pindyck (Investments, 1992): Investments in Flexible Production Capacity, Working Paper, Center for Energy Policy Research, Massachusetts Institute of Technology, 1992

Hertz, D.B. (Risk, 1964): Risk Analysis in Capital Investment, in: Harvard Business Review, 42. Jahrgang, January-February 1964, S. 95-106

Hiraki, T. (Governance, 1995): Corporate Governance, Long-Term Investment Orientation, and Real Options in Japan, in: Real Options in Capital Investment - Models, Strategies, and Applications, hrsgg. von L. Trigeorgis, Westport/London, 1995, S. 151-162

Horváth, P./R. Mayer (Flexibilität, 1986): Produktionswirtschaftliche Flexibilität, in: Wirtschaftswissenschaftliches Studium, 15. Jahrgang, Nr. 1, S. 69-76

Horvath, S. (Bohrlochmessungen, 1993): Geophysikalische Bohrlochmessungen, in: Erdöl und Erdgas in Österreich, hrsgg. von F. Brix/O. Schultz, 2. Aufl., Wien 1993, S. 136-144

Hull, J.C. (Introduction, 1995): Introduction to Futures and Options Markets, 2. Aufl., Englewood Cliffs 1995

Hull, J.C. (Options, 1997): Options, Futures, and Other Derivatives, 3. Aufl., London u.a., 1997

Hull, J.C./A. White (Overview, 1988): An Overview of Contingent Claims Pricing, in: Canadian Journal of Administrative Sciences, 12. Jahrgang, September 1988, S. 55-61

Ibbotson Associates (Stocks, 1989): Stocks, Bonds, Bills, and Inflation: 1989 Yearbook - Market Results from 1926-1988, Chicago 1989

Ingersoll, J./S. Ross (Waiting, 1992): Waiting to Invest: Investment and Uncertainty, in: Journal of Business, 65. Jahrgang, Nr. 1, 1992, S. 1-29

Jacob, H. (Problem, 1967): Das Problem der Unsicherheit bei Investitions-entscheidungen, in: Zeitschrift für Betriebswirtschaft, 37. Jahrgang, Nr. 3, 1967, S. 153-172

Jacob, H. (Flexibilitätsüberlegungen, 1967): Flexibilitätsüberlegungen in der Investitionsrechnung, in: Zeitschrift für Betriebswirtschaft, 37. Jahrgang, Nr. 1, 1967, S. 1-34

Jacob, H. (Unsicherheit, 1974): Unsicherheit und Flexibilität, Teil I , Zeitschrift für Betriebswirtschaft, 44. Jahrgang, Nr. 5, 1967, S. 299- 326

Jacob, H. (Flexibilität, 1990): Flexibilität und ihre Bedeutung für die Betriebspolitik, in: Integration und Flexibilität, hrsgg. von D. Adam et al., Wiesbaden 1990, S. 15-60

Jarrow, R.A./A.Rudd (Option, 1983): Option Pricing, Homewood 1983

Johnson, H.E. (Approximation, 1983): An Analytic Approximation for the American Put Price, in: Journal of Financial and Quantitative Analysis, 18. Jahrgang, Nr. 1, 1983, S. 141-148

Johnson, H.E. (Maximum, 1987): Options on the Maximum or the Minimum of Several Assets, in: Journal of Financial and Quantitative Analysis, 22. Jahrgang, Nr. 3, 1987, S. 277-284

Kaluza, B. (Flexibilität, 1993): Flexibilität, betriebliche, in: Handwörterbuch der Betriebswirtschaftslehre, hrsgg. von W. Wittmann et al., 5. Aufl., Stuttgart, 1993, Sp. 1173-1184

Kamrad, B./R. Ernst (Manufacturing, 1995): Multiproduct Manufacturing with Stochastic Input Prices and Output Yield Uncertainty, in: Real Options in Capital Investment - Models, Strategies, and Applications, hrsgg. von L. Trigeorgis, Westport/London, 1995, S. 281-302

Karlin, S./H.M.Taylor (Stochastic Processes, 1975): A First Course in Stochastic Processes, 2. Aufl., New York 1975

Karlin, S./H.M.Taylor (Stochastic Processes, 1981): A Second Course in Stochastic Processes, New York 1981

Kasanen, E./L. Trigeorgis (Market, 1993): A Market Utility Approach to Investment Valuation, in: European Journal of Operational Research, 74. Jahrgang, Nr. 2, S. 294-309

Kemna, A. (Studies, 1993): Case Studies on Real Options, in: Financial Management, 22. Jahrgang, Nr. 3, S. 259-270

Kensinger, J.W. (Value, 1987): Adding the Value of Active Management into the Capital Budgeting Equation, in: Midland Corporate Finance Journal, 5. Jahrgang, Nr. 1, 1987, S. 31-42

Kester, W.C. (Options, 1984): Today's Options for Tomorrow's Growth, in: Harvard Business Review, 62. Jahrgang, Nr. 2, S. 153-160

Kester, W.C. (Growth, 1993): Turning Growth Options into Real Assets, in: Capital Budgeting under Uncertainty, hrsgg. von R. Aggarwal, Upper Saddle River, 1993

Kogut, B. (Ventures, 1991): Joint Ventures and the Option to Expand and Acquire, in: Management Science, 37. Jahrgang, Nr. 1, 1991, S. 19-33

Kogut, B./N. Kulatilaka (Options, 1994): Options Thinking and Platform Investments: Investing in Opportunity, in: California Management Review, 37. Jahrgang, Winter 1994, S. 52-71

Kotler, P./F. Bliemel (Marketing, 1995): Marketing-Management - Analyse, Planung, Umsetzung und Steuerung, 8. Aufl., Stuttgart 1995

Kruschwitz, L. (Investitionsrechnung, 1995): Investitionsrechnung, Berlin u.a., 6. Aufl., 1995

Kulatilaka, N. (Flexibility, 1988): Valuing the Flexibility of Flexible Manufacturing Systems, in: IEEE Transactions On Engineering Management, 35. Jahrgang, Nr. 4, 1988, S. 250-257

Kulatilaka, N. (Flexibility, 1993): The Value of Flexibility: The Case of a Dual-Fuel Industrial Steam Boiler, in: Financial Management, 22. Jahrgang, Nr. 3, 1993, S. 271-279

Kulatilaka, N./L. Trigeorgis (General, 1994): The General Flexibility to Switch: Real Options Revisited, in: International Journal of Finance, 6. Jahrgang, Nr. 2, 1994, S. 778-798

Kwan, J.T. (Risk, 1996): Risk Analysis, Vorlesungsunterlage, Montanuniversität Leoben, Leoben 1996

Laughton, D.G./H.D. Jacoby (Reversion, 1995): The Effects of Reversion on Commodity Projects of Different Length, in: Real Options in Capital Investment - Models, Strategies, and Applications, hrsgg. von L. Trigeorgis, Westport/London, 1995, S. 185-206

Lawrence, P.R./J.W. Lorsch (Differentiation, 1967): Differentiation and Integration in Complex Organizations, in: Administrative Science Quarterly, 12. Jahrgang, Nr. 1, 1967, S. 1-47

Lehman, J. (Oilfield, 1989): Valuing Oilfield Investments Using Option Pricing Theory, in: Proceedings of the Society of Petroleum Engineers SPE 18923, 1989

Lieberman, M.B./D.B. Montgomery (Advantages, 1988): First-Mover Advantages, in: Strategic Management Journal, 9. Jahrgang Nr. 9, 1988, S. 41-58

Lintner, J. (Valuation, 1965): The Valuation of Risky Assets and the Selection of Risky Investments in Stock Portfolios and Capital Budgets, in: Review of Economics and Statistics, 8. Jahrgang, February 1965, S. 85-103

Lohrbach, M. (Einführung, 1986): Einführung in die Erdöl- und Erdgasgewinnung, Vorlesungsunterlage, Montanuniversität Leoben, Leoben 1986

Lüder, K. (Investitionsplanung, 1995): Investitionsplanung und Kontrolle, in: Handwörterbuch des Bank- und Finanzwesens, hrsgg. von W. Gerke/M. Steiner, 2. Aufl., Stuttgart 1995, Sp. 968-977

Lund, D. (Models, 1989): Stochastic Models and Option Values: An Introduction, in: Stochastic Models and Option Values, hrsgg. von D. Lund/B. Øksendal, Amsterdam u.a., 1989, S. 3-18

MacKay, J.A./I. Lerche, (Option, 1995): What an Option is Worth for an Exploration Opportunity, in: Oil & Gas Journal, 12. Jahrgang, December 1995

Madique, M.A./B.J. Zirger (Study, 1984): A Study of Success and Failure in Product Innovation: The Case of the U.S. Electronics Industry, in: IEEE Transactions on Engineering Management, November 1984, S. 192-203

Magee, J. (Decision, 1964): How to Use Decision Trees in Capital Investment, in: Harvard Business Review, 42. Jahrgang, September-October 1964, S. 79-96

Mahajan, A. (Expropriation, 1990): Pricing Expropriation Risk, in: Financial Management, 19. Jahrgang, Nr. 6, 1990, S. 77-86

Mann, D. et al. (Options, 1992): Options Theory and Strategic Investment Decisions, in: The Journal of Canadian Petroleum Technology, 12. Jahrgang, May 1992, S. 12-15

Mansfield, E. (R&D, 1981): How Economists see R&D, in: Harvard Business Review, 59. Jahrgang, November-December 1981, S. 98-106

Margrabe, W. (Exchange, 1978): The Value of an Option to Exchange one Asset for Another, in: Journal of Finance, 33. Jahrgang, Nr. 1, S. 177-186

Markland, J.T.: Options Theory - A New Way Forward for Exploration and Engineering Economics ?, SPE 24232

Marr, R. (Umwelt, 1989): Betrieb und Umwelt, in: Vahlens Kompendium der Betriebswirtschaftslehre, hrsgg. von M. Bitz et al., 3. Aufl., München 1993, S. 47-114

McCann, J.E./J. Selsky (Hyperturbulence, 1984): Hyperturbulence and the Emergence of Type 5 Environments, in: Academy of Management Review, 9. Jahrgang, Nr. 3, 1984, S. 460-470

McDonald, R.L./D.R. Siegel (Pricing, 1984): Option Pricing When the Underlying Asset Earns a Below-Equilibrium Rate of Return: A Note, in: Journal of Finance, 39. Jahrgang, Nr. 1, 1984, S. 261-265

McDonald, R./D. Siegel (Investment, 1985): Investment and the Valuation of Firms When There Is an Option to Shut Down, in: International Economic Review, 26. Jahrgang, Nr. 2, 1985, S. 331-349

McDonald, R./D. Siegel (Waiting, 1986): The Value of Waiting to Invest, in: Quarterly Journal of Economics, 101. Jahrgang, Nr. 4, 1986, S. 707-727

Meffert, H. (Flexibilität, 1985): Größere Flexibilität als Unternehmungskonzept, in: Zeitschrift für betriebswirtschaftliche Forschung, 37. Jahrgang, Nr. 2, 1985, S. 121-143

Mellwig, W. (Flexibilität, 1972): Flexibilität als Aspekt unternehmerischen Handelns, in: Zeitschrift für betriebswirtschaftliche Forschung, 24. Jahrgang, Nr. 5, 1972, S. 724-741

Merton, R.C. (Theory, 1973): Theory of Rational Option Pricing, in: Bell Journal of Economics and Management Science, 4. Jahrgang, Nr. 1, S. 141-183

Morawietz, M. (Rentabilität, 1994): Rentabilität und Risiko deutscher Aktien- und Rentenanlagen seit 1870 unter Berücksichtigung von Geldentwertung und steuerlichen Einflüssen, Wiesbaden 1994

Mork, R. et al. (Objectives, 1990): Do Managerial Objectives Drive Bad Aquisitions ?, in: Journal of Finance, 45. Jahrgang, Nr. 2, 1990, S. 31-48

Mossin, J. (Equilibrium, 1966): Equilibrium in a Capital Asset Market, in: Econometrica, 34. Jahrgang, Nr. 9, 1966, S. 768-783

Moxter, A. (Grundsätze, 1991): Grundsätze ordnungsgemäßer Unternehmensbewertung, 3. Aufl., Wiesbaden 1991

Müller-Möhl, E. (Optionen, 1995): Optionen und Futures - Grundlagen und Strategien für das Termingeschäft in der Schweiz, Deutschland und Österreich, 3. Aufl., Stuttgart 1995

Murer, H. (Lagerstättenphysik, 1993): Lagerstättenphysik und Lagerstättentechnik, in: Erdöl und Erdgas in Österreich, hrsgg. von F. Brix/O. Schultz, 2. Aufl., Wien 1993, S. 155-162

Myers, S.C. (Simulation, 1976): Using Simulation for Risk Analysis, in: Modern Developments in Financial Management, hrsgg. von S.C. Myers, Westport/London 1976

Myers, S.C. (Determinants, 1977) Determinants of Corporate Borrowing, in: Journal of Financial Economics, 5. Jahrgang, Nr. 2, S. 147-176

Myers, S.C. (Finance, 1987): Finance Theory and Financial Strategy, in: Midland Corporate Finance Journal, 5. Jahrgang, Nr. 1, 1987, S. 6-13

Myers, S.C./Majd, S. (Abandonment, 1990): Abandonment Value and Project Life, in: Advances in Futures and Options Research: A Research Annual, 4. Jahrgang, S. 1-21

Nichols, N.A. (Management, 1994): Scientific Management at Merck: An Interview with CFO Judy Lewent, in: Harvard Business Review, 72. Jahrgang, January-February 1994, S. 89-99

o.V. (Unternehmenssteuerung, 1996): Wertorientierte Unternehmenssteuerung mit differenzierten Kapitalkosten, Arbeitskreis Finanzierung der Schmalenbach-Gesellschaft - Deutsche Gesellschaft für Betriebswirtschaft e.V., in: Zeitschrift für betriebswirtschaftliche Forschung, 48. Jahrgang, Nr. 6, 1996, S. 543-578

Paddock, J. et al. (Claims, 1988): Option Valuation of Claims on Physical Assets: The Case of Offshore Petroleum Leases, in: Quarterly Journal of Economics, 103. Jahrgang, Nr. 3, 1988, S. 479-508

Park, S.Y./M.G. Subrahmanyam (Features, 1990): Option Features of Corporate Securities, in: Financial Options - From Theory to Practice, hrsgg. von S. Figlewski et al., Homewood, 1990, S. 357-414

Peltzman, S. (Handbook, 1991): The Handbook of Industrial Organization - A Review Article, in: Journal of Political Economy, 99. Jahrgang, Nr. 1, 1991, S. 201-217

Perridon, L./M. Steiner (Finanzwirtschaft, 1995): Finanzwirtschaft der Unternehmung, 8. Aufl., München 1995

Peteraf, M.A. (Cornerstones, 1993): The Cornerstones of Competitive Advantage: A Resource-Based View, in: Strategic Management Journal, 14. Jahrgang, Nr. 3, 1993, S. 179-191

Peters, T. (Chaos, 1988): Kreatives Chaos - Die neue Management-Praxis, Hamburg, 1988

Pickles, E./J.L. Smith (Petroleum, 1993): Petroleum Property Valuation: A Binomial Lattice Implementation of Option Pricing Theory, in: The Energy Journal, 14. Jahrgang, Nr. 2, 1993, S. 1-26

Picot, A./H. Dietl (Transaktionskostentheorie, 1990): Transaktionskostentheorie, in: WiSt, 19. Jahrgang, Nr. 4, 1990, S. 178-184

Pike, R./B. Nale (Finance, 1993): Corporate Finance and Investment - Decisions and Strategies, Hertfordshire, 1993

Pindyck, R.S. (Investment, 1988): Irreversible Investment, Capacity Choice, and the Value of the Firm, in: American Economic Review, 78. Jahrgang, Nr. 5, S. 969-985

Pindyck, R.S. (Irreversibility, 1991): Irreversibility, Incertainty, and Investment, in: Journal of Economic Literature, 29. Jahrgang, September 1991, S. 1110-1152

Porter, M.E. (Nations, 1990): The Competitive Advantage of Nations, New York u.a., 1990

Poterba, J.M./L.H. Summers (Horizons, 1991): Time Horizons of American Firms - New Evidence from a Survey of CEOs, MIT Working Paper, Cambridge 1991

Prahalad, C.K./G. Hamel (Core, 1991): The Core Competence of the Corporation, in: Strategy - Seeking and Securing Competitive Advantage, hrsgg. von Montgomery, C./M. Porter, Boston 1991, S. 277-299.

Prietze, O./A. Walker (Kapitalisierungszinsfuß, 1995): Der Kapitalisierungszinsfuß im Rahmen der Unternehmensbewertung, in: Die Betriebswirtschaft, 55. Jahrgang, Nr. 2, 1995, S. 199-211

Quigg, L. (Testing, 1993): Empirical Testing of Real Option-Pricing Models, in: Journal of Finance, 48. Jahrgang, Nr. 2, 1993, S. 621-640

Rappaport, A. (Shareholder Value, 1986): Creating Shareholder Value - The New Standard for Business Performance, New York/London, 1986

Reichwald, R./P. Behrbohm (Flexibilität, 1983): Flexibilität als Eigenschaft produktionswirtschaftlicher Systeme, in: Zeitschrift für Betriebswirtschaft, 53. Jahrgang, Nr. 9, S. 831-853

Robinson, W.T./C. Fornell (Sources, 1985): Sources of Market Pioneer Advantages in Consumer Goods Industries, in: Journal of Marketing Research, 22. Jahrgang., August 1985, S. 305-317

Robitchek, A./J.C. Van Horne (Abandonment, 1967): Abandonment Value and Capital Budgeting, in: Journal of Finance, 22. Jahrgang, Nr. 12, 1967, S. 577-590

Roll, R. (Valuation, 1977): An Analytic Valuation Formula For Unprotected American Call Options on Stocks with Known Dividends, in: Journal of Financial Economics, 5. Jahrgang, Nr. 2, 1977, S. 251-258

Ross, S.A. (Theory, 1976): The Arbitrage Theory of Capital Asset Pricing, in: Journal of Economic Theory, 21. Jahrgang, December 1976

Ross, S.A. et al. (Corporate Finance, 1993): Corporate Finance, 3. Aufl., Burr Ridge u.a., 1993

Ruback, R.S. (Introduction, 1995): An Introduction to Cash Flow Valuation Methods, Harvard Business School Teaching Note #N9-295-155, Boston 1995

Rubinstein, M. (Derivative Assets, 1987): Derivative Asset Analysis, in: Journal of Economic Perspectives, 1. Jahrgang, Herbst 1987, S. 73-94

Samuelson, P.A. (Theory, 1970): Rational Theory of Warrant Pricing, in: The Random Character of Stock Market Prices, hrsgg. von P.H. Cootner, 3. Aufl., Cambridge 1970, S. 506-525

Scheffen, O. (Fundierung, 1995): Optionspreistheoretische Fundierung der langfristigen Entscheidung zwischen Eigenerstellung und Fremdbezug, Berlin 1995

Scherer, F.M. (Market, 1980): Industrial Market Structure and Economic Performance, 2. Aufl., Chicago 1980

Schmalensee, R. (Product, 1982): Product Differentiation Advantages of Pioneering Brands, in: American Economic Review, 72. Jahrgang, Nr. 4, 1982, S. 349-365

Schmidt, R.H./E. Terberger (Grundzüge, 1996): Grundzüge der Investitions- und Finanzierungstheorie, 3. Aufl., Wiesbaden 1996

Schneider, D. (Planung, 1971): Flexible Planung als Lösung der Entscheidungsprobleme unter Ungewißheit, in: Zeitschrift für Betriebswirtschaft, 41. Jahrgang, Nr. 9, S. 831-853

Schreyögg, G. (Umfeld, 1993.): Umfeld der Unternehmung, in: Handwörterbuch der Betriebswirtschaftslehre, hrsgg. von W. Wittmann et al., 5. Aufl., Stuttgart, 1993, Sp. 4321-4247

Schroder, M. (Method, 1989): Adapting the Binomial Method to Value Options on Assets with Fixed-Cash-Payouts, in: Financial Analysts Journal, 44. Jahrgang, Nr. 1, 1988, S. 54-62

Schüle, F. (Diversifikation, 1992): Diversifikation und Unternehmenserfolg - eine Analyse empirischer Forschungsergebnisse, Wiesbaden 1992

Segal, R. (Market, 1995): Forecasting the Market for Electric Vehicles in California Using Conjoint Analysis, in: The Energy Journal, 16. Jahrgang, Nr. 3, 1995, S. 89-111

Selby, M./S.D. Hodges (Evaluation, 1987): On the Evaluation of Compound Options, in: Management Science, 33. Jahrgang, Nr. 3, 1987, S. 347-355

Sharpe, W.F. (Capital, 1964): Capital Asset Prices: A Theory of Market Equilibrium under Conditions of Risk, in: Journal of Finance, 19. Jahrgang, Nr. 5, 1964, S. 425-442

Sharpe, W.F. et al. (Investments, 1995): Investments, 5. Aufl., Englewood Cliffs, 1995

Sick, G. (Options, 1995): Real Options, in: Handbooks in Operations Research and Management Science: Finance, hrsgg. von R.A. Jarrow/V. Maksimovic/W.T. Ziemba, Amsterdam u.a., 1995, S. 631-691

Siegel, D.R. et al. (Oil, 1987): Valuing Offshore Oil Properties with Option Pricing Models, in: Midland Corporate Finance Journal, 3. Jahrgang, Nr. 1, 1987, S. 22-30

Siegert, T. (Shareholder-Value, 1995): Shareholder-Value als Lenkungsinstrument, in: Zeitschrift für betriebswirtschaftliche Forschung, 47. Jahrgang, Nr. 6, 1995, S. 580-607

Smith, C.W. (Pricing, 1976): Option Pricing: A Review, in: Journal of Financial Economics, Jahrgang 3, 1976, Nr. 2, S. 3-51

Smit, H./L. Ankum (Approach, 1993): A Real Options and Game-Theoretic Approach to Corporate Investment Strategy under Competition, in: Financial Management, 22. Jahrgang, Nr. 3, 1993, S. 241-250

Smith, H./L. Trigeorgis (Flexibility, 1993): Flexibility and Commitment in Strategic Investment, Working Paper, Tinbergen Institut, Erasmus Universität, Rotterdam 1993

Spörker, H. (Technik, 1993): Technik des Bohrens, in: Erdöl und Erdgas in Österreich, hrsgg. von F. Brix/O. Schultz, 2. Aufl., Wien 1993, S. 100-113

Sprenkle, C.M. (Warrant, 1961): Warrant Prices as Indicators of Expectations and Preferences, in: Yale Economic Essays, 1. Jahrgang, Nr. 2, 1961, S. 178-231

Stulz, R. (Minimum, 1982): Options on the Minimum or the Maximum of Two Risky Assets: Analysis and Applications, in: Journal of Financial Economics, 10. Jahrgang, Nr. 2, 1982, S. 161-185

Süchting, J. (Finanzmanagement, 1995): Finanzmanagement - Theorie und Politik der Unternehmensfinanzierung, 6. Aufl., Wiesbaden 1995

Sutton, J. (Explaining, 1990): Explaining Everything, Explaining Nothing ?, in: European Economic Review, 34. Jahrgang, May, 1990, S. 505-512

Teisberg, E.O. (Methods, 1995): Methods for Evaluating Capital Investment Decisions under Uncertainty, in: Real Options in Capital Investment - Models, Strategies, and Applications, hrsgg. von L. Trigeorgis, Westport/London, 1995, S. 31-46

Teisberg, E.O. (Option, 1994): An Option Valuation Analysis of Investment Choices by a Regulated Firm, in: Management Science, 40. Jahrgang, Nr. 4, 1994, S. 535-548

Teisberg, E.O./T.J. Teisberg (Value, 1991): The Value of Commodity Purchase Contracts With Limited Price Risk, in: The Energy Journal, 12. Jahrgang, Nr. 3, 1991, S. 109-135

Thomas, R.J. (Timing, 1985): Timing - The Key to Market Entry, in: Journal of Consumer Marketing, 12. Jahrgang, Summer 1985, S. 77-87

Tilley, J.A./G.D. Latainer (Synthetic, 1985): A Synthetic Option Framework for Asset Allocation, in Financial Analysts Journal, 41. Jahrgang, May-June 1985, S. 32-41

Titman, S. (Urban, 1985): Urban Land Prices under Uncertainty, in: American Economic Review, 75. Jahrgang, Nr. 3, 1985, S. 505-514

Tourinho, O. (Reserves, 1979): The Option Value of Reserves of Natural Resources, Working Paper der University of California at Berkeley, Berkeley 1979

Triantis, A.J./J.E. Hodder (Flexibility, 1990): Valuing Flexibility as a Complex Option, in: Journal of Finance, 45. Jahrgang, Nr. 2, 1990, S. 549-565

Trigeorgis, L. (Framework, 1988): A Conceptual Options Framework for Capital Budgeting, in: Advances in Futures and Options Research: A Research Annual, 3. Jahrgang, 1988, S. 145-167

Trigeorgis, L. (Impact, 1990): Valuing the Impact of Uncertain Competitive Arrivals on Deferrable Real Investment Opportunities, Working Paper, Boston University, Boston 1990

Trigeorgis, L. (Method, 1991): A Log-Transformed Binomial Numerical Analysis Method for Valuing Complex Multi-Option Investments, in: Journal of Financial and Quantitative Analysis, 26. Jahrgang, Nr. 3, 1991, S. 309-326

Trigeorgis, L. (Entry, 1991): Anticipated Competitive Entry and Early Preemptive Investment in Deferrable Projects, in: Journal of Economics and Business, 43. Jahrgang, Nr. 2, 1991, S. 143-156

Trigeorgis, L. (Nature, 1993): The Nature of Option Interactions and the Valuation of Investments with Multiple Real Options, in: Journal of Financial and Quantitative Analysis, 28. Jahrgang, Nr. 1, 1993, S. 1-20

Trigeorgis, L. (Options, 1995): Real Options: An Overview, in: Real Options in Capital Investment - Models, Strategies, and Applications, hrsgg. von L. Trigeorgis, Westport/London, 1995, S. 1-28

Trigeorgis, L./S.P. Mason (Flexibility, 1987): Valuing Managerial Flexibility, in: Midland Corporate Finance Journal, 5. Jahrgang, Nr. 1, 1987, S. 14-21

Uhlir, H./P. Steiner (Wertpapieranalyse, 1994): Wertpapieranalyse, 3. Aufl., Heidelberg 1994

Urban, G./J. Hauser (Design, 1980): Design and Marketing of New Products, Englewood Cliffs, 1980

Van Horne, J.C. (Financial Management, 1992): Financial Management and Policy, 9. Aufl., Englewood Cliffs, 1992

Varian, H.S. (Arbitrage, 1987): The Arbitrage Principle in Financial Analysis, in: Journal of Economic Perspectives, 1. Jahrgang, Herbst 1987, S. 55-72

Varian, H.R. (Mikroökonomik, 1991): Grundzüge der Mikroökonomik, 2. Aufl., München/Wien, 1991

Weber, F./E. Ströbel (Prospektionsmethoden, 1993): Geophysikalische Prospektionsmethoden, in: Erdöl und Erdgas in Österreich, hrsgg. von F. Brix/O. Schultz, 2. Aufl., Wien 1993, S. 58-70

Welge, M.K. (Planung, 1985): Unternehmensführung - Planung, Stuttgart, 1985

Wernerfelt, B. (View, 1984): A Resource-Based View of the Firm, in: Strategic Management Journal, 5. Jahrgang, Nr. 3, 1984, S. 171-180

Wernerfelt, B./A. Karnani (Strategy, 1987): Competitive Strategy under Uncertainty, in: Strategic Management Journal, 8. Jahrgang, Nr.2, 1987, S. 187-194

Whaley, R. (Valuation, 1981): On the Valuation of American Call Options on Stocks with Known Dividends, in: Journal of Financial Economics, 9. Jahrgang, Nr. 2, 1981, S. 207-212

Will, T. (Flexibilität, 1993): Flexibilität, in: Lexikon der Betriebswirtschaftslehre, hrsgg. von H. Corsten, 2. Aufl., München 1993, S. 247-250

Williams, J.T. (Development, 1991): Real Estate Development as an Option, in: Journal of Real Estate Finance and Economics, 4. Jahrgang, Nr. 2, 1991, S. 191-208

Willner, R. (Valuing, 1995): Valuing Start-Up Venture Growth Options, in: Real Options in Capital Investment - Models, Strategies, and Applications, hrsgg. von L. Trigeorgis, Westport/London, 1995, S. 221-242

Wintersteller, W. (Risk, 1993): Risk Analysis, Unterlagen zur Vorlesung „Introduction to Petroleum Management" - Spezielle Betriebswirtschaftslehre und Unternehmensführung in der Erdölindustrie, Montanuniversität Leoben, Leoben 1995

Wössner, M. (Flexibilität, 1990): Integration und Flexibilität - Unternehmensführung in unserer Zeit, in: Integration und Flexibilität, hrsgg. von D. Adam et al., Wiesbaden 1990, S. 61-78

SACHWORTVERZEICHNIS

www.ingramcontent.com/pod-product-compliance
Lightning Source LLC
Chambersburg PA
CBHW031437180326
41458CB00002B/570